零件数控电火花加工

（第3版）

主　编　蒙　坚　丘立庆
副主编　蓝卫东　熊举化　罗炳钧
主　审　陈文勇

北京理工大学出版社
BEIJING INSTITUTE OF TECHNOLOGY PRESS

图书在版编目（CIP）数据

零件数控电火花加工／蒙坚，丘立庆主编．—3 版．—北京：北京理工大学出版社，2020．8 重印

ISBN 978－7－5682－2849－7

Ⅰ．①零…　Ⅱ．①蒙…　②丘…　Ⅲ．①机械元件－数控机床－电火花加工－高等学校－教材　Ⅳ．①TG661

中国版本图书馆 CIP 数据核字（2016）第 196162 号

出版发行／北京理工大学出版社
社　　址／北京市海淀区中关村南大街 5 号
邮　　编／100081
电　　话／（010）68914775（总编室）
　　　　　（010）82562903（教材售后服务热线）
　　　　　（010）68948351（其他图书服务热线）
网　　址／http：//www. bitpress. com. cn
经　　销／全国各地新华书店
印　　刷／三河市天利华印刷装订有限公司
开　　本／787 毫米×1092 毫米　1/16
印　　张／13. 5
字　　数／313 千字
版　　次／2020 年 8 月第 3 版第 5 次印刷
定　　价／39. 00 元

责任编辑／张旭莉
文案编辑／张旭莉
责任校对／周瑞红
责任印制／马振武

前 言

Qianyan

数控电火花加工是直接利用电能和热能对金属进行加工的一门新兴的科学技术。由于在电火花加工过程中，工具和工件之间不存在显著的切削力，因而能够解决使用常规刀具和切削方法难以解决的加工问题；而且加工用的工具硬度不必大于被加工材料的硬度，例如电火花成形加工中用的电极是由紫铜或石墨制造的。

机械制造业是我国国民经济的支柱产业，数控加工是具有代表性的先进制造技术，在模具、汽配等行业已普及。数控电火花加工技术是先进制造技术中的一个重要组成部分，随着工业生产的发展和科学技术的进步，具有高熔点、高硬度、高强度、高韧性、高脆性、高纯度等特殊性能的新型材料不断出现，具有各种复杂结构与特殊工艺要求的工件越来越多，而数控电火花加工能够适应生产发展需要，并在加工中越来越显示出其优越性，因此数控电火花加工的应用越来越广泛。目前，数控电火花加工技术在汽车、精密机械、轻工、电机电器、仪表仪器、宇航、航空、电子、原子能、计算机等行业中，已经成为制造模具的主要方法之一。而且其应用范围还在不断扩大，尤其是在中小型制造企业，特别是个体小企业中应用较广，因而对数控电火花机床操作工的需求量较大。

本教材根据高职高专教育的培养目标以及专业特点，以典型的数控电火花机床操作作为一门教学学科，使学生们掌握一门新技术，为今后的就业增加机会，为经济建设贡献力量。

本教材以工作过程为导向，结合实际生产需要，以机械零件产品等载体来展开训练项目，应用“六步法”工作程序来完成工作任务。突出工作任务与知识的联系，采用理论、实践一体化的教学模式来实施教学，使其更贴近实际生产，更符合企业的需求，具有较强的适用性。

全书分三篇共十五单元，由广西柳州职业技术学院、南宁职业技术学院以及企业技术人员协作完成，具体编写分工如下：单元1中的1.1、1.3、1.4和1.5由柳州职业技术学院的曾林编写；单元1中的1.2、单元3中的3.1和3.2、单元4由柳州职业技术学院的蓝卫东编写；单元2中的2.1、单元12中的12.2和12.3、单元9、单元15由柳州职业技术学院的蒙坚编写；单元2中的2.2、单元3中的3.3、单元5、单元11、单元12中的12.1、单元14由柳州职业技术学院的汤耀年编写；单元2中的2.3、单元8由南宁职业技术学院的丘立庆编写；单元6由柳州职业技术学院的陈湛军编写；单元7由柳州职业技术学院的罗炳钧和柳州嘉泰模具有限公司的廖德贵共同编写；单元10由柳州职业技术学院的熊举化编写；单元13由柳州职业技术学院的甘业生编写。

前 言

Qianyan

全书由蒙坚、丘立庆任主编，蓝卫东、罗炳钧、熊举化任副主编，负责全书的统稿工作；柳州职业技术学院的陈文勇副教授担任主审，负责对全书进行审核。

本书在编写过程中得到了柳州嘉泰模具有限公司、柳州恒宏机械（模具）有限公司、汉川机床有限公司、苏州新火花机床厂、苏州三光科技、苏州普光机电有限公司等单位的大力支持，在此一并表示衷心的感谢。

由于编者水平有限，书中错误和欠缺之处，恳请读者给予批评指正。

编　者

Contents

目 录

第 1 篇　数控电火花线切割加工前必备的知识与技能

第 2 篇　基于工作过程的数控电火花线切割加工操作技能训练

目 录

Contents

目录

第1篇

数控电火花线切割加工前必备的知识与技能

单元1　数控电火花线切割机床的使用与维护

1.1　数控电火花线切割加工概述及安全操作规程

1.1.1　电火花线切割加工原理、应用、分类及特点

1. 电火花线切割加工原理

电火花加工又称放电加工（Electrical Discharge Machining，EDM），是一种直接利用电能和热能进行加工的新工艺。电火花加工与金属切削加工的原理完全不同，在加工的过程中，工具电极和工件并不接触，而是靠工具电极和工件之间不断的脉冲性火花放电，产生局部、瞬时的高温把金属材料逐步蚀除掉。由于放电过程中可见到火花，所以称为电火花加工。采用电极移动方式的电火花加工装置称为电火花线切割（Wire-cut EDM 或 Traveling-Wire EDM）。苏联于1955年制成了电火花线切割机床，而瑞士于1968年制成了NC方式的电火花线切割机床。

电火花线切割加工的原理是“用连续移动的金属丝（称为电极丝）作为工具电极对工件进行脉冲火花放电并切割成形”。线切割加工时，利用工作台带动工件相对电极丝沿X、Y方向移动，使工件按预定的轨迹进行运动而“切割”出所需的复杂零件，其加工示意图见图1－1。

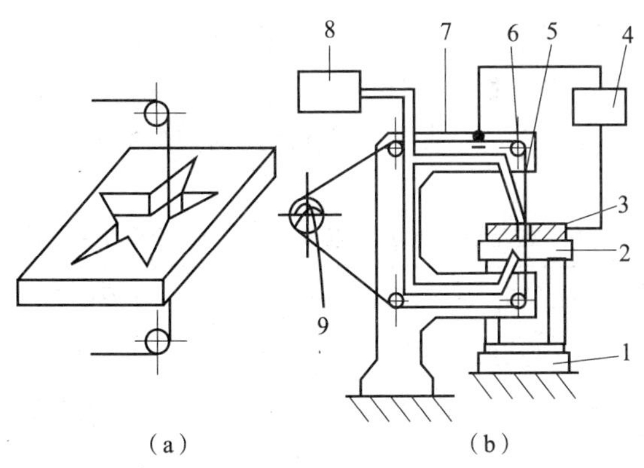

图1－1　电火花线切割加工示意图

(a) 切割图形；(b) 机床加工示意图

1—工作台；2—夹具；3—工件；4—脉冲电源；5—电极丝；6—导轮；7—丝架；8—工作液箱；9—储丝筒

2. 电火花线切割加工的应用

（1）模具零件的加工

数控电火花线切割加工主要应用于冲模、挤压模、塑料模和电火花成形机床的电极加工。

（2）难加工零件

如在精密型孔、样板及成形刀具、精密狭槽等加工中，利用机械切削加工就很困难，而采用电火花线切割加工则比较适宜。

（3）贵重金属的下料

由于电火花线切割加工用的电极丝直径远小于切削刀具尺寸（最细的电极丝直径可达0.02 mm)，用它切割贵重金属，可节约很多切缝消耗。

（4）新产品的试制

在新产品开发过程中需要单件的样品生产，无须配套的模具，运用电火花线切割机床就能切割出所需的零件，这样可以大大缩短新产品开发周期并降低试制成本。

3. 数控电火花线切割加工的分类

我国广泛使用的电火花线切割机床主要是数控电火花线切割机床，根据电极丝的运行速度不同，数控电火花线切割机床通常分为以下两类。

①快走丝数控电火花线切割机床（HSWEDM，也叫高速走丝电火花线切割机床），其电极丝做高速往复运动，一般走丝速度为8～10 m/s，电极丝可重复使用，但快走丝容易造成电极丝抖动和反向时停顿，使加工质量下降，是我国生产和使用的主要机种，也是我国独创的数控电火花线切割加工模式。

②慢走丝数控电火花线切割机床（LSWEDM，也叫低速走丝电火花线切割机床），其电极丝做低速单向运动，一般走丝速度低于0.2 m/s，电极丝放电后不再使用，工作平稳、均匀、抖动小、加工质量较好，是国外生产和使用的主要机种。

由于慢走丝数控电火花线切割机是采取线电极连续供丝的方式，即线电极在运动过程中完成加工，因此即使线电极发生损耗，也能连续地予以补充，故能提高零件加工精度。慢走丝电火花线切割机所加工的工件表面粗糙度通常可达到 $Ra=0.8\ \mu m$ 及以上，且慢走丝电火花线切割机的圆度误差、直线误差和尺寸误差都较快走丝电火花线切割机好很多，所以在加工高精度零件时，慢走丝电火花线切割机得到了广泛应用。下面分别从机床的应用角度（见表1-1）和加工工艺性能方面（见表1-2），扼要地介绍数控快、慢走丝电火花线切割机床的特点和区别。

表1-1 数控快、慢走丝电火花线切割机床的应用特点

比较项目	数控快走丝电火花线切割机床	数控慢走丝电火花线切割机床
走丝速度/($m \cdot s^{-1}$)	常用值8～10	常用值0.001～0.25
电极丝工作状态	往复供丝，反复使用	单向运行，一次性使用
电极丝材料	钼、钨钼合金	黄铜、铜、以铜为主体的合金或镀覆材料、钼丝
电极丝直径/mm	0.03～0.25，常用值0.12～0.20	0.03～0.30，常用值0.20

续表

比较项目	数控快走丝电火花线切割机床	数控慢走丝电火花线切割机床
工作电极丝长度/m	200 左右	数千
穿丝方式	只能手工	可手工，可自动
电极丝振动	较大	较小
运丝系统结构	简单	复杂
脉冲电源	开路电压 80 ~ 100 V， 工作电流 1 ~ 5 A	开路电压 300 V 左右， 工作电流 1 ~ 32 A
单面放电间隙/mm	0.01 ~ 0.03	0.01 ~ 0.12
工作液	线切割乳化液或水基工作液等	去离子水，有的场合用煤油
工作液电阻率/ ($k\Omega \cdot cm^{-1}$)	0.5 ~ 50	10 ~ 100
导丝机构形式	导轮，寿命较短	导向器，寿命较长
机床价格	便宜	昂贵

表 1－2　数控快、慢走丝电火花线切割机床的加工工艺性能

比较项目	数控快走丝电火花线切割机床	数控慢走丝电火花线切割机床
切割速度/($mm^2 \cdot min^{-1}$)	20 ~ 160	20 ~ 240
加工精度/mm	0.01 ~ 0.04	0.004 ~ 0.01
表面粗糙度 Ra/μm	1.6 ~ 3.2	0.1 ~ 1.6
重复定位精度/mm	0.02	0.004
电极丝损耗	均布于参与工作的电极丝全长	不计
最大切割厚度/mm	钢 500；铜 610	400
最小切缝宽度/mm	0.04 ~ 0.09	0.004 5 ~ 0.014

4. 电火花线切割加工的特点

①能用很细的金属丝作为电极工具（直径可在0.03 ~ 0.35 mm）加工微细异形孔、窄缝和复杂形状的工件。

②不需要制造特定形状的电极。

③轮廓加工所需的加工的余量少，能有效地节约贵重的材料。

④采用移动的长金属丝进行加工，单位长度上的金属损耗少，对加工精度的影响可忽略不计，加工精度高。当重复使用的电极丝有显著损耗时，可随时更换。

⑤依靠微型计算机控制电极丝轨迹和间隙补偿功能，同时加工凹、凸两种模具时，间隙可任意调节。

⑥采用乳化液或去离子水的工作液，不必担心发生火灾，可以昼夜无人连续加工。

⑦只要是导体或半导体的材料都能实现加工，无论被加工工件的材料硬度如何。

⑧适合小批量零件和试制品的生产加工，无论零件形状多复杂，只要能编制加工程序就可以进行加工，加工周期短，应用灵活。

⑨采用四轴联动，可加工上、下面异形体，形状扭曲曲面体，变锥度和球形体等零件。

1.1.2　电火花线切割加工设备

数控电火花线切割加工机床由床身、坐标工作台、走丝机构、工作液循环系统、数字程序控制系统、脉冲电源6部分组成。图1－2为数控电火花线切割设备的外形结构图。

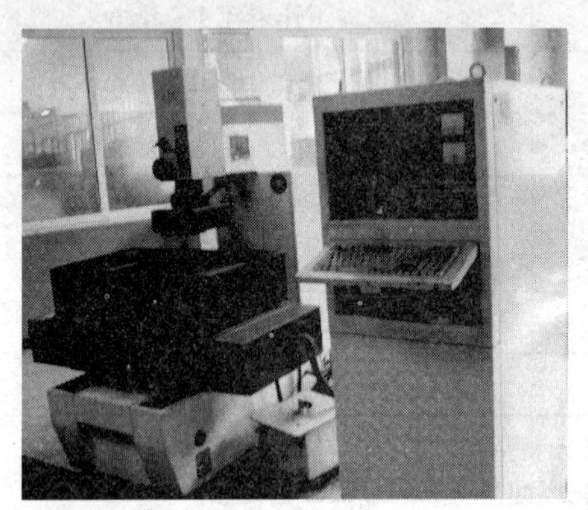

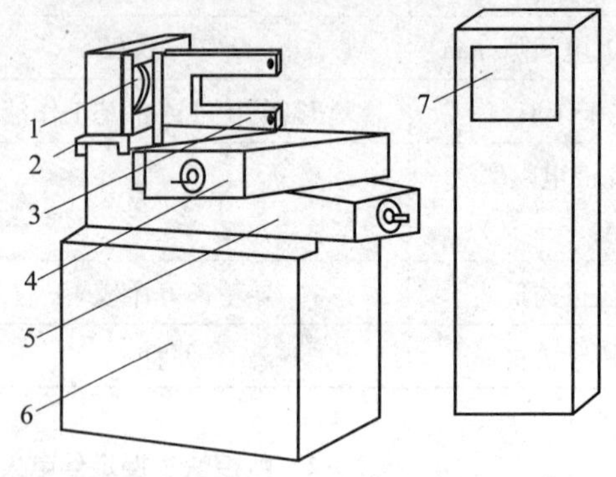

图1－2　数控电火花线切割设备

1—储丝筒；2—走丝溜板；3—丝架；4—纵向滑板；5—横向滑板；6—床身；7—控制箱

1. 床身

床身是机床本体的基础，用来支承和安装坐标工作台、走丝机构和工件，应具有足够的刚度和稳定性。一般电火花线切割加工机床的床身采用铸造箱式和焊接箱式结构。

2. 坐标工作台

坐标工作台安装在床身上，用来装夹被加工的工件。线切割加工时通过拖板在*X*、*Y*方向上的移动来实现工件的进给运动，拖板在互相垂直的两个方向上的移动由两台步进电机分别带动（如图1－3所示）。步进电机是一种特殊的电动机，它可以随时根据控制信号的指令执行正转或反转。

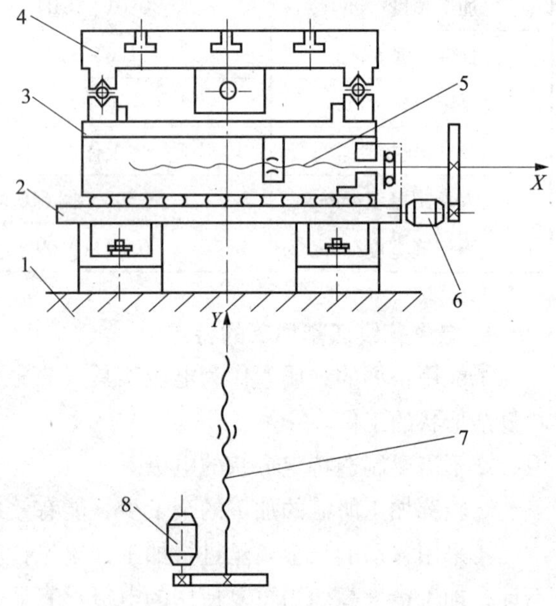

图1－3　坐标工作台

1—床身；2—下拖板；3—中拖板；4—上拖板；5、7—丝杠；6、8—步进电机

一般电火花线切割机床能够根据控制系统发出的一个脉冲信号，精确地移动1 μm，称该机床的脉冲当量为1 μm/脉冲。工作台的移动精度直接影响工件的加工质量，因此对工作台的丝杆、螺母、导轨等都有较高

的精度要求。

3. 走丝机构

走丝机构的作用是支承并使电极丝以一定速度连续不断地通过工件放电加工区。

①快速走丝机构采用往复走丝，其走丝速度一般为8～10 m/s，快速走丝能较好地将电蚀物带出加工区，能使工作液较充分地进入加工区，有利于改善加工质量和提高加工速度。但快速走丝容易造成电极丝抖动和反向停顿，反向停顿时放电和进给必须停止，否则会造成电极丝与工件短路，严重时会出现断丝，这种周期性的变化使加工表面质量下降。快走丝机构的电极丝一般采用耐电蚀性较好的钼丝。

②慢走丝机构采用单向走丝，其走丝速度一般低于0.2 m/s，电极丝多采用成卷黄铜丝或镀锌黄铜丝，工作时单向运行，电极丝的张力可调节，电极丝工作平稳、均匀、抖动小、加工质量好，但加工速度低。

4. 工作液循环过滤系统

工作液循环过滤系统的作用是强迫一定压力的工作液流经放电间隙，将电蚀物排出，并对使用过的工作液进行过滤和净化，作用与电火花成形加工相同。快走丝时一般采用5%～15%浓度的油酸钾皂乳化液，慢走丝时常用的是去离子水。

无论是哪种工作液，其作用是一致的，即：

①对放电通道的压缩作用。

②对电极丝及工件放电部位的冷却作用及排除蚀物。

③对放电区域的消电离。

5. 数字程序控制系统

数字程序控制系统的作用是按照加工要求，自动控制电极丝和工件之间的运动轨迹和进给速度，完成对工件形状和尺寸的加工。数字程序控制系统主要由一台专用计算机构成。

6. 脉冲电源

脉冲电源种类很多，其作用是将工频交流电转变为具有一定频率的单向脉冲电流，为电火花线切割加工提供所需要的能量。目前，电火花线切割加工机床的脉冲电源多采用功率较小、脉冲宽度窄、频率较高、峰值电流较大的高频脉冲电源。一般电源的电规准设有几个档，以调整脉冲宽度和脉冲间隙时间来满足不同的加工要求。

1.1.3　数控电火花线切割加工的安全技术规程

数控电火花线切割的安全技术规程，主要从两方面考虑：一方面是人身安全；另一方面是设备安全。具体有以下几点。

①操作者必须熟悉数控电火花线切割机床的操作技术，开机前应按设备润滑要求，对机床有关部位注油润滑（润滑油必须符合机床说明书的要求）。

②操作者必须熟悉线切割加工工艺，恰当的选取加工参数，按规定操作顺序操作，防止造成断丝等故障。

③用手摇柄操作储丝筒后，应及时将摇柄拔出，防止储丝筒转动时将摇柄甩出伤人。装卸电极丝时，注意防止电极丝扎手。换下来的废丝要放在规定的容器内，防止混入电路和走丝系统中造成电器短路、触电和断丝等事故。注意防止因丝筒惯性造成断丝及传动件碰撞。

为此，停机时，要在储丝筒换向后再尽快按下停止按钮。

④正式加工工件之前，应确认工件位置已安装正确，防止碰撞线架和因超程撞坏丝杆、螺母等传动部件。对于无超程限位的工作台，要防止超程坠落事故发生。

⑤尽量消除工件的残余应力，防止切割过程中工件爆炸伤人。加工之前应安装好防护罩。

⑥机床附近不得放置易燃、易爆物品，防止因工作液一时供应不足产生的放电火花引起事故。

⑦在检修机床、机床电器、脉冲电源、控制系统时，应注意适时地切断电源，防止触电和损坏电路元件。

⑧定期检查机床的保护接地是否可靠，注意各部位是否漏电，尽量采用触电开关。合上加工电源后，不可用手或手持导电工具同时接触脉冲电源的两输出端（床身与工件），以防触电。

⑨禁止用湿手按开关或接触电器部分。防止工作液等导电物进入电器部分，一旦发生因电器短路造成火灾时，应首先切断电源，并立即用四氯化碳等合适的灭火器灭火，不准用水灭火。

⑩停机时，应先停高频脉冲电源，后停工作液，让电极丝运行一段时间，并等储丝筒反向后再停走丝。工作结束后，关掉总电源，擦净工作台及夹具，并润滑机床。

1.2 数控电火花线切割加工编程

数控电火花线切割机床的控制系统是按照指令控制机床加工的。因此，所谓数控电火花线切割编程就是事先把要切割的图形，用机器所能接受的“语言”编排好“命令”，然后控制机床进行线切割加工。

电火花线切割编程方法分手工编程和自动编程。手工编程是利用一般的计算工具，通过各种数学方法，人工进行刀具轨迹的运算，并进行指令编制。这种方法比较简单，容易掌握，适应性大。适用于中等复杂程度程序、计算量不大的零件编程，对机床操作人员来讲必须掌握。但手工编程计算工作比较繁杂，费时间。

自动编程是利用通用的微机及专用的自动编程软件，以人机对话方式确定加工对象和加工条件，自动进行运算和生成指令。对形状简单的零件，手工编程是可以满足要求的，但对于曲线轮廓、三维曲面等复杂型面，一般采用自动编程。中小企业普遍采用自动编程方法，编制较复杂的零件加工程序效率高，可靠性好。

电火花线切割机床的数控程序必须具备一定的格式，以便于机器接收“命令”进行加工，数控电火花线切割机床一般采用国际上通用的G代码格式和B代码格式。

1.2.1 数控电火花线切割手工编程基础

电火花线切割手工编程是电火花线切割操作工应掌握的基本技能。其方法可分：ISO标准G代码编程和3B、4B格式编程两种。

1. ISO 标准 G 代码编程

ISO 标准 G 代码编程是一种通用的编程方法，这种编程方式与数控铣床编程有点相似，使用标准的 G 指令、M 指令等代码。适用于大部分高速走丝的电火花线切割机床和低速走丝电火花线切割机床。

1）程序格式

首先来看一段程序示例：

```
O0001
N10 T84 T86 G90 G92 X38.000 Y0.000
N20 G01 X33.000 Y0.000
N30 G01 X5.000 Y0.000
N40 G02 X0.000 Y5.000 I0.000 J5.000
N50 G01 X0.000 Y15.000
N60 G01 X47.500 Y80.000
…
```

以下说明 ISO 编程中的几个基本概念。

（1）字

某个程序中字符的集合称为字，程序段是由各种字组成的。一个字由一个地址（用字母表示）和一组数据组合而成，如 G03 总称为字，G 为地址，03 为数字组合。

（2）序号

每一个程序段必须指定一个程序号，并编写在整个程序的开始。程序号的地址为英文字母（通常为 O、P、% 等），紧接着为 4 位数字，可编写的范围为 0001 ~ 9999。

（3）程序段

能够作为一个单位来处理的一组连续的字，称为程序段。一个程序段由多个程序组成，一个程序段就是一个完整的数控信息。程序段由程序段号及各种字组成。例如：

N10 T84 T86 G90 G92 X38.000 Y0.000

程序段编号范围为 N0001 ~ N9999，程序段号通常每次递增 1 以上的方式编号，如 N0010、N0020、N0030、…，每次递增 10，其目的是留有插入新程序的余地，即如果在 N0030 与 N0040 之间插入漏掉的某一段程序，可在 N0031 ~ N0039 用任何一个程序段号插入。

（4）G 功能

G 功能是设立机床工作方式或控制系统方式的一种命令，其后续数字一般为 2 位数（00 ~ 99），如 G01、G02、G03。

（5）尺寸坐标字

尺寸坐标字主要用于指定坐标移动的数据，其地址符号为 X、Y、Z、U、V、W、P、Q、A 等。

（6）M 功能

M 功能用于控制数控机床中辅助装置的开关动作或状态，其后续数字一般为 2 位数（00 ~ 99），如 M00 表示暂停程序运行。

（7）T 功能

T 功能用于有关机械控制事项的制定，如 T80 表示送丝，T81 表示停止送丝。

（8）D、H

D、H 用于补偿量的指定，如 D0003 或者 H003 表示取 3 号补偿值。

（9）L

L 用于指定子程序的循环执行次数，可以在 0～9999 指定一个循环次数，如 L3 表示 3 次循环。

2）准备功能（G 功能）

（1）绝对坐标指令 G90

格式：G90

采用本指令后，后续程序段的坐标值都应按绝对方式编程，即所有点的表示数值都是在编程坐标系中的点坐标值，直到执行 G91 为止。

（2）相对坐标指令 G91

格式：G91

采用本指令后，后续程序段的坐标值都应按增量方式编程，即所有点的坐标均以前一个坐标值作为起点来计算运动终点的位置矢量，直到执行 G90 指令为止。

（3）坐标系设定 G54

格式：G54

G54 是程序坐标系设置指令。一般以零件原点作为程序的坐标原点。程序零点坐标存储在机床的控制参数区。程序中不设置此坐标系，而是通过 G54 指令调用。

（4）快速定位指令 G00

格式：G00　X __ Y __

快速定位指令 G00 是使电极丝按机床最快速度沿直线或折线移动到目标位置，其速度取决于机床性能。

例如：图 1－4 中快速定位到终点的程序段格式为：

G00　X60000 Y50000（单位为 μm）

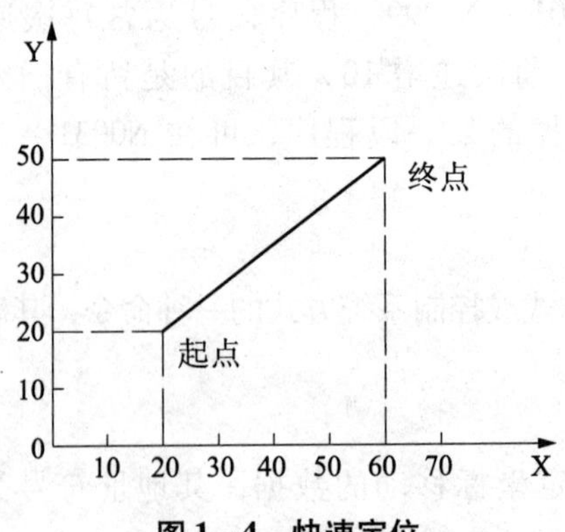

图 1－4　快速定位

（5）直线插补指令 G01

格式：G01　X __ Y __

直线插补指令 G01 是使电极丝从当前位置以进给速度移动到目标位置。

例如：图 1－5 中直线插补的程序段格式为：

G92　X20000 Y20000

G01　X70000 Y40000

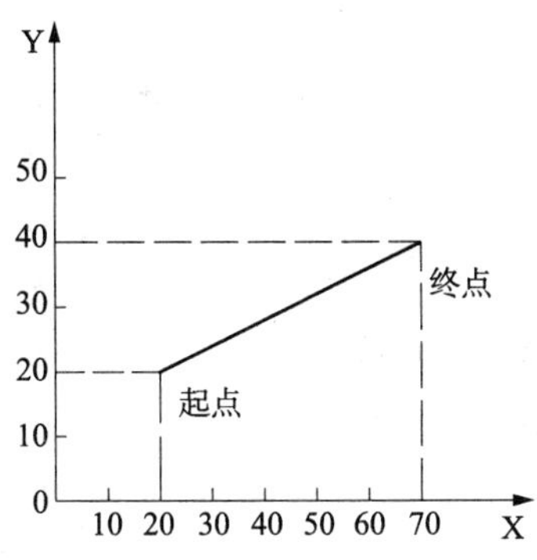

图1-5　直线插补

目前，可加工锥度的数控电火花线切割机床具有 X、Y 坐标轴及 U、V 附加轴的工作台，其程序段格式为：

G01　X＿ Y＿　U＿　V＿

（6）圆弧插补指令 G02、G03

格式：G02　X＿　Y＿　I＿　J＿

G03　X＿　Y＿　I＿　J＿

G02 为顺圆（顺时针圆弧）插补指令，G03 为逆圆（逆时针圆弧）插补指令。

程序段中：X、Y 表示圆弧的终点坐标；I、J 分别表示圆心相对于圆弧起点在 X、Y 方向上的增量尺寸。

例如：图1-6中圆弧插补的程序段格式为：

G92　X20000　Y20000；	起切点
G02　X40000 Y40000　I20000　J0；	$\overset{\frown}{AB}$
G03　X60000 Y30000　I20000　J10000；	$\overset{\frown}{BC}$

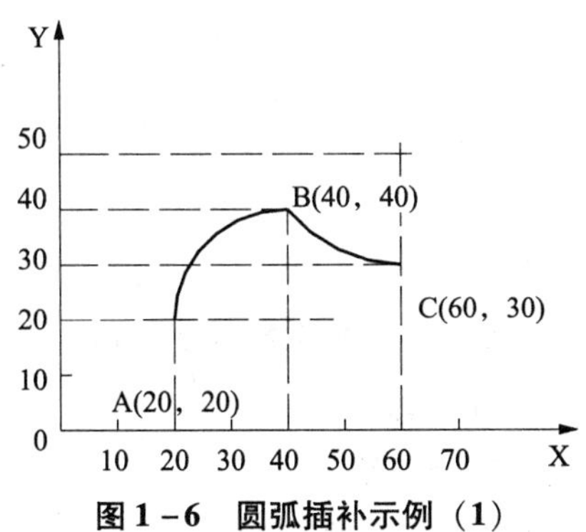

图1-6　圆弧插补示例（1）

（7）设置当前点坐标指令 G92

格式：G92　X＿　Y＿

G92 是设置当前电极丝位置的坐标值。G92 后面跟的 X、Y 坐标值即当前点的坐标值。在线切割加工编程时，一般使用 G92 指定起始点坐标来设定加工坐标系，而不用 G54 坐标系选择指令。G92 指令中的坐标值为加工程序的起点坐标值。

例如，加工图 1-7 中的零件，按图样尺寸编程如下：

①用 G90 指令编程：

```
P602                                          ; 程序名
N10  G92  X0  Y0                              ; 确定加工起点 O 点
N20  G01  X20000  Y0                          ; O→A
N30  G01  X20000  Y20000                      ; A→B
N40  G02  X40000  Y40000  I20000  J0          ; B→C
N50  G03  X60000  Y20000  I20000  J0          ; C→D
N60  G01  X50000                              ; D→E
N70  G01  X0  Y0                              ; E→O
N80  M02                                      ; 程序结束
```

②用 G91 指令编程：

```
P603                                          ; 程序名
N10  G92  X0  Y0
N20  G91                                      ; 以下为增量尺寸编程
N30  G01  X20000  Y0
N40  G01  X0  Y20000
N50  G02  X20000  Y20000  I20000  J0
N60  G03  X20000  Y-20000  I20000  J0
N70  G01  X-10000  Y-20000
N80  G01  X-50000  Y0
N90  M02
```

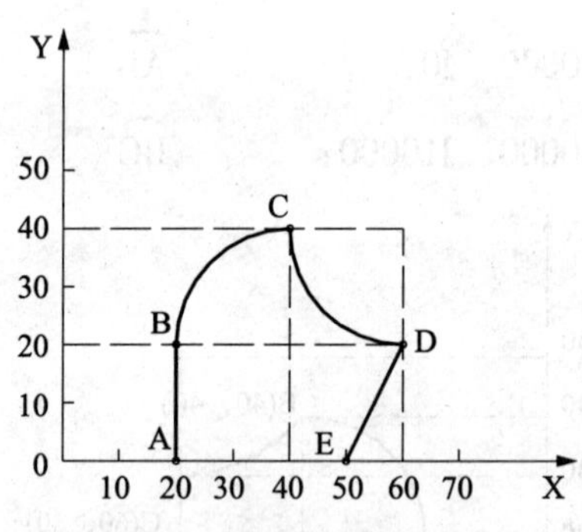

图 1-7　圆弧插补示例（2）

（8）电极丝半径补偿指令：G40、G41、G42

格式：G40：　　取消电极丝半径补偿

G41　D ________：电极丝左补偿

G42　D ________：电极丝右补偿

程序段中的 D 表示间隙补偿量。

左补偿或右补偿的确定：

左补偿——沿加工方向看，电极丝在加工图形左边为左补偿；右补偿——沿加工方向看，电极丝在加工图形右边为右补偿，如图 1 - 8 所示。

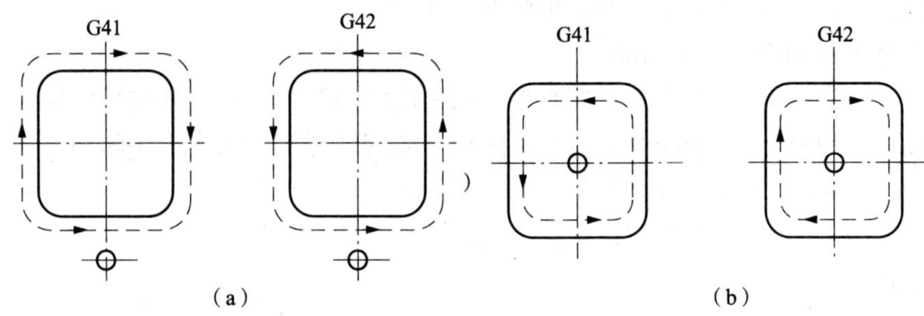

图1-8 电极丝半径补偿

(a) 凸模加工；(b) 凹模加工

(9) 锥度加工指令：G50、G51、G52

在有些电火花线切割数控机床上，可以通过装在上导轮部位的 U、V 附加轴工作台来实现锥度加工。加工时，控制系统驱动 U、V 附加轴工作台，使上导轮相对于 X、Y 坐标轴工作台平移，以获得所要求的锥角。用此方法可解决凹模的漏料问题。

G51 为锥度左偏指令，即沿走丝方向看，电极丝向左偏离。顺时针加工，锥度左偏加工的工件为上大下小；逆时针加工，锥度左偏加工的工件为上小下大。

锥度左偏指令的程序段格式为：

G51 A __

G52 为锥度右偏指令，用此指令顺时针加工，工件为上小下大；逆时针加工，工件为上大下小。锥度右偏指令的程序段格式为：

G52 A __

在程序段中，A 表示锥度值；G52 为取消锥度指令。

例如，图 1 - 9 中的凹模零件加工的程序段格式为：

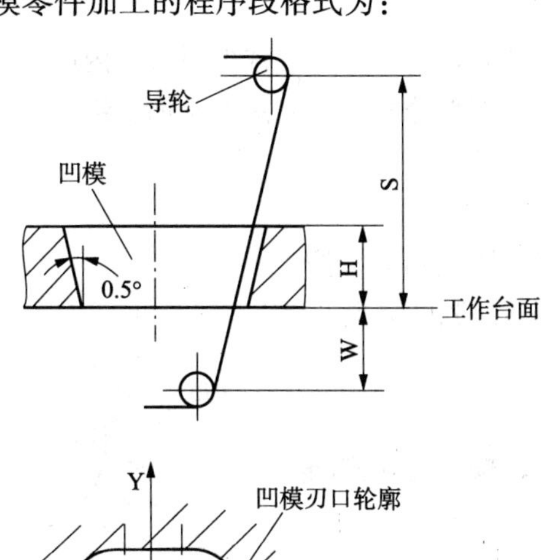

图1-9 锥度加工

“N __ G51　A0.5 ”

加工前还需输入工件及工作台参数指令 W、H、S。

3）指定有关机构控制（T 功能）

①切削液开（T84）：T84 指令是控制打开切削液阀门开关，开始开放切削液。

②切削液关（T85）：T85 指令是控制关闭切削液阀门开关，结束后关闭切削液。

③开走丝（T86）：T86 指令是控制机床走丝的开启。

④关走丝（T87）：T87 指令是控制机床走丝的结束。

4）辅助功能（M 功能）

（1）程序暂停指令：M00

程序暂停指令 M00 是暂停程序的运行，等待机床操作者的干预，如检查、调整、测量等。待干预完毕后，按机床上的启动按钮，即可继续执行暂停指令后面的程序。最常用的情况是有多个不相连接的加工曲线时，使用 M00 指令暂停机床运转，中心穿丝，然后再启动继续加工。

（2）程序停止指令：M02

程序停止指令 M02 是结束整个程序的运行，停止所有的 G 功能及与程序有关的一些运行开关，如切削液开关、走丝开关等，机床处于原始禁止状态，电极丝处于当前位置。如果要使电极丝停在机床零点位置，则必须操作机床使之回零。

5）编程实例

（1）编程步骤

①正确选择穿丝孔和电极丝的切入位置。

穿丝孔是电极丝切割的起点，穿丝孔到工件轮廓线之间有一条引入线段，引入线段的起点为电极丝的切入位置。编写引入线段的程序段，称为引入程序段；从原引入线路退出的程序段，称为引出程序段。

②确定切割路线。

正确合理选择程序走向及起点，可避免或减少因材料内应力变化而引起的变形。应尽量避免在切割过程中工件与易变形部分相连，起割点及加工终点应尽量靠近夹持部位。

③计算间隙补偿量。

④求交点坐标值。

将图形分解为若干条直线段或圆弧，按图样给出的尺寸求解出各线段的交点坐标值。

⑤编制线切割程序。

根据各线段的交点坐标，按一定切割路线编制线切割程序。

⑥程序检验。

（2）线切割数控程序编程实例

已知：图 1－10 所示为凹模型腔工作图，电极丝直径为 0.18 mm，单面火花放电

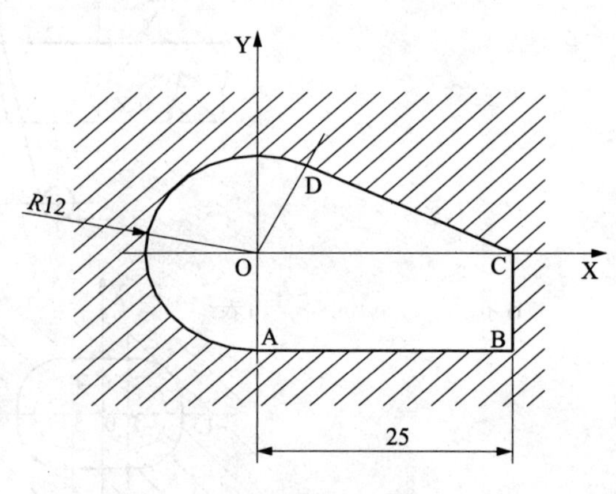

图 1－10　凹模型腔工作图

间隙为0.01 mm。要求编制出凹模线切割加工程序。

①建立坐标系，确定穿丝孔位置。

以圆心O为坐标系原点（穿丝孔位置）。

②确定切割路线。

由O→D→A→B→C→D→O绕行一周后返回起点。

③确定间隙补偿量。

$$\Delta R=\left(\frac{0.18}{2}+0.01\right)\ (\text{mm})$$

④计算交点D坐标。

$$\cos\alpha=\frac{12}{25}=\frac{X_D}{12}\qquad X_D=5.76$$

$$Y_D=\sqrt{12^2-X_D^2}=\sqrt{144-5.76^2}=10.527$$

（计算方法略）得到D　(5.760，10.527)

其他交点坐标可直接由图形中得到。

⑤采用ISO格式手工编写程序（单位为μm）如下：

P604　　　　程序名

N10　G92　X0　Y0　　确定坐标系

N20　G41　D100　　左补偿（补偿值为钼丝半径和放电间隙之和，此程序段须放在进刀线之前）

N30　G01　X5.760　Y10.527　　直线插补，O→D

N40　G03　X0　Y-12000　I-5760　J-10527　　逆圆插补，D→A

N50　G01　X25000　Y-12000　　直线插补，A→B

N60　G01　X25000　Y0　　直线插补，B→C

N70　G01　X5760　Y10527　　直线插补，C→D

N80　G40　　补偿取消，此程序段须放在退刀线之前

N90　G01　X0　Y0　　电极丝返回原点

N100　M02　　程序结束

2. 3B、4B格式编程

1）3B格式编程应用

3B指令用于不具备电极丝半径补偿功能和锥度补偿功能的数控电火花线切割机床的程序编制。这是早期国内数控电火花线切割机床应用的一种编程方式。有些机床同时支持ISO格式和3B、4B格式编程。

2）3B指令编制程序的基本规则

3B指令的一般格式如表1-3所示。

表1-3　3B程序格式

B	X	B	Y	B	J	G	Z
分隔符号	X坐标值	分隔符号	Y坐标值	分隔符号	计数长度	计数方向	加工指令

其中：

（1）分隔符号 B

作用：用来分隔 X、Y、J 三个数码，以免混淆。

（2）坐标值 X、Y

①分别表示 *X*、*Y* 方向的坐标值，不带正负号，取绝对值（即不能用负数）。其单位为 μm，μm 以下应四舍五入。

②坐标系采用 *XOY* 平面直角坐标系，加工斜线时，坐标系原点设在斜线的起点，加工圆弧时，坐标系原点取在圆弧的圆心。加工不同的轨迹需平移坐标，但 *X*、*Y* 坐标轴的方向不变。

③加工斜线时，X、Y 为斜线终点的坐标值，也就是加工斜线的终点相对于起点的相对坐标的绝对值；加工圆弧时，X、Y 为圆弧起点的坐标值，即圆弧起点相对于圆心的坐标值的绝对值。

④对于平行于 *X* 轴或 *Y* 轴的直线，即当 X 或 Y 的数值为零时，可以省略，X 或 Y 值均可不写，但分隔符号“B”必须保留。即“B0”可以省略成“B”。

（3）计数方向 G

计数方向 G 分为按 *X* 方向计数（G_X）和按 *Y* 方向计数（G_Y）两种。

①加工斜线可按图 1－11 选取：当被加工的斜线在阴影区域内，计数方向取 G_Y，否则取 G_X。（即加工斜线时，计数方向 G 是线段终点坐标值中较大值的方向）

②对于圆弧，当圆弧的加工终点落在图 1－12 所示的阴影部分时，计数方向取 G_X，否则取 G_Y。（即加工圆弧时，计数方向 G 由圆弧的终点坐标值中绝对值较小的值来确定）

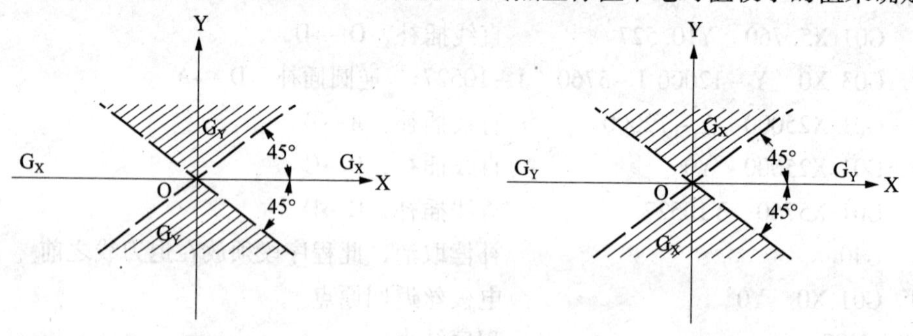

图 1－11　斜线的计数方向　　**图 1－12　圆弧的计数方向**

（4）计数长度 J

①以 μm 为单位，取绝对值。

②当加工直线时，计数长度 J 由线段的终点坐标值中较大的值来确定。

③当加工圆弧时，计数长度 J 应取从起点到终点的某一坐标移动的总距离，当计数方向确定后，J 就是被加工曲线在该方向（计数方向）投影长度的总和，对圆弧来讲，它可能跨越几个象限。

④举例说明计数长度的计算。

如加工图 1－13 所示斜线 OA，其终点为 A(Xe，Ye)，且 Ye＞Xe。因为｜Ye｜＞｜Xe｜，OA 斜线与 *X* 轴夹角大于45°时，计数方向取 G_Y，斜线 OA 在 *Y* 轴上的投影长度为 Ye，故J＝Ye。

又如加工图 1－14 所示圆弧，加工起点 A 在第四象限，终点 B（Xe，Ye）在第一象限。因为加工终点靠近 *Y* 轴，｜Ye｜＞｜Xe｜，计数方向取 G_X；计数长度为各象限中的圆弧段

在 X 轴上投影长度的总和，即 $J = J_{x1} + J_{x2}$。

还如加工图 1－15 所示圆弧，加工终点为 B（Xe，Ye）。因为加工终点 B 靠近 X 轴，$|Xe| > |Ye|$，故计数方向取 G_y，J 为各象限的圆弧段在 Y 轴上投影长度的总和，即 $J = J_{y1} + J_{y2} + J_{y3}$。

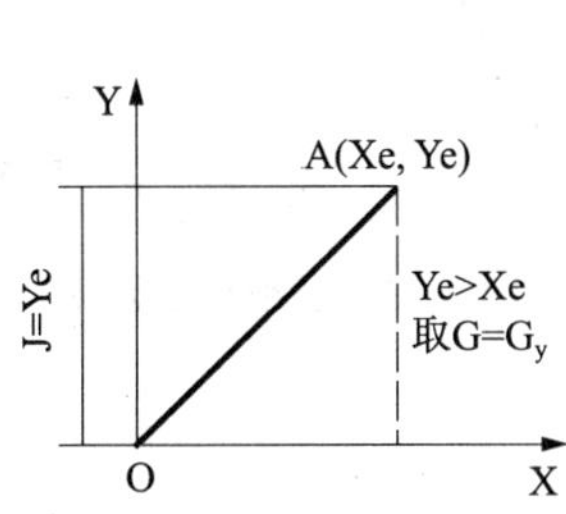

图 1－13　斜线的 G 和 J

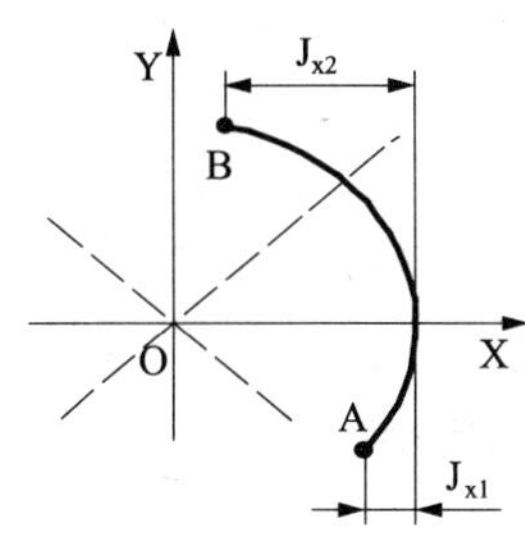

图 1－14　圆弧的 G 和 J（1）

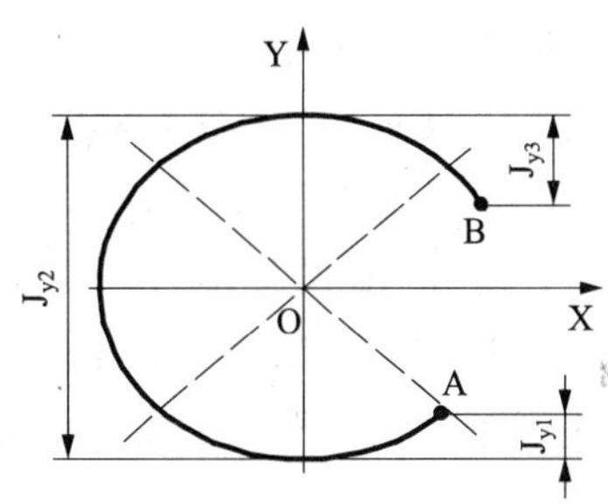

图 1－15　圆弧的 G 和 J（2）

（5）加工指令 Z

加工指令 Z 共有 12 种，其中斜线（直线）4 种，圆弧 8 种。

①加工斜线时，当被加工的斜线在Ⅰ、Ⅱ、Ⅲ、Ⅳ象限时，分别用 L_1、L_2、L_3、L_4 表示，见图 1－16（a）。与坐标轴相重合的直线，根据进给方向，其加工指令可按图 1－16（b）选取。（即第一象限取 L_1，$0° \leqslant \alpha < 90°$；第二象限取 L_2，$90° \leqslant \alpha < 180°$；第三象限取 L_3，$180° \leqslant \alpha < 270°$；第四象限取 L_4，$270° \leqslant \alpha < 360°$。）

②加工圆弧时，若被加工圆弧的加工起点分别在坐标系的四个象限中，并按顺时针插补，如图 1－16（c）所示，加工指令分别用 SR_1、SR_2、SR_3、SR_4 表示；按逆时针方向插补时，分别用 NR_1、NR_2、NR_3、NR_4 表示，如图1－16（d）所示。如果加工起点刚好在坐标轴上，其指令可选相邻两象限中的任何一个。圆弧可跨越几个象限，此时加工指令应由起点所在的象限和圆弧走向来决定。

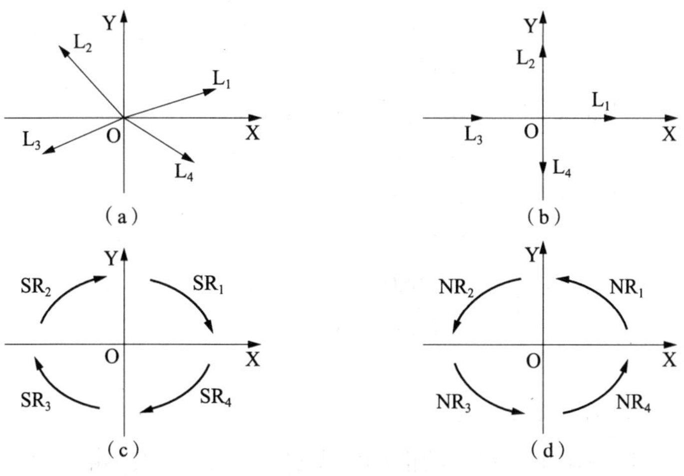

图 1－16　加工指令

（a）直线加工指令；（b）坐标轴上直线加工指令；
（c）顺时针圆弧指令；（d）逆时针圆弧指令

3）编程实例

例1－1　如图1－17所示，编写直线A→B的程序。

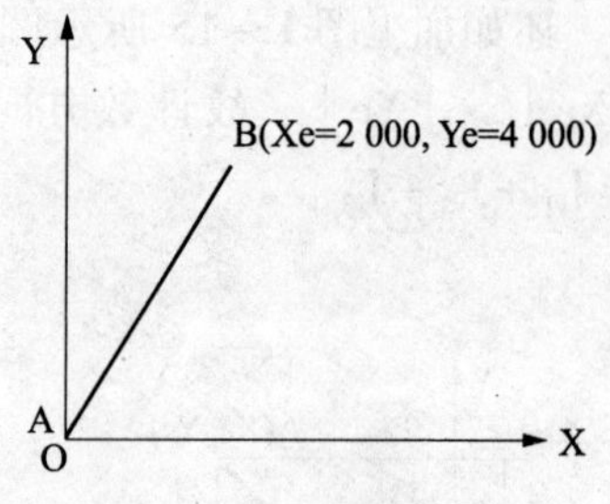

图1－17　直线编程示例

解：坐标原点设在线段的起点A，线段的终点B坐标为（Xe＝2 000，Ye＝4 000）。

因为Xe＜Ye，

所以　G＝Gy，J＝Jy＝4 000。

由于直线位于第一象限，所以取加工指令Z为L_1。

直线A→B的程序为：B2000 B4000 B4000 Gy L_1。

例1－2　在数控电火花线切割机床上加工如图1－18所示的零件，在不考虑补偿的情况下，试编制其程序。

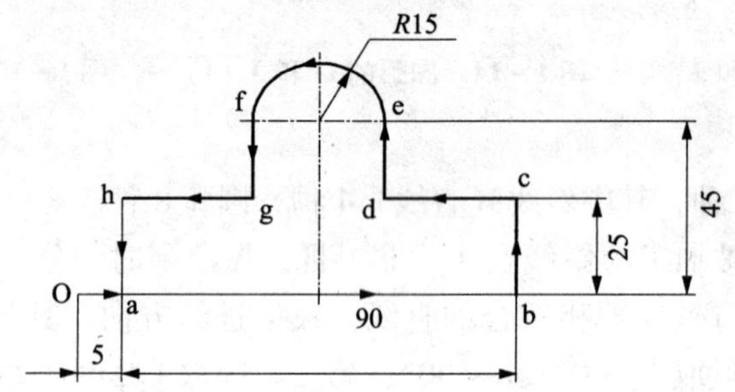

图1－18　综合编程示例

解：选择O点为引入点（穿丝孔位置），点a为程序起点。

确定其切割顺序为a→b→c→d→e→f→g→h。

程序如下：

001	B5000	B	B5000	Gx	L_1
002	B90000	B	B90000	Gx	L_1
003	B	B25000	B25000	Gy	L_2
004	B30000	B	B30000	Gx	L_3
005	B	B20000	B20000	Gy	L_2
006	B15000	B	B30000	Gy	NR_1
007	B	B20000	B20000	Gy	L_4
008	B30000	B	B30000	Gx	L_3
009	B	B25000	B25000	Gy	L_4
010	B5000	B	B5000	Gx	L_3
011	D				

4）带有电极丝半径补偿的4B编程

4B指令用于具有电极丝半径补偿功能和锥度补偿功能的数控电火花线切割机床的程序编制。所谓电极丝半径补偿，指的是电极丝在切割工件时，电极丝中心运动轨迹能根据要求自动偏离编程轨迹一段距离（即补偿量）。当补偿量设定为偏移量f时，编程轨迹即工件的轮廓线。显然，按工件的轮廓编程要比按电极丝中心运动编程要方便得多，轨迹计算也比较简单。而且，当电极丝磨损，直径变小；当单边放电间隙Z随切割条件的变化而变化后，也无须改变程序，只需改变补偿量即可。锥度补偿指的是，系统能根据要求，同时控制 X、Y、U、V 四轴的运动（X、Y 为机床工作台的运动，即工件的运动；U、V 为上线架导轮的运动，分别平行于 X、Y），使电极丝偏离垂直方向一个角度（即锥度），切割出上大下小或上小下大的工件来。有些数控电火花线切割机床具有电极丝半径补偿功能和锥度补偿功能，可用4B 指令编程。但进行一般的切割加工时（不带电极丝半径补偿或锥度补偿），也可按通用的3B 指令编制。

4B 指令就是带“±”符号的3B 指令，为了区别于一般的3B 指令，故称为4B 指令。

4B 指令格式为：±BX BY J G Z

其中“±”符号用以反映电极丝半径补偿信息和锥度补偿信息，其他与3B 指令完全一致。

电极丝半径补偿切割时，“+”符号表示正补偿，当相似图形的线段大于基准轮廓尺寸时为正补偿；“-”表示负补偿，当相似图形的线段小于基准轮廓尺寸时为负补偿。具体而言，对于直线，在 B 之前加“±”符号的目的仅是为了使用指令的格式能够一致，无须严格地规定；对于圆弧，规定以凸模为准，正偏时（圆半径增大）加“+”号，负偏时（圆半径减少）加“-”号。在进行电极丝半径补偿切割时，线和线之间必须是光滑的连接，若不是光滑的连接，则必须加过滤圆弧使之光滑。

3. 苏州新火花机床厂生产的 DK7732 型数控电火花线切割机床程序格式

不同厂家生产的数控电火花线切割机床的程序格式都不太一样，如苏州新火花机床厂生产的 DK7732 型数控电火花线切割机床所采用的代码是国际通用 ISO 代码。其程序格式如下：

G92X __ Y __;　　以相对坐标方式设定加工坐标起点

G27;　　设定 XY/UV 平面联动方式

G01X __ Y __ （U __ V __）;　　直线插补指令

X、Y——表示在 XY 平面中以直线起点为坐标原点的终点坐标。

U、V——表示在 UV 平面中以直线起点为坐标原点的终点坐标。

G02X __ Y __ I __ J __;　　顺圆插补指令

G02U __ V __ I __ J __;

以圆弧起点为坐标原点，X、Y（U、V）表示终点坐标，I、J 表示圆心坐标。

G03X __ Y __ I __ J __;　　逆圆插补指令

M00;　　暂停指令

M02;　　加工结束指令

1.2.2　数控电火花线切割自动编程方法

不同厂家生产的数控电火花线切割机床的自动编程软件都有所不同，下面我们以汉川机床有限责任公司生产的 HCKX320 型数控电火花线切割机和苏州新火花机床厂生产的 DK7732 型数控电火花线切割机为例进行讲解。

1. 汉川机床有限责任公司生产的 HCKX320 型数控电火花线切割机自动编程介绍

1）自动编程概述

自动编程的整个过程是由计算机自动完成的，程序编制人员只需根据零件图样的要求画出图形，自动编程系统自动生成加工源程序。编制较复杂零件的加工程序效率高，可靠性好。

2）自动编程的方法示例

例1-3　图1-19所示为一正方形，边长为20，要求切成型芯。

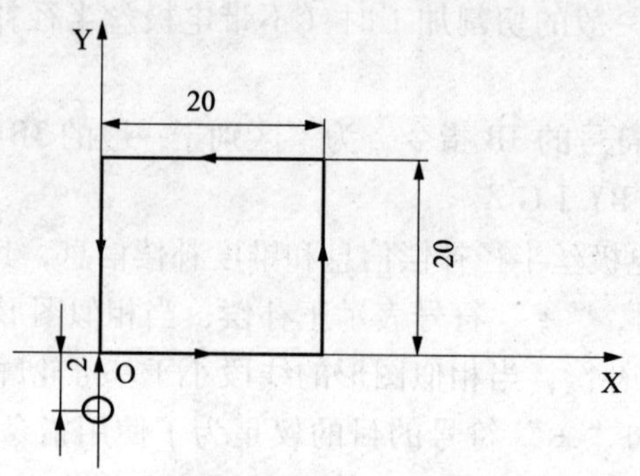

图1-19　自动编程

注意：编程前先根据图形建立一个坐标系，并确定好进刀线方向及穿丝孔的位置，本例如图1-19所示建立坐标系和穿丝孔。

操作步骤如下：

机床启动后，位于“文件”方式下，在此方式下利用↓键移动光标，对准“自动编程”功能按“回车”键，进入APT自动编程画面。

①转换后，移动鼠标箭头到“设置”菜单下的“设坐标系”功能中按“回车”，接着移动箭头到屏幕中间按“回车”键，此点即绘图的坐标原点。选择画图中“直线”功能，移动鼠标箭头，指向屏幕右边“直线”菜单下的“两点线”功能，按“回车”键。

②用鼠标箭头选取“工具”菜单下的“找坐标原点”→“回车”键，把这一点认定为O点，正方形的第一点即O点就被确定。

③用鼠标找准“设置”中“相对坐标”，把坐标系转换成相对坐标，然后依次输入(20，0)、(0，20)、(-20，0)、(0，-20)、(0，-2)各点，确定四方的四条边和进刀线。

④图形显示太小，可移动箭头到“显示”功能下的图形放大“回车”移动箭头，在图形的左下角、右上角各点一点，用窗口把放大部分框住即可。

⑤用鼠标找“编辑”中“穿孔点”功能，按“回车”键，再用鼠标找“工具”中“找端点”，按“回车”键，用箭头指着进刀线靠近穿孔点的一端，按“回车”键。

⑥移动箭头，对准“编辑”中“排序”功能，按“回车”键。再用箭头对准穿丝孔位置“回车”。点穿丝孔后，所选的第一目标不包括进刀线，应当是与进刀线相接的直线或圆弧，具体由切割方向及路径决定。本例用箭头对准与*X*轴重合的这段直线回车，当图形变色后，按“解除”功能，排序完成，按任意键退出。

⑦移动光标，指向“文件”中“存文件”功能，按“回车”键用光标指向“*.ISO”功能，按“回车”键，输入文件名后，光标指向“确认”，然后“退出”。输入文件名时，文件名由26个拉丁字母和数字组成，不多于8个字符。（注：输入文件名前先用←键消除输入区已有的文件名）

⑧移动光标，指向“文件”中“切割”功能，按“回车”键，此时屏幕退出自动编程，回到操作屏幕，至此，整个程序由自动编程完成。在操作屏幕上调出此程序，根据需要加上偏移和退刀线即可。

3）自动编程方法总结

对于给定的需要加工零件，总可以把它分解成不同的几何要素，最主要的是点、线、圆，自动编程的目的在于首先把这些几何要素全部定义出来，然后取其需要的部分，排成图纸要求的形状，根据凸凹模关系，给出偏移方向，进刀线和穿丝孔点。最后，根据实际切割路径把给出的图形按顺序排列起来。

APT 功能的各级菜单，实际上就是给我们提供完成上述工作的工具，作图过程中，需要哪一个功能，就从屏幕上调出哪一个功能，使用完毕后加以解除，以便调用其他功能，完成不同的工作。只要掌握了 APT 各级菜单调用方法，了解了 APT 编程的各级菜单的嵌套关系。就可以作出一个所需要的零件图形。

4）如何使自动编程生成的程序构成一个完整的加工程序

自动编程生成的程序，是按理论尺寸生成的，若直接按程序加工，加工出的零件轮廓尺寸将增大或减小一个电极丝半径和放电间隙的尺寸。为了得到一个与编程尺寸相符的零件，就要在自动编程生成的程序中加偏移指令，偏移量的大小等于钼丝半径和放电间隙之和，偏移方向由加工方向决定。

加偏移指令步骤如下：

①“装入”功能下装入刚生成的程序。

②在“编辑”功能下，编辑内存中的文件。偏移指令加在进刀线之前，在退刀线之前加解除偏移指令。

③编辑后的文件重新保存。

至此，存在硬盘或软盘中的程序可直接用来加工。

对于有锥度加工要求的程序，在加偏移的同时，还要加锥度指令，在进刀线之前先加上 W、H、S 三个高度参数值，接着加偏移指令和锥度指令，在退刀线之前加解除偏移和锥度指令。经修改的程序已是一个完整的程序，重新保存即可。

2. 苏州新火花机床厂生产的 DK7732 型数控电火花线切割机自动编程介绍

该机床采用 YH 线切割控制系统，该系统采用先进的计算机图形和数控技术，集控制、编程为一体的快走丝线切割高级编程控制系统。其采用国际标准 ISO 代码方式控制。

机床开机后在控制屏幕中用光标点取左上角的“YH”窗口切换标志（或“ESC”键），系统转入 YH 编程屏幕。

1）YH 系统功能简介

YH 系统的全部操作集中在 20 个命令图标和 4 个弹出式菜单内。它们构成了系统的基本工作平台，如图 1－20 所示。

YH 系统的全部绘图和一部分最常用的编辑功能，用 20 个图标表示。其功能分别为（自上而下）：点、线、圆、切圆（线）、椭圆、抛物线、双曲线、渐开线、摆线、螺线、列表曲线、函数方程、齿轮、过渡圆、辅助圆、辅助线，共 16 种绘图控制图标；剪除、询问、清理、重画 4 个编辑控制图标。

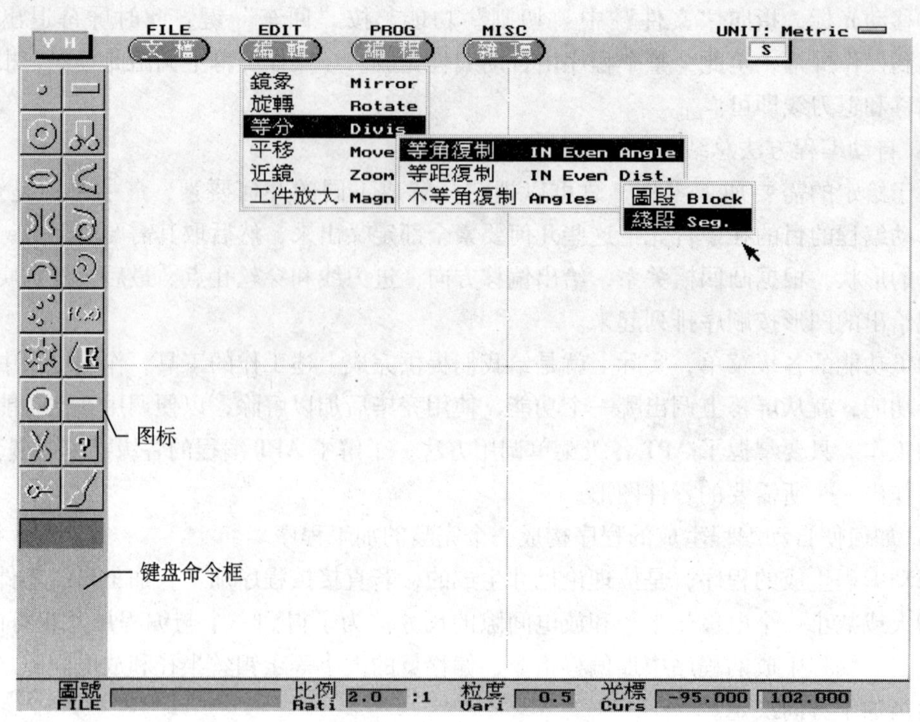

图1-20　YH系统主屏幕

4个菜单按钮分别为文件、编辑、编程和杂项。在每个按钮下，均可弹出一个子功能菜单。具体如下所示。

```
文件      编辑                      编程                    杂项
──────    ──────                    ────────                ──────
├新图     ├镜像──┬水平轴            │                       ├有效区
├读盘     │      ├垂直轴            ├切割编程  ─┐           ├交点标记
├存盘     │      ├原点              └4－轴合成 ┤           ├交点数据
├打印     │      └任意线                        │           ├点号显示
├挂起     ├旋转──┬图段自身旋转                  │           ├大圆弧设定
├拼接     │      ├图段复制旋转                  │           └打印机选择
├删除     │      └线段复制旋转                  │
└退出     ├等分──┬等角复制                      ├代码打印
          │      ├等距复制                      ├代码显示
          │      └不等角复制                    ├代码存盘
          ├平移──┬坐标轴平移                    └送控制台
          │      ├图段自身平移
          │      ├线段自身平移
          │      ├图段复制平移
          │      └线段复制平移
          ├近镜
          └工件放大
```

在系统主屏幕上除了20个图标和4个菜单按钮外，下方还有一行提示行。用来显示输入图号；比例系数、粒度和光标位置。

YH系统操作命令的选择，状态、窗口的切换全部用鼠标器实现（为以后叙述方便起见称鼠标器上的左按钮为命令键，右按钮为调整键），如需要选择某图标或按钮（菜单按钮、参数窗控制钮），只要将光标移到相应位置轻按一下命令键，即可实现相应的操作。

YH系统的专用名词：

图段——屏幕上相连通的线段（线或圆），称作图段，如图1－21所示。

线段——某条直线或圆弧，如图1－21所示。

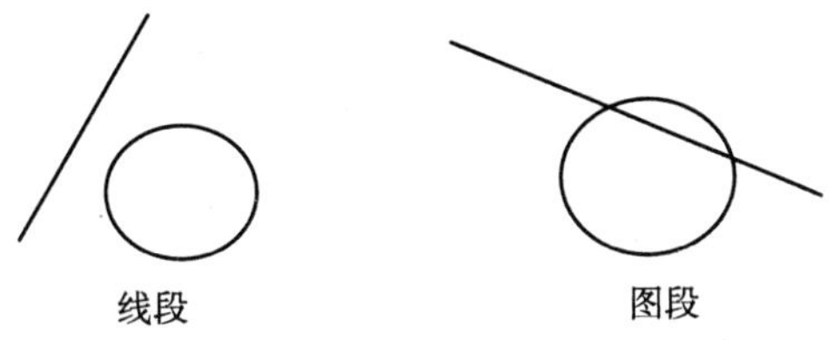

图1－21 线段、图段

粒度——作图时参数窗内数值的基本变化量。（注：粒度0.5时，作圆时半径的取值依次为8.0，8.5，9.0，9.5，…）。

元素——点、线、圆。

无效线段——非工件轮廓线段。

光标选择——将光标移到指定位置，再按一下命令键。

2）YH系统的基本操作方法

下面通过一个简单的实例，介绍YH系统的基本编程方法。工件形状如图1－22所示。该工件由九个同形的槽和两个圆组成。C1的圆心在坐标原点，C2为偏心圆。

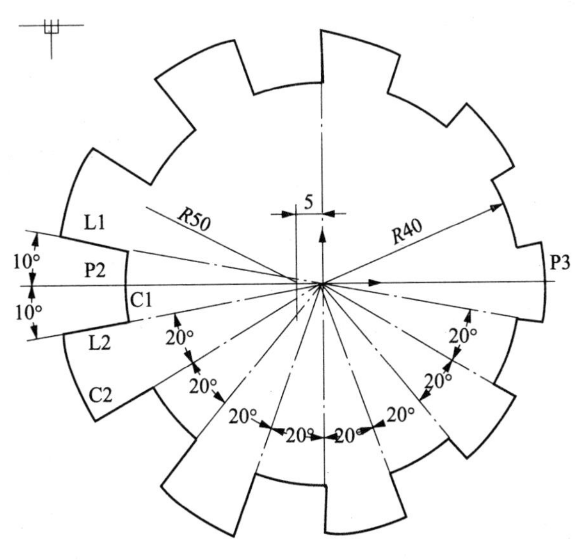

图1－22 案例图

首先输入C1。将光标移至“○”图标，轻按一下命令键，该图标呈深色。然后将光标移至绘图窗内。此时，屏幕下方提示行内的光标位置框显示光标当前坐标。将光标移至坐标原点（注：有些误差无妨，稍后可以修改），按下命令键（注意：命令键不能释放），屏幕上将弹出一参数窗，如图1-23所示。

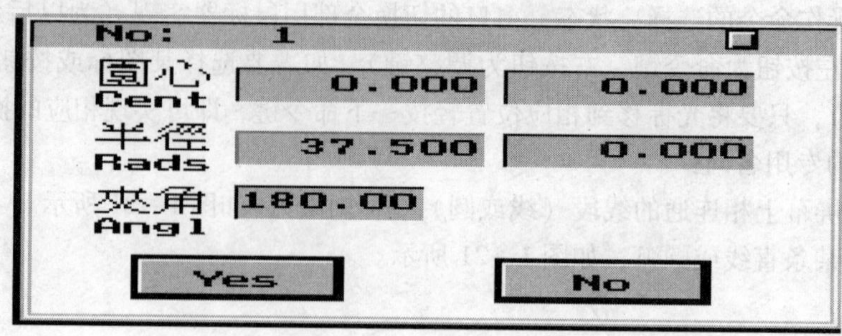

图1-23 画圆参数窗

参数窗的顶端有两个记号，No：0 表示当前输入的是第0条线段。右边的方形小按钮为放弃控制钮。圆心栏显示的是当前圆心坐标（X，Y），半径的两个框分别为半径和允许误差，夹角指的是圆心与坐标原点间连线的角度。

圆心找到后，接下来确定半径。按住命令键移动光标（注意，此时鼠标器的命令键不能释放），屏幕上将画出半径随着光标移动而变化的圆，当光标远离圆心时，半径变大；当光标靠近圆心时，半径变小。参数窗的半径框内同时显示当前的半径值。移动光标直至半径显示为40时，释放命令键，该圆参数就输入完毕。若由于移动位置不正确，参数有误，可将光标移至需要修改的数据框内（深色背框），按一下命令键，屏幕上即刻将浮现一数字小键盘。用光标箭头选择相应的数值，选定后按一下命令键，就输入一位数字，输入错误，可以用小键盘上的退格键“←”删除。输入完毕后，选择回车键“↵”结束。

注：出现小键盘时，也可直接用键盘输入。

参数全部正确无误后，可用光标的命令键按一下“Yes”钮，该圆就输入完成。下面输入二条槽的轮廓直线，将光标移至直线图标，按命令键，该图标转为深色背景，再将光标移至坐标原点，此时光标变成“X”状，表示此点已于第一个圆的圆心重合，按下鼠标器命令键，屏幕上将弹出直线参数窗，如图1-24所示。按下命令键（不能放），移动光标，屏幕将画出一条随光标移动而变化的直线，参数的变化反应在参数窗的各对应框内。该例的直线 L_1 关键尺寸是斜角为170°（斜角指的是直线与X轴正方向的夹角，逆时针方向为正，顺时针为负），只要拉出一条角度等于170°的直线就可以（注意：这里弦长应大于55，否则将无法与外圆相交）。角度至确定值时，释放命令键，直线输入完成。同理，可用光标对需要进一步修改的参数作修改，全部数据确认后，按“Yes”按钮退出。

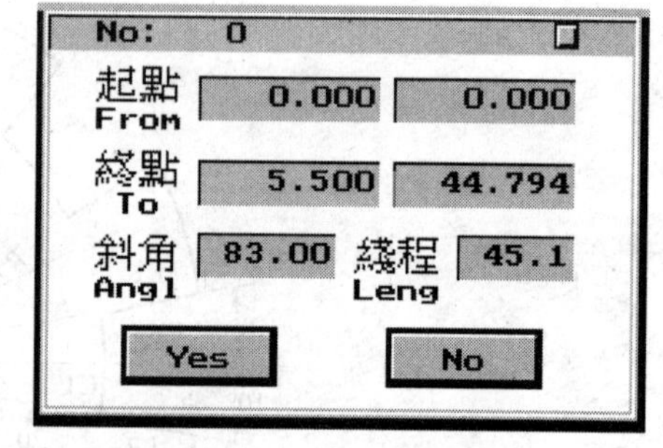

图1-24 直线参数窗

第二条直线槽边线 L_2 是 L_1 关于水平轴的镜像线，可以利用系统的镜像变换作出。将光标移至编辑按钮，按一下命令键，屏幕上将弹出一编辑功能菜单，选择“镜像”又将弹出有四种镜像变换选择的二级菜单。选择“水平轴”（这里所说的选择，均指将光标移至对应菜单项内，再轻按一下命令键）屏幕上将画出直线 L_1 的水平镜像线 L_2。

画出的这两条直线被圆分隔，圆内的两段直线是无效线段，因此可以先将其删去。将光标移至剪除图标（剪刀形图标）内，按命令键，图标窗的左下角出现工具包图符。从图符内取出一把剪刀形光标，移至需要删去的线段上。该线段变红，控制台中发出“嘟”声，此时可按下命令键（注意：光标不能动），就可将该线段删去。删除两段直线后，由于屏幕显示的误差，图形上可能会有遗留的痕迹而略有模糊。此时，可用光标选择重画图标，图标变深色，光标移入屏幕中，系统重新清理、绘制屏幕。

该工件其余的 8 条槽轮廓实际是第一条槽的等角复制，选择编辑菜单中的等分项，取等角复制，再选择图段（因为这时等分复制的不是一条线段）。光标将变成“田”形，屏幕的右上角出现提示“等分中心”，意指需要确定等分中心。移动光标至坐标原点（注：本图形的等分中心就在坐标原点），轻按命令键。屏幕上弹出参数窗，如图 1－25 所示，用光标在“等分”和“份数”框内分别输入 9 和 9（“等分”指在 360°的范围内，对图形进行几等分；“份数”指实际的图形上有几个等分数）。参数确认无误后，按“认可”退出。屏幕的右上角将出现提示“等分体”。提示用户选定需等分处理的图段，将光标移到已画图形的任意处，光标变成手指形时，轻按命令键，屏幕上将自动画出其余的 8 条槽廓。

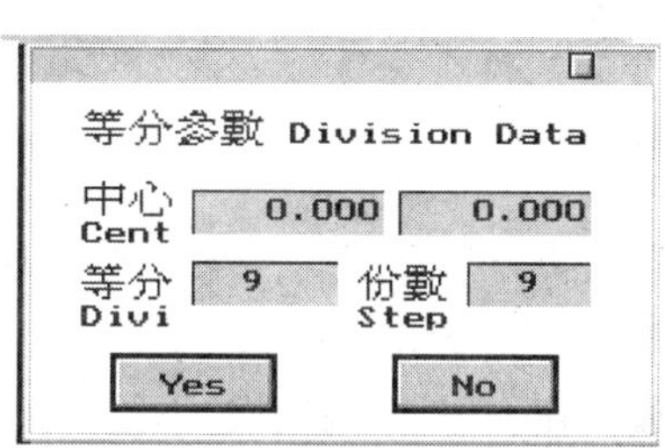

图 1－25　等分参数窗

最后输入偏心圆 C2。输入的方法同第一条圆弧 C1（注：若在等分处理前作 C2，屏幕上将复制出 9 个与 C2 同形的圆）。鼠标使用不熟练时用光标找 C2 的圆心坐标比较困难，输入圆 C2 较简单的方法是用参数输入方式。方法是：光标在圆图标上轻点命令键，移动光标至键盘命令框内，在弹出的输入框上用大键盘按格式输入：（－5，0），50（回车）即得到圆 C2。为提高输入速度，对于圆心和半径都确定的圆可用此方法输入。图形全部输入完毕。但是屏幕上有不少无效的线段，对于两条圆弧上的无效段，可以利用系统中提供的交替删除功能快速地删除。将剪刀形光标移至欲删去的任一圆弧段上，该圆弧段变红时按调整键，系统将按交替（一隔一）的方式自动删除圆周上的无效圆弧段。连续两次使用交替删除功能，可以删去两条圆弧上的无效圆弧段。余下的无效直线段，可以用清理图标功能解决。在此功能下，系统能自动将非闭合的线段一次性除去。光标在图标上轻点命令键，图标变色，把光标移入屏幕即可。（注：用清理时，所需清理的图形必须闭合。）用清理后，屏幕上将显示完整的工件图形。可以将此图形存盘，以备后用。方法：先将光标移至图号框内，轻按命令键。框内将出现黑色底线，此时可以用键盘输入图号——不超过 8 个符号，以回车符结束。该图形就以指定的图号自动存盘。（注：存盘前一定要把数据盘插入驱动器A中，并关上小门。）须注意这里存的是图形，不是代码。

用光标在编程按钮上轻点命令键，弹出菜单，在“切割编程”上轻点命令键，屏幕左下角出现工具包图符，从工具包图符中可取出丝架状光标，屏幕右上方显示“丝孔”，提示用户选择穿丝孔位置。位置选定后，按下命令键，再移动光标（命令键不能释放），拉出一条连线，使之移到要切割的首条线段上（移到交点处光标变成“X”形，在线段上为手指形），释放命令键。该点处出现一指示牌“▲”，屏幕上出现加工参数设定窗，如图1－26所示。此时，可对孔位及补偿量、平滑（尖角处过渡圆半径）作相应的修改。“Yes”认可后，参数窗消失，出现“路径选择窗”，如图1－27所示。

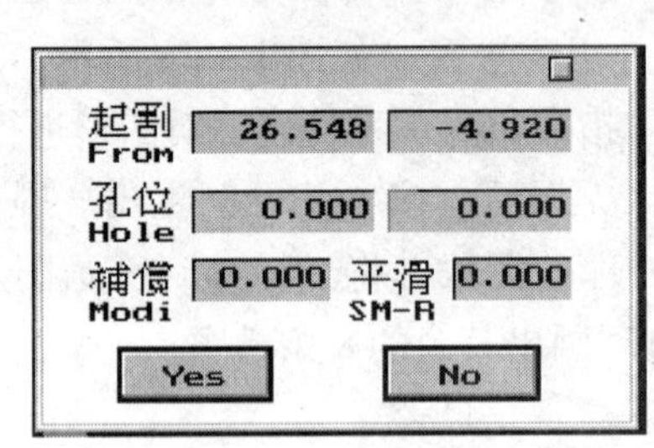

图1－26　加工参数设定窗

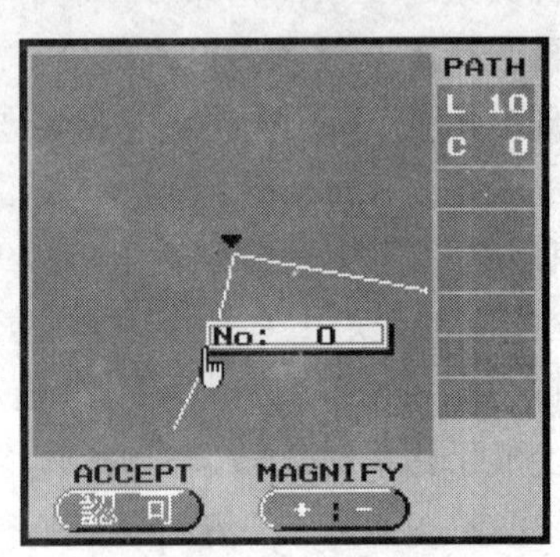

图1－27　路径选择窗

“路径选择窗”中的红色指示牌处是起割点，左右线段表示工件图形上起割点处的左右各一线段，分别在窗边用序号代表（C表示圆弧，L表示直线，数字表示该线段作出时的序号：0～n）。窗中“＋”表示放大钮，“－”表示缩小钮，根据需要用光标每点一下就放大或缩小一次。选择路径时，可直接用光标在序号上轻点命令键，序号变黑底白字，光标轻点“认可”即完成路径选择。当无法辨别所列的序号表示哪一线段时，可用光标直接指向窗中图形的对应线段上，光标呈手指形，同时出现该线段的序号，轻点命令键，它所对应线段的序号自动变黑色。路径选定后光标轻点“认可”。“路径选择窗”即消失，同时火花沿着所选择的路径方向进行模拟切割，到“OK”结束。如工件图形上有交叉路径，火花自动停在交叉处，屏幕上再次弹出“路径选择窗”。同前所述，再选择正确的路径直至“OK”。系统自动把没切割到的线段删除，形成一个完整的闭合图形。

火花图符走遍全路径后，屏幕右上角出现“加工开关设定窗”，如图1－28所示，其中有5项选择：加工方向、锥度设定、旋转跳步、平移跳步和特殊补偿。

图1－28　加工开关设定窗

加工方向有左右向两个三角形，分别代表逆/顺时针方向，红底黄色三角为系统自动判断方向。（特别注意：系统自动判断方向一定要和火花模拟走的方向一致，否则得到的程序代码上所加的补偿量正负相反。）若系统自动判断方向与火花模拟切割的方向相反，可用命令键重新设定：将光标移到正确的方向位，点一下命令键，使之成为红底黄色三角。

锥度设定：加工的工件有锥度，要进行锥度设定。光标按“锥度设定”的“ON”钮，使之变蓝色，出现锥度参数窗，如图1－29所示。参数窗中有斜度、标度、基面3项参数输入框，分别输入相应的数据。

斜度：钼丝的倾斜角度，有正负方向。工件上小下大为负；上大下小为正。

标度：上下导轮中心间的距离或旋转中心至上导轮中心的距离（或对应的折算量），单位为毫米。

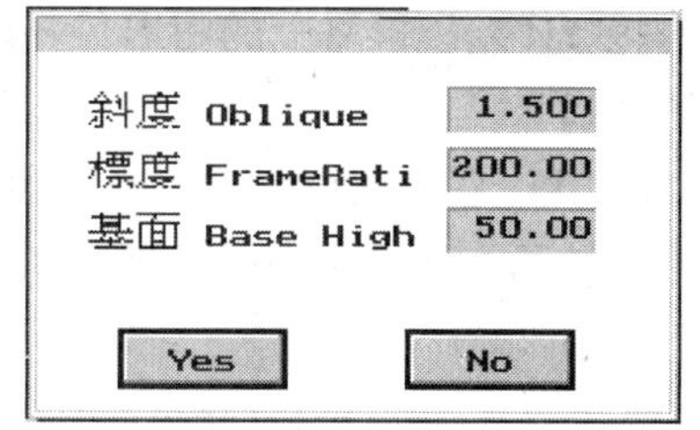

图1－29　锥度参数窗

基面：在十字拖板式机床中，由于下导轮的中心不在工件切口面上，需对切口坐标进行修正。基面为下导轮（或旋转）中心到工件下平面间的距离。

设置：斜度＝1.5，标度＝200，基面＝50

本例无跳步和特殊补偿设定，可直接用光标轻点加工参数设定窗右上角的小方块“■”按钮，退出参数窗。屏幕右上角显示红色“丝孔”提示，提示用户可对屏幕中的其他图形再次进行穿孔、切割编程。系统将以跳步模的形式对两个以上的图形进行编程。因本例无此要求，可将丝架形光标直接放回屏幕左下角的工具包（用光标轻点工具包图符），完成编程。

退出切割编程阶段，系统即把生成的输出代码反编译，并在屏幕上用亮白色绘出对应线段。若编码无误，两种绘图的线段应重合（或错开补偿量）。本例的代码反译出两个形状相同的图形，与黄色图形基本重合的是X－Y平面的代码图形，另一个是U－V平面的代码图形。随后，屏幕上出现输出菜单。

菜单中有代码打印、代码显示、代码存盘、三维造型和退出5个选项。

代码打印——通过打印机打印程序代码。

代码显示——显示自动生成的ISO代码，以便核对。在参数窗右则，有两个上下翻页按钮，可用于观察在当前窗内无法显示的代码。光标在两个按钮中间的灰色框上，按下命令键，同时移动光标，可将参数窗移到屏幕的任意位置上。用光标选取参数窗左上方的撤销钮“■”，可退出显示状态。

代码存盘——在驱动器中插入数据盘，光标按“代码存盘”，在“文件名输入框”中输入文件名，回车完成代码存盘。（此处存盘保存的是代码程序，可在YH控制系统中读入调用。）

三维造型——光标按“三维造型”，屏幕上出现工件厚度输入框，提示用户输入工件的实际厚度。输入厚度数据后，屏幕上显示出图形的三维造型，同时显示X－Y面为基准面（红色）的加工长度和加工面积，以利用户计算费用。光标回到工具包中轻点命令键，退回菜单中。

送控制台——光标按此功能，系统自动把当前编好的程序送入“YH控制系统”中，进行控制操作。同时编程系统自动把图形“挂起”保存。若控制系统正处于加工或模拟状态时，将出现提示“控制台忙”，禁止代码送入。

退出——退出编程状态。

至此，一个完整的工件编程过程结束，即可进行实际加工。光标按屏幕左上角的“YH”窗口切换标志，系统在屏幕左下角弹出一窗口，显示控制台当前的坐标值和当前代码段号。该窗口的右下方有一标记“CON”，若用光标点取该“CON”，即返回控制屏幕，同时把 YH 编程屏幕上的图形“挂起保存”。若点取该弹出窗口左上角的“－”标记，将关闭该窗口。

3）YH 系统图标命令及菜单功能详解

系统的全部图标命令及菜单功能介绍如下：

（1）点输入

方法一：在点图标状态下（光标放在该图标上，轻按命令键，使之变色），将光标移至绘图窗，屏幕下方的坐标提示行将显示光标当前 X－Y 数值。移至需要的位置，轻按鼠标器命令键。屏幕上将跳出标有当前光标位置的参数窗。这时可对光标位置做进一步的修改（将光标移至需要修改的数据框内，点一下命令键。数据框内出现一黑线，同时浮现小键盘。然后，用光标在小键盘的数字上轻按命令键，输入所需要的数据。也可直接用大键盘输入，以回车键结束）。完成后，以“Yes”退出。

方法二：在点图标状态下，将光标移至键盘命令框，在命令框下方将出现一输入框。然后用键盘按格式：

（X 坐标，Y 坐标）→回车

即完成了点数据的输入。

屏幕将用“＋”显示当前输入点的位置。

方法三：线间自动求交。

（2）直线输入

将光标移到直线图标内，轻点命令键，该图标成深色，表示进入直线图标状态。

在此状态下，可输入各种直线。

①绘图输入：

点斜式（已知一点和斜角）：在直线图标状态下，将光标移至指定点（依据屏幕右下方的光标位置；若该点为另一直线的端点，或某一交点，或为点方式下已输入的指定点，光标移到该点位置时，将变成“X”形）。按下命令键（不能放），继续移动光标，同时观察弹出的参数窗内斜角一栏，当其数值（注：指该直线与 X 轴正方向间的夹角）与标定角度一致时，释放命令键。直线输入后，如果参数有误差，可用光标选择参数窗内的对应项（深色框内），轻点命令键后，用屏幕上出现的小键盘输入数据，并以“↵”键结束。参数全部无误后，按“Yes”钮退出。

注：在深色参数框内的数据输入允许有四则运算，例：

20×175/15－12　　以下同（乘法用“＊”号，除法用“/”号）。

二点式（已知二点）：在直线图标状态下，将光标移至指定点（若该点为新点，依据光标位置值，否则移动光标到指定点，光标呈“X”形）。按下命令键后（不能放），移动光标到另一定点，（光标呈“X”形或到指定坐标）释放命令键。参数全部无误后，按“Yes”钮退出。

圆斜式（已知一定圆和直线的斜角）：在直线图标状态下，在所需直线的近似位置作一直线（任取起点）使得角度为指定值。选择“编辑”按钮中的“平移”→“线段自身平移”项。光标成“田”形。将光标移到该直线上（呈手指形）后，按下命令键（不能放），同时移动光标。此时该直线将跟随光标移动，在弹出的参数窗内显示当前的移动距离。将直线移向定圆，当该直线变红色时，表示已与定圆相切，释放命令键。若输入正确，可按参数窗中的“Yes”钮退出。若无其他线段需要移动，可将‘田’光标放回工具包，表示退出自身平移状态。（平移相切时以线段变红为准，不要用眼睛估算。平移完成后如出现红黄叠影，用光标点一下“重画”图标即可。）

平行线（已知一直线和相隔距离）：选择“编辑”按钮中的“平移”→“线段复制平移”项。将光标移至该直线上（光标成手指型）。按下命令键（不能放），同时移动光标。屏幕上将出现一条深色的平行线，在弹出的参数窗内显示当前的平移距离，移至指定距离时（或者，用光标点取参数窗，待出现黑色底线时，直接用键盘输入平移量），释放命令键。若确认，可按参数窗的“Yes”按钮退出。若无其他线段需要复制移动，可将光标放回工具包，表示退出复制平移状态。

公切线。

②键盘输入：

在直线图标状态下，将光标移至键盘命令框，出现数据输入框后可按以下三种格式输入：

二点式：（X1，Y1），（X2，Y2）→回车

点斜式：（X，Y），角度（度）→回车

法线式：（法向距离），法径角度→回车

直线即自动生成。

③直线延伸：

在直线图标状态下，将光标移到需延伸的线段上，光标呈手指形后，按调整键（鼠标器右边钮），该直线即向两端伸延。

（3）圆输入

将光标移到圆图标内，轻点命令键，该图标成深色，表示进入圆图标状态。在此状态下，可输入各种圆。

①绘图输入：

标定圆（已知圆心，半径）：在圆图标状态下，将光标移至圆心位置（根据光标位置值，或光标到达指定点时变成“X”形），按下命令键（不能放），同时移动光标，在弹出的参数窗内将显示当前圆的半径，屏幕上绘出对应的圆（当光标远离圆心时，半径变大；当光标靠近圆心时，半径变小）。至指定半径时，释放命令键，定圆输入完成。若输入精度不够，可用光标选择相应的深色参数框，用屏幕小键盘输入数据。参数确认后，按“Yes”钮退出。

单切圆（已知圆心，并过一点）：在圆图标状态下，将光标移至圆心位置，光标呈手指形后按下命令键（不能放），同时移动光标至另一点位置，待光标成“X”时释放命令键。若确认无误，按参数窗中的“Yes”钮退出。

单切圆（已知圆心，并与另一圆或直线相切）：在圆图标状态下，将光标移到圆心位置，按下命令键（不能放），同时移动光标，在屏幕上画出的圆弧逼近另一定圆或定线，待该圆孤成红色时（即相切），释放命令键。确认无误或修正后，按“Yes”钮退出。

二切、三切圆。

②键盘输入：

在圆图标状态下，将光标移至键盘命令框，出现输入框后可按以下格式输入：

(X0，Y0)，半径→回车

③弧段变圆：

在圆图标状态下，将光标移到圆弧上（光标成手指形），按调整键（鼠标器右边钮），该弧段即变成整圆。

(4) 切线、切圆输入

将光标移到切线/圆图标，点一下命令键，该图标成深色，即进入切线/圆状态。在该图标状态下可以输入公切线和各种切圆。切圆的种类有过两点、过一点且与一线（圆）相切、两线（圆）相切、三点圆等二切圆和三切圆。

①二圆公切线：

将光标移到任一圆的任意位置上，待光标呈手指形时，按下命令键（不能放），再移动光标至另一圆周上，光标呈手指形后释放。在两圆之间出现一条深色连线，再将光标（已呈“田”形）移至该连线上，光标变成手指形时轻点命令键（一按就放），即完成公切线输入。生成的公切线与所画的连线相似（注：由于二个圆共可生成四条不同的公切线，所以连线的位置应当与实际需要的切线相似，系统就可准确地生成所需的公切线）。

②点圆切线：

将光标移到与所需切线相连的点上，光标呈“X”形时按下命令键（不能放）。再移动光标至圆周上的任意处，至光标成手指形后释放。在相连的点和圆之间出现一条深色线，再将光标（已呈“田”形）移至该连线上，光标变成手指形时轻点命令键就完成了点圆切线输入。

③二切圆：

首先在相切的两个元素（线－线，圆－圆，线－圆，点－线，点－圆，点－点）间作一条连线。光标移到第一个元素上，光标成手指形（线或圆上），或“X”形（点上）时，按下命令键（不能释放），再移动光标到第二个元素上（以光标变形为准）后，释放命令键。在相切的两个元素间，出现深色连线。将“田”形光标移至该连线上（光标变成手指形），按下命令键并移动光标（注意：命令键不能释放）。屏幕上将画出切圆，并弹出能显示半径变化值的参数窗；当半径跳到需要的值时释放命令键，这就完成了切圆输入。用光标点取半径数据框，可用键盘直接输入半径值。（注：圆心修改无效，它由半径确定后自动计算得到）。

④外包二切圆：

首先在相切的两个元素间作一条连线（方法同上节）。然后，将光标移入欲包入的圆内，轻点命令键，该圆内出现一红色小圈，表示该圆将在生成的切圆内部。将光标移到出现的深色连线上，按下命令键后再移动光标，直至所需的半径后释放。若半径数据不对，可用键盘直接输入（方法同上）。

⑤三切圆：

首先按二切圆输入，移动光标时该切圆随着变动（半径增大或减少），在变化的切圆接近第三个元素（线或圆）时，该切圆变红色。此时释放命令键，系统自动计算并生成三切圆。若无法生成三切圆，系统会提示。

⑥外包三切圆：

在做好连线，作二切圆之前，将光标移入需外包的圆内，点取命令键，使之有一红色小圆标志，再将光标移到连线上，光标成手指形后，按下命令键，并移动光标，使生成的切圆接近第三个元素（圆或直线），待该切圆成红色时，释放命令键，系统自动生成外包三切圆。

若三切圆的三个相切元素都是圆，并且有外包圆时，连线的做法应满足以下要求：假定作连线的两个圆的圆心有一条连心线，应大体判断所要求的三切圆的圆心在该连心线的哪一侧，然后将连线作在该连心线的三切圆圆心侧。

⑦三点圆：

按二切圆方式在已知的两点间作一连线（光标从“X”形到“X”形），再把光标放在第三点上（光标呈“X”形），轻点命令键，三点圆即自动生成。

（5）非圆曲线的输入

光标点取椭圆，双曲线，抛物线，摆线，螺线，渐开线，齿轮，列表点，函数方程图标时，系统进入非圆曲线输入方式。

非圆曲线输入方式下屏幕上将跳出一专用窗口（特殊曲线输入窗，如图1－30所示）。该窗口由4部分组成。

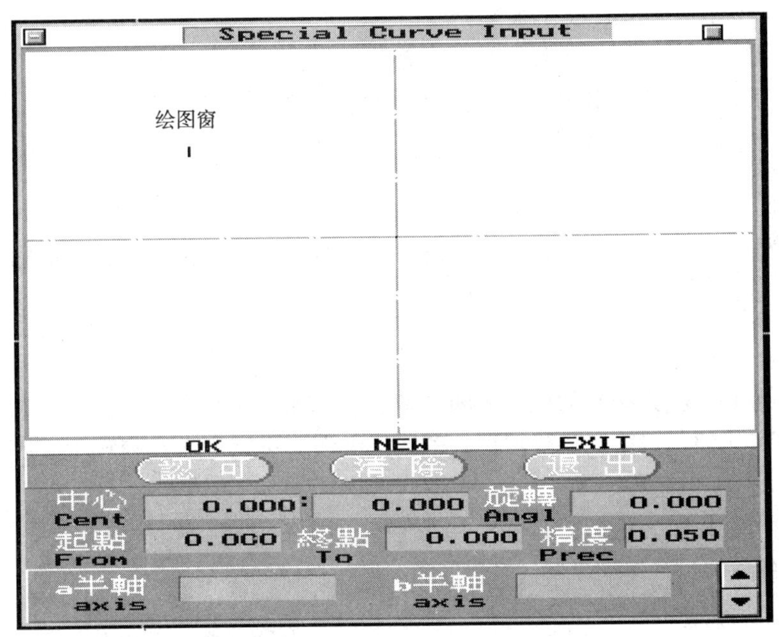

图1－30　特殊曲线输入窗

①绘图窗——用来显示各种标准化的曲线。

②命令按钮——有3个命令按钮：认可、清除、退出。

③变换参数窗：

中心坐标：该专用曲线窗口中显示的图形中心返回到主屏幕上的坐标。

旋转角度：从专用窗口返回的曲线在主屏幕上的旋转角度（单位：度）。

起点、终点：当前输入曲线的起、终点坐标（X，Y或角度）。

拟合精度：非圆曲线的拟合精度（单位：毫米）。

④标准参数窗——各种特殊曲线的参数输入窗。

在专用窗的上边有两个方形标志。右边的是放弃按钮，它的功能与圆、直线等曲线输入时参数窗上的标志相同，表示放弃当前的输入，返回主屏幕。左边的是键盘切换标志，它能选择性地采用鼠标（屏幕）键盘或大键盘输入。

①非圆曲线的偏移量：

有些工件要求其特殊曲线有一个偏移量。在特殊曲线的参数输入认可后，可以在屏幕上弹出的偏移量提示下，用键盘输入。

偏移量的符号根据工件形状确定，偏向曲线中心方向为“-”反之取“+”。若无需偏移，直接按“←┘”键即可。

②椭圆输入：

在椭圆图标状态下，屏幕弹出椭圆输入窗。光标移至a半轴边的深色框上轻点命令键，框内出现一条黑线，同时弹出小键盘。用光标把a半轴参数输入（也可直接用大键盘输入，以下同），再输入b半轴参数。屏幕上显示相应的椭圆图形，按“认可”确认，即在绘图窗内画出标准椭圆图形。根据实际图纸尺寸，可以设置对应的中心和旋转角度。

中心——椭圆中心在实际图纸上的坐标值。

旋转——椭圆在实际图纸上的旋转角度。

注：该专用参数窗上的其他参数对椭圆无效。

参数设置完成后，按“退出”钮，返回主窗口，若要撤销本次输入，可用光标点取放弃按钮。

③抛物线输入：

抛物线图标，抛物线采用标准方程 $Y = K * \sqrt{X}$，并且只取第一象限的图形。在标准参数窗口输入的系数：

K折算成标准方程后的系数。

起点、终点——自变量X的取值区间（单位：毫米）。

按“认可”按钮，得第一象限图形。若图形无误，设定中心及旋转角度后，按“退出”钮返回主屏幕。

注：标准方程由数学方程 Y^2 = PX→Y = (PX)^(1/2)，则 K = P^(1/2)。

④双曲线输入：

双曲线图标，双曲线输入窗口下输入a，b半轴系数。起、终点输入自变量X的区间（X必须大于或等于a半轴）。图形取第一象限部分。参数输入后按“认可”，若窗口中显示的图形无误，设定中心及旋转角度后，以“退出”返回主屏。

⑤渐开线输入：

渐开线图标标准参数窗口下，输入基圆半径（渐开线的生成圆半径），起点、终点的角度值。参数输入后按“认可”，若图形无误，设定中心及旋转角度后，以“退出”返回主屏。

⑥摆线输入：

摆线图标标准参数窗口下，输入动圆、基圆半径（内摆线时，动圆半径取负值，普通摆线基圆半径取0值），系数（系数大于1为长幅，小于1为短幅摆线），起、终点的角度值。按“认可”，若图形无误，设定中心及旋转角度后，以“退出”返回主屏。

注：摆线的方程及参数的意义可参见数学手册。

⑦螺旋线输入：

螺旋线图标标准参数窗口下输入：

顶升系数：(起点极径 - 终点极径) / (起点角 - 终点角)

始角：起始角度（角度）。

始径：起始极径。

起点、终点为角度取值范围。参数输入后按“认可”，若图形无误，设定中心及旋转角度后，以“退出”返回主屏。

⑧列表曲线：

进入列表曲线状态前，应在驱动器中放入数据盘，系统能自动将输入的数据点存盘保护。

标准参数窗上共有4个可控制输入部分。第一框为坐标轴系选择，用光标轻点该框，可交替地选取XY坐标或极坐极。在X - Y坐标系下，输入X - Y值。在极坐极轴系下，输入极径r和极角a。点号部分，可用来选择对某个特定数据进行输入、修改（例，修改第102个坐标点）。参数窗右边的两个上下三角按钮可以控制输入（编辑）点号的递增和递减。起、终点分别为列表曲线起、终点处的方向角（一般可取零，由系统自动计算得到）。按“认可”钮，在随之弹出的拟合方式选择中，选取“圆弧”或“直线”，绘图窗口即出现拟合曲线。若图形无误，设定中心及旋转角度后，以“退出”返回主屏。

列表曲线有自动记忆功能，对输入的点自动存盘。这样对点数很多的列表曲线，可以先按次序输入前面一部分的点，然后“认可”→“拟合”→“退出”，系统自动存盘。开机重新进入，把前次存盘的软盘插入，进入列表曲线参数窗，窗内显示前次输入的点。依次输入后面部分的点（如第一次输入到105点，第二次光标直接轻点序号框，输入106，然后，依次输入余下的数据），以完成整个列表曲线。

输入新的图形时，先按“清除”钮，把点清除，再依次输入新的点。

⑨任意方程输入：

任意方程图标参数框中可以输入任意数值表达式（必须符合计算机语言的一般语法规则，乘法用“ * ”，除法用“/”，幂用“^”等）。常用的数学函数有：sin，cos，tan (tg)，a^{-1}tan (tg^{-1})，log (ln)，Exp (ex)，sqrt (√) 等。

直角坐标方程，自变量用x表示；极坐标方程，用t；参数方程用t；xy联立参数方程式用“;”分隔，参数用t。方程式输入后，应设置相应自变量的区间，然后，按“认可”

钮，若图形无误，设定中心及旋转角度后，以“退出”返回主屏。

例：以参数方式输入椭圆，A 半轴 =20，B 半轴 =10，取第一象限部分。

用光标点取参数输入框，出现黑色底线后，用键盘输入：

20 * SIN（3.1416/180 * T）；10 * COS（3.1416/180 * T）（回车）

然后，输入：起点 0　　终点　90

输入完成后，点取“认可”按钮。

⑩齿轮输入：

齿轮图标在参数窗下，输入模数、齿数、压力角、变位系数。“认可”后，窗口中出现基圆半径、齿顶圆半径、齿根圆半、渐开线起始角、径向距等参数，其中除基圆外都可修改。修改方法：光标轻点该数据，出现一条横线，输入所需的数据。按“认可”钮后，窗口生成单齿，并询问齿数。选取生成齿轮的实际齿数后（系统生成的第一个齿在 Y 轴正方向上，余下的齿以逆时针方向旋转生成），设定中心及旋转角度，再以“退出”返回主屏。

⑪ 过渡圆输入：

过渡圆图标将光标移至两线段交点处（光标呈“X”形），按下命令键（不能释放），再拉出光标后（任意两线段的交点处可以生成四个不同的过渡圆，为明确起见，可将其分成四个区域，只要将光标从所需圆弧的区域拉出，就能生成满足要求的过渡圆弧）释放命令键。屏幕上提示“R =”，用键盘输入需要的 R 值系统随即绘出指定的过渡圆弧。过渡圆的半径超出该相交线段中任一线段的有效范围时，过渡圆无法生成。

⑫辅助圆输入：

辅助圆图标，方法同普通圆输入，它仅起定位作用。图纸上，非工件轮廓的圆弧都应以辅助圆作出。区别在于辅助圆弧段不参与切割，能被清理图标一下清除。

⑬辅助线输入：

辅助线图标方法同普通直线输入，仅起定位作用。图纸上，非工件轮廓的直线都应以辅助线作出。

注：辅助圆/辅助线的输入应遵循“即画即用”的原则，一旦用过删除功能，系统会自动将所有辅助圆/线删除。

⑭ 删除线段：

方法一：选择删除图标，屏幕左下角出现工具包图标，移动鼠标，可从工具包中取出剪刀形光标。将光标移至需删除的线段上，光标呈手指形，该线段变红色。此时按命令键删除该线段；按调整键以交替方式删除同一线上的各段（同一线上以交点分段）。完成后，将剪刀形光标放回工具包，轻点命令键退出。

方法二：将光标移入键盘命令框，在弹出的数据框中，直接输入需删除的线段号，该线段即删除。若需删除某一点，可在点号前加上字母“P”。

⑮查询：

方法一：在图标 ? 状态下，光标移至线段上（呈手指形）按命令键，将显示该线段的参数（此时可对该线段数据进行修改）。移到交点处（呈“X”形）显示交点的坐标，及与该交点相关联的线号。以“认可”钮退出。按“撤销”钮时，将删除整个线段。

方法二：将光标移入键盘命令框，在弹出的数据框中，直接输入需查询的线段号，该线段会变红色。此功能可用于查找线段。

注：系统在各种曲线的参数窗口内一般显示7位有效数字，若希望观察其7位以上的精度，可将光标移至对应的数据框内，按调整键（鼠标器右按钮），系统将以10位有效数字显示据。

⑯清理：

光标选择清理图标：

方法一：点取命令键，系统自动删除辅助线和任何不闭合的线段。

方法二：用调整键选取“删除辅助线”，保留不闭合线段。

⑰重画：

光标移入该图标：

点取命令键：系统重新绘出全部图形（不改变任何数据，相当于重新描绘图形）。

点取调整键：进入任意作图方式（以折线方式画任意图形）。此时系统模仿数字化仪的功能可在屏幕上画出任意图形。光标呈大十字形，连按两次命令键得一直线段，移动光标到下一点，再按两次，连续做得到由连续不断的拆线段组成的图形。（注：对于闭合图形，最后一段闭合线需用两点直线将其封闭）

直线变圆功能：在任意作图方式下（调整键进入），将光标移到需变圆的线段上（光标成手指形），按下命令键并移动光标，使该线段变成需要的弧形为止。

（6）退格

系统主屏幕左上角出现房子形的黄色记忆包时，用光标轻点该标记，系统将撤销前一动作。（注：记忆包成红色时，表示不可恢复态。）

（7）菜单命令

文件按钮

①新图：

清除全部屏幕图形和数据，坐标复原。好比给张白纸重新画图。

②读盘：

从当前系统设定的数据盘上读入文件。该功能下可以读入图形、3B代码、AUTOCAD的DXF类型文件。

图形文件的读入：

方法一：将光标移到图号输入框内，轻按命令键。待框内出现一黑色底线时，用大键盘输入文件名（不超过8个字符），回车键退出。系统自动从磁盘上读入指定的图形文件。

方法二：直接选择“读盘”功能，并选择“图形”，系统将自动搜索当前磁盘上的数据文件，并将找到的文件名显示在随即弹出的数据窗内，用光标轻点所需要的文件名（该选中的文件名将出现亮条），然后再轻点数据窗左上角的小方钮，文件即可自动读入。

3B代码文件的读入：

选择3B代码方式，在弹出的数据输入框中，输入代码文件名。文件名应该用全称，如果该文件不在当前数据盘上，在输入的文件名前，还应加上相应的盘号。

代码文件读入后，屏幕上出现如图1-31所示的选择窗口。其中"删除辅线"表示是否要去除代码的引线段；"图形闭合"表示图形是否封闭。用光标点取左边的小方块，块中的字母显示"N"或"Y"，表示"否"或"是"。

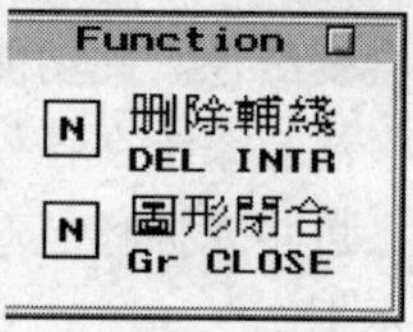

Function

N 删除辅线 DEL INTR

N 图形闭合 Gr CLOSE

图1-31

DXF文件的读入：

选择DXF文件方式，在弹出的数据输入框中，输入代码文件名。文件名应该用全称，如果该文件不在当前数据盘上，在输入的文件名前，还应加上相应的盘号。本系统要求DXF文件中的平面轮廓画在0层上。

③存盘：

将当前图形保存到指定文件中。

方法：将光标移到图号输入框内，轻按命令键。待框内出现一黑色底线时，用键盘输入文件名（不超过8个字符），回车键退出。系统将自动把屏幕图形写入当前的数据盘上。若文件名已存在（文件多次存盘），可直接选择"存盘"项。

若该文件名已在盘上使用，系统将提示是否用当前数据重写。选择Yes表示用当前数据覆盖，否则撤销该操作。

④打印：

将当前屏幕图形或图形数据打印输出。

图形打印——以屏幕复制的方法，将屏幕上的图形打印。

数据打印——打印当前图形的数学特征值（圆：圆心，半径，弧段；直线：起，终点，斜度，弦长等）。

选择后，屏幕提示"打印机就绪"，检查打印机是否处在接收信号打印状态，点取"OK"即开始打印。

⑤挂起：

将当前图形数据暂存于数据盘，屏幕复位，并在上方显示一暂存标志"S"。用光标轻点该标志，可将暂存图形取出并显于屏幕。由"挂起"取出的图形与屏幕上已存在的图形不作自动求交处理。但是，在需要时，可用点图标下的方法单独作求交处理。

方法：

第一步：选取点图标。

第二步：将光标移至需求交点的线段上（光标成手指形），按一下命令键，系统将自动计算该线段与屏幕上其他线段的交点，并将求出的交点以"+"标出。

第三步：在需求交的两条线段间作一条连接线（光标从手形到手形），系统自动算出其交点。

注：步骤二、步骤三任选一。

⑥拼接：

将指定文件中的图形同当前屏幕显示图形合并，并且自动求出两个图形的全部交点。

方法：

第一步：选取“文件”→“拼接”功能。

第二步：在随即弹出的参数窗内，选择欲拼入的文件（将选择的文件名点亮），按参数窗左上角的小方块，自动完成拼接。

⑦删除：

删除数据盘文档中指定的文件。

方法：在弹出的参数窗内，选取需删除的文件（该文件名点亮），再按撤销钮退出即可。

⑧退出：

退出 YH 编程系统，回到 DOS。

编辑按钮

①镜像：

根据菜单选择，可将屏幕图形关于水平轴、垂直轴、原点或任意直线作对称复制。

指定线段的对称处理——光标点取需对称处理的线段（光标呈手指形）。

指定图段的对称处理——光标点取需对称处理的图段（光标呈“X”形）。

全部图形的对称处理——光标在屏幕空白区时，点取命令键。

任意直线作镜像线的方法：

在屏幕右上角出现“镜像线”提示时，将光标移到作为镜像的直线上（光标呈手型），点一下命令键，系统自动作出关于该直线的镜像。

②旋转：

该菜单下，可作图段自身旋转、线段自身旋转、图段复制旋转、线段复制旋转。

注：图段表示相连的线段。

方法：进入旋转方式后，屏幕右上角显示“旋转中心”，提示选择图形的旋转中心。用光标选定旋转中心位置后，点一下命令键，屏幕右上角提示为“转体”。将光标移至需做旋转处理的图（线）段上（光标呈手形），按下命令键（不能释放）并移动鼠标器，图段（线）将随光标绕着旋转中心旋转，参数窗显示当前旋转角度，当旋转角度至指定值时释放命令键，处理完成。此时仍可对旋转中心及旋转角度作进一步的修改，确认后“认可”退出，完成一次旋转。屏幕提示“继续”，可进行下一次旋转。如将光标放回工具包，退出旋转方式。

③等分：

根据需要可对图形（图段或线段）作等角复制、等距复制或非等角复制。

方法：进入等分模块后，屏幕提示选择“等分中心”，用光标选定等分中心位置后，点一下命令键，随后屏幕上出现等分参数窗口（见图1－25）。输入等分数和份数（等分：图形在360°范围内的等分数；份数：实际图形的份数），输入后的数据也可修改。按“认可”退出后，屏幕提示“等分体”，将光标移至需等分处理的图（线）段上任意处，光标呈手指形，轻按命令键，系统即自动作等分处理，并显示等分图形。

等距复制：输入间隔的距离和份数。

非等角复制：屏幕上弹出非等角参数窗，依次用大键盘输入以逆时针方向的各相对旋转角度后，按“OK”钮，屏幕显示“中心”，用光标输入等分中心，弹出参数窗后，按“认可”退出。屏幕提示“等分体”，光标移至需等分的图段或线段上任意处，光标呈手指形时轻点命令键，完成复制。

④平移：

对图形系统的坐标轴或图（线）段作自身（复制）平移处理。

图（线）段平移—进入平移模块后，屏幕提示“平移体”，将光标移至需平移处理的图（线）段上，当光标成手指形后按下命令键并移动鼠标器，图形将随其移动，参数窗内显示当前平移距离，至需要距离时释放命令键，参数窗内的距离数据可用小键盘再修改。

坐标轴平移—光标呈“+”字箭头，屏幕右上角提示“坐标中心”，将光标移至需要成为坐标中心的坐标点处，轻点命令键，自动完成坐标系的移动。完成一次平移后，屏幕显示“继续”，可继续进行平移；光标放回工具包结束平移方式。

显示图形中心平移—若需要将屏幕上某一位置移动到屏幕中央，可将光标移到该处，再轻点调整键。系统自动将该处移到屏幕中央。

⑤近镜：

可对图形的局部作放大观察。

方法：光标移至需观察局部的左上角。按下命令键（不能放），然后向右下角拉开，屏幕上将绘出一白色方框，至适当位置后（需放大部分已进入框内），释放命令键，屏幕上即开出一窗口，显示放大的局部图形。屏幕下边比例参数框中显示实际放大比例。用光标选取近镜窗左上角的“撤销”标志，可退出局部放大窗，恢复原图形。

注：围起的区域越小，放大倍数越大。在近镜窗中可以多次“近镜”放大。

⑥工件放大：

可对图形的坐标数据缩放处理。根据需要，在弹出的参数窗内输入合适的缩放系数即可。缩放系数为任意数。

注：由于对图形交点坐标数据进行缩放处理，得到的图形为非等距缩放。如是关于 X、Y 轴对称的图形，放大处理后基本形状不变。

编程按钮

①切割编程：

该模块下对工件图形轮廓作模拟切割。具体使用方法参见前面的实例。

用光标选择编程按钮，取“切割编程”。屏幕左下角出现的工具包图符中可取出丝架状光标，屏幕右上方显示“穿丝孔”，提示用户选择穿孔位置。位置选定后，按下命令键并移动光标（命令键不释放）至切割的首条线段上（移到交点处光标变成“X”形，在线段上为手指形），释放命令键。该点处出现一指示牌“▲”，屏幕上出现加工参数窗。此时，可对孔位、起割点 、补偿量、平滑（尖角处过渡圆半径）作相应的修改及选择，代码统一为 ISO 格式。按“Yes”认可后，参数窗消失，出现“路径选择窗”。

注：起割点的选择，具有自动求交功能。例如：起割点选在某一圆周上，将引线连到该圆上（光标呈手指形），出现加工参数窗后，用光标点取起割点坐标的数据框（深色框），根据具体要求，只要输入 X 或 Y 坐标中的一个，另一个值系统会自动求出。

“路径选择窗”中的红色指示牌处代表起割点，左右线段是工件图形上起割点处的相邻线段，分别在窗口右倾用序号代表（C 表示圆弧，L 表示直线，数字表示该线段作出时的序号：0 ~ n）。窗口下部的“+”表示放大钮，“-”表示缩小钮，用光标每点一下就放大或缩小一次。选择路径时，可直接用光标在右边的序号上轻点命令键，使之变为黑色。若无法辨别序号表示哪一线段时，可用光标移到指示牌两端的线段上，光标呈手指形，同时显示该线段的序号，此时轻点命令键，它所对应的线段的序号自动变黑色，表明路径已选定。路径选定后光标轻点“认可”钮，火花图形就沿着所选择的路径进行模拟切割，到终点时，显示“OK”结束。如工件图形轮廓上有岔道，火花自动停在岔道处，并自动弹出“路径选择窗”，供人工选择正确的路径，继续选择切割直至出现“OK”。

火花图符走遍全路径后，屏幕右上方出现“加工开关设定窗”，其中有5项设定：加工方向、锥度设定、旋转跳步、平移跳步和特殊补偿。

加工方向：加工方向设定项有左右两个方向三角形，分别代表逆/顺时针方向切割，红底黄色三角为系统自动判断方向。（特别注意：系统自动判断方向一定要和模拟火花走的方向一至，否则得到的程序代码上所加的补偿量正负相反。若系统自动判断方向和火花模拟方向相反，进行锥度切割时，所加锥度的正负方向也相反。）若系统自动判断方向与火花模拟切割的方向相反，可用命令键重新设定：将光标移到正确的方向位（以火花方向为准），点一下命令键，使之成为红底黄色三角。

锥度设定：加工有锥度的工件，要进行锥度设定。光标点取“锥度设定”项的“ON”钮，使之变蓝色，屏幕弹出锥度参数窗。参数窗中有斜度、线架、基面3项参数输入框，应分别输入相应的数据。斜度：钼丝的倾斜角度，有正负方向（正角度为上大下小—倒锥，负角度为正锥）。线架：上下导轮中心间的距离，单位为毫米。基面：下导轮中心到工件下平面间的距离。若以工件上平面为基准面，输入的基面数据应该是下导轮中心到工件下平面间的距离再加上工件的厚度。参数输入后按“Yes”钮退出。

旋转跳步：光标按“旋转跳步”项的“ON”钮，使之变蓝色，即出现“旋转跳步参数窗”，其中有“中心”、“等分”、“步数”3项选择。“中心”为旋转中心坐标。“等分”为在360°平面中的等分数。“步数”表示以逆时针方向取的份数（包括本身一步）。选定后按“Yes”退出。

平移跳步：光标点取“平移跳步”项的“ON”钮，使之变蓝色，即出现“平移跳步参数窗”，其中有“距离”和“步数”两项选择。“距离”：以原图形为中心，平移图形与原图形在X轴和Y轴间的相对距离（有正负）。“步数”：共有几个相同的图形（包括原图形）。输入参数后，以“Yes”退出。

特殊补偿：在该功能下，可对工件轮廓上的任意部分（按切割方向的顺序）设定不同的补偿量（最大不超过30种补偿量）。

方法：光标按“特殊补偿”项的“ON”钮，使之变蓝色，可从工具包图符中取出“田”型光标，屏幕右上角出现红色提示“起始段”，把光标移到需要特殊补偿的工件轮廓的首段，光标变手指形，并且出现该段的路径号，点一下命令键；屏幕提示改为“终止段”，再将光标移到相同补偿量的尾段上（光标呈手指形），点一下命令键，系统将提示输入该区段的补偿量，输入补偿量后，该特殊补偿段处理完毕。屏幕再次提示“起始段”，用同样的方法可依次处理其他的区段（注：起始段和结束段可在同一线段上，也可在不同的线段上，但是，终止段的段号必须大于或等于起始段的段号，换句话说，必须顺着火花方向顺序设定）。全部区段的补偿量设定完，把光标放回工具包，按命令键退出“特殊补偿”状态。

加工设定完成后，在“加工开关设定窗”中，有设定的以蓝色“ON”表示，无设定的以灰色“OFF”表示。光标轻点参数窗右上角的撤销钮，退出参数窗。屏幕右上角显示红色“丝孔”提示，提示用户可对屏幕中的其他图形再次进行穿孔、切割编程，系统将以跳步模的方式对两个以上的图形进行编程。全部图形编程完成后，将丝架形光标放回屏幕左下角的工具包（用光标轻点工具包图符），即退出编程状态。

退出编程状态后，系统即把生成的输出代码反编译，并且在屏幕上绘出亮白色的线段。若编码无误，二种颜色的线段应重合（或错开一个补偿量或锥度偏出量）。

注：设有锥度的图形代码反译出两个形状相同而颜色不同的图形，与黄色图形基本重合的是X－Y平面的代码图形，另一个是U－V平面的代码图形。

编程完成后，进入输出菜单，其中有代码打印、代码显示、代码存盘、三维造型和送控制台等选择。

代码打印——通过打印机打印程序代码。

代码显示——在弹出的参数窗中显示生成的ISO代码，以便核对。在参数窗右则，有两个上下翻页按钮，可用于观察在当前窗内无法显示的代码。光标在两个按钮中间的灰色框上，按下命令键，同时移动光标，可将参数窗移到屏幕的任意位置上。用光标选取参数窗左上方的撤销钮，可退出显示状态。

代码存盘——在驱动器中插入数据盘，光标按“代码存盘”，在弹出的“文件”输入框中输入文件名，以回车完成代码存盘。

三维造型——光标按“三维造型”，屏幕上出现工件厚度输入框，提示用户输入工件的实际厚度。输入厚度数据后，屏幕上显示出图形的三维造型轮廓，同时显示以X－Y平面为基准面（红色）的加工长度和加工面积，以利用户计算费用。光标回到工具包中轻点命令键，退回菜单。

送控制台——光标按此功能，系统自动把当前编好程序的图形送入“YH控制系统”，并转入控制界面。同时编程系统自动把当前屏幕上的图形“挂起”保存。

若控制系统正处于加工或模拟状态时，将出现提示“控制台忙”。

串行口——系统将当前编制好的代码，从RS232口中送出。（可直接送入配置RS232口的控制台，如：YHB单片机控制器）。

退出——退出编程状态。

②四轴合成：

光标选择此功能后，出现“四轴合成窗”，如图1－32所示。窗口中左上角的按钮为撤销钮，窗口中左右各有一个显示窗，左边为X－Y轴平面的图形显示窗，右边为U－V轴平面的图形显示窗。图形显示窗下方有文件输入框，光标点此框，弹出“文件选择”窗，用光标选择所需合成的文件名后退出，该文件的图形即显示在窗口中。在每个显示窗下都表明所合成的图形轴面、文件名、代码条数（两图形的代码条数必须相同）。设置线架高度、工件厚度、基面距离、标度。以上参数均以毫米为单位，应注意工件厚度加上基面距离应小于或等于线架高度；一般情况下，标度即为线架高度（对于非UM单位步距的机床，标度为偏出量的折算值）。窗口右下角有两个选择图标：内圆外方形表示上下异形合成，内外方形表示上下同形合成（主要用于斜齿轮一类工件的合成），根据需要点取对应的图标后，在X－Y轴面窗显示出合成后的图形（注：屏幕画出的合成图形是上下线架的运动轨迹，该图形与工件的实际形状相差很大，如要观察工件的实际形状，可到控制屏幕，用三维功能描绘）。合成后屏幕弹出输出菜单，可进行存盘、送控制台、打印等操作。

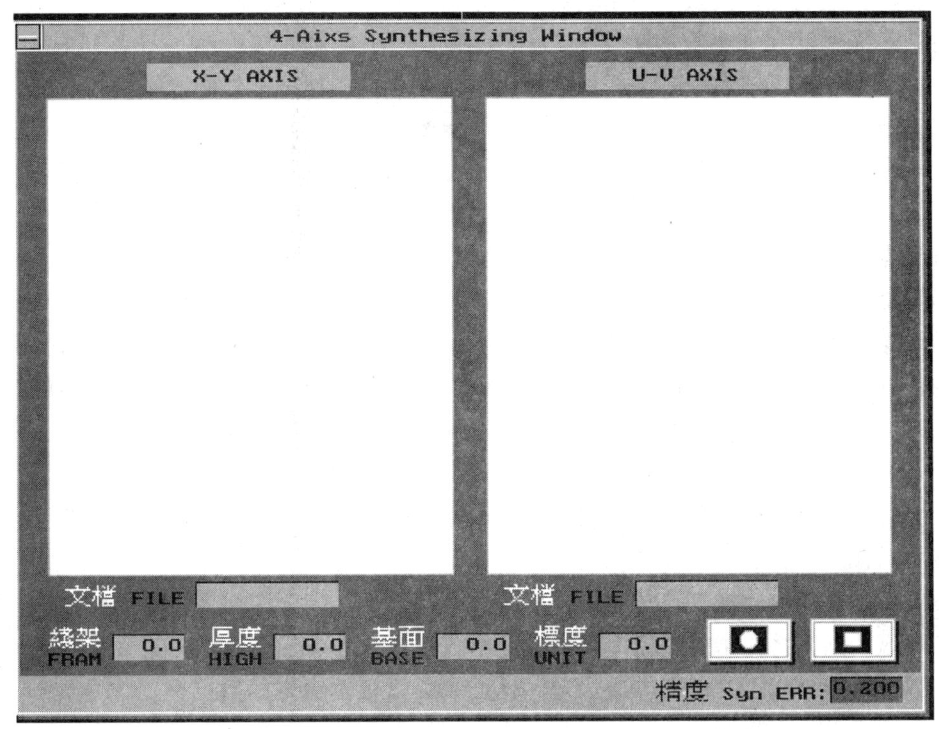

图1－32　四轴合成窗

四轴合成编程的必要条件：上、下两面的程序条数相同、丝孔坐标相同、补偿量相同、加工走向相同。

例1－4　X－Y轴面为圆形，U－V轴面为五角星形的四轴合成。

首先画出等角五角星（过程略）。然后，对图形进行“切割编程”，设定起割点为＋Y轴上的顶点，设置丝孔坐标、补偿量和切割方向。编程完成后“代码存盘”，完成了U/V面图形的编程。

下面对X/Y平面的圆编程。选择“新图”清理屏幕，画一圆心在坐标原点的圆。由于五角星有10条线段，为能与五角星的每个端点协调，应将圆分成10段。以原点为起点作一条斜角为90°的辅助线（在Y轴上），该辅助线与圆有一交点。对辅助线10等分，得10条辅助线，这些辅助线将圆分成了10段。光标直接选择“切割编程”，起割点选在该圆在＋Y轴的交点上（光标成X形），丝孔坐标、补偿量、切割方向和五角星保持一致，编程后选择“代码存盘”，再退出编程。

光标选择“编程”→“四轴合成”，进入合成显示窗。光标在X－Y轴面显示窗下的文件名输入框中轻点命令键，在文件名选择窗中用光标点亮圆的代码文件名，按“退出”钮即显示圆的代码图形和它的代码条数。同样把五角星显示在U－V轴面的显示窗中，它的代码条数应该与圆的代码数相同。设置线架，厚度，基面，标度后，点取上下异形图标，即自动完成四轴合成。

杂项按钮

①有效区：

可将屏幕上的无效线段快速删去。

方法：光标移到屏幕上有效区域（需保存）的左上角，按下命令键并向右下角移动，待有效区域全部进入该方框时，释放命令键，系统将自动地把框外的线段删去。

②交点标记/消隐：

将屏幕上图形的交点用“+”号标出，或消隐。每选择一次，交点交替地显示或消隐。

③交点数据：

显示交点坐标数据和位置。

数据显示时，在弹出的参数窗右则，有两个上下翻页按钮，可用于观察在当前窗内无法显示的数据。光标在两个按钮中间位置时，按下命令键，同时移动光标，可将参数窗移到屏幕的任意位置上。用光标选取参数窗左上方的撤销钮，可退出显示状态。

④点号显示：

在屏幕上的交点处，显示对应的点号。点号顺序根据画图得到交点的先后排列。

⑤大圆弧设定：

设定系统圆弧最大加工半径和拟合精度。（圆弧最大加工半径设定后，系统对于超过最大加工圆弧的圆，将在指定的精度内自动用小圆弧拟合。）

大圆弧及拟合精度的设定方法：光标轻点大圆弧设定窗中的数据框（深色），出现黑色底线后，用键盘输入数据。

⑥打印机选择：

设置选定打印机的图形打印代码。（打印代码无须设置）

方法：用光标点亮与所使用的打印机相近似的打印机型号，退出选择窗。

4）英制尺寸图形的编程

如图纸上的图形尺寸标注的是英寸，光标轻点屏幕右上角的“UNIT：METRIC”钮（英制、公制切换钮），“UNIT”转为“INCHES”，按图纸上的尺寸画出图形。图形全部画出后，光标再轻点“UNIT”钮，使其复原为“METRIC”，图形自动转换成公制。

1.3 数控电火花线切割机床的日常维护与保养

为了保证数控电火花线切割机床的正常使用和加工精度，操作者必须按要求对机床进行精心的保养。

1. 机床的润滑

对机床的相对运动部位进行润滑，可保证运动的平稳性，有利于提高加工精度，减少部件的磨损，延长机床使用寿命。为此要严格地按要求进行润滑。具体要求如表1－4所示。

表1－4　数控电火花线切割机床各部位的润滑要求

序号	润滑部位	油品牌号	润滑方式	润滑周期
1	工作台纵、横向导轨	高级润滑脂	黄油枪注入	每周一次
2	滑枕上下移动导轨	工业用黄油	黄油枪注入	每月一次
3	贮丝筒导轨副丝杆螺母	40号机械油	油杯润滑	每班一次
4	斜度切割装置丝杆螺母	高级润滑脂	黄油枪注入	每月一次

2. 机床的清理

①注意及时将导轮、导电块和工作台内电蚀物去除，尤其是导轮和导电块应保持清洁，否则会引起振动，如果电蚀物沉积过多，还会造成电极丝与机床短接，不能正常切割。

②每次更换工作液时，应清洗工作液箱内腔。

3. 机床的维护

①主要部位为运丝系统的导轮及导电块。

②每次工作结束后，应立即将机床擦拭干净，并在工作台表面涂一层机油。机床工作温度最好控制在15 ℃～25 ℃。

③每周应对机床进行一次全面维护、保养。主要是清洁和保养机床各部分，尤其是运丝系统各导轮和导电块，可用家用洗洁剂兑水作清洁剂进行清洗。

重点部位：运丝系统各导轮的轮槽；导电块各面；上、下工作液喷嘴和工作台面。

④注意经常检查易损件。

1.4　数控电火花线切割机床切割加工问题解决方案

1. 为什么丝断了

①钼丝质量差。

解决办法：购买时选择质量好的钼丝。

②加工参数选择不合理。

解决办法：根据不同的材料及工件厚度来选择合适的加工参数，当选用电流较大的条件时容易断丝。

③导电块磨损出沟槽将丝夹断。

解决办法：调整导电块至一个新的位置，必要时更换导电块。

④切割液浓度不合适。

解决办法：根据不同工件材料配制合适的切削液浓度，一般浓度为5%～15%之间，薄工件配稀些，厚工件配浓些。

⑤工件变形夹断钼丝。

解决办法：材料热处理工艺合理；预加工穿丝孔；预切割释放应力；优化切割路径。

⑥工件材料内部有不导电的杂质或工件表面有不导电的氧化物。

解决办法：更换材料；去除不导电杂物质再切割。

⑦冲液太小不能有效冲入切缝中，放电条件恶劣造成断丝。

解决办法：设定合理的冲液大小；定时检查切割液是否足够，循环通道是否畅通。

⑧导轮（尤其是支撑导轮）精度问题。

解决办法：严格按照机床保养说明定期更换轴承，必要时更换导轮或轴承。

⑨配重块提供的张力太大。

解决办法：0.2 mm 钼丝选用 2 个配重块；0.18 mm 钼丝选用 1 个配重块；0.15 ~ 0.12 mm 钼丝不用再配。

⑩钼丝损耗较多后未及时更换。

解决办法：及时更换钼丝。

2. 工件表面粗糙度差

①切割液使用时间过长，浓度不合适。

解决办法：根据不同工件材料配制合适的切削液浓度，必要时更换切割液。

②主导轮及轴承磨损。

解决办法：通过观察电极丝运行是否抖动，听各部位轴承有无异常响声，由此来判断是否要更换轴承或导轮，必要时请更换。

③修切加工工艺有误。

解决办法：正确选用修切条件号及偏移量。

④工件变形。

解决办法：材料热处理工艺合理；预加工穿丝孔；预切割释放应力；优化切割路径。

⑤钼丝损耗较多。

解决办法：更换新的钼丝。

⑥材料的组织结构问题。

解决办法：不同的材料加工效果不一样。

⑦机床状态欠佳。

解决办法：检查各导轮，丝筒部，导电块，各丝杠导轨的润滑是否在最佳状态。

3. 加工效率低

①加工参数选择不合理。

解决办法：针对不同的材料及工件厚度选择合适的加工参数，请注意，选用电流较小的条件加工效率低。

②切割液浓度不合适。

解决办法：根据不同工件材料配制合适的切削液浓度，最好保持切割液浓度在 11% ~13% 。

③工件变形导致加工时放电状态不稳定。

解决办法：控制变形。

④修切速度慢。

解决办法：可将每刀的相对加工量改小一点，如提高修切的速度，可将主切的偏移量改小 0.01 ~0.02 mm。

4. 锥度加工常见问题解决办法

①导轮切点的变化对加工尺寸的影响，导致梯形误差。

解决办法：为了减小此误差，可把图形旋转45°，让X、Y轴联动，则此误差可大大减小；另外一种方法就是在工件允许的情况下在角部加过渡圆。

②因存在小过渡圆而形成过切，切割时出现“过切或圆弧半径太大”报警。

解决办法：可人为改小“工件厚度”这一锥度切割参数。

③有的锥度零件切割后发现有一端被切伤。

解决办法：锥度编程时“退刀长度”要改至大于或等于进刀线长度。

5. 工件尺寸不合格

①钼丝处于不垂直的状态。

解决办法：使用校丝仪校正钼丝。

②偏移量不合适。

解决办法：先进行试切，根据实际尺寸来修正偏移量。

③钼丝损耗。

解决办法：及时更换电极丝或者及时修正偏移量。

④机床状态欠佳。

解决办法：检查各导轮，丝筒部，导电块，各丝杠导轨的润滑是否在最佳状态。

⑤工件变形。

解决办法：材料热处理工艺合理；预加工穿丝孔；预切割释放应力；优化切割路径。

6. 为什么切割铝时，切割不顺畅

①要减少加工铝时导电块的磨损，合理选择脉冲电参数。

②切割液流动性及洗涤性良好且保证好的过滤效果。

③可在加工铝件的上下面上增加一薄钢板，可减少氧化铝或表面黏有氧化铝的颗粒在电极丝上的黏附。

1.5　数控电火花快走丝线切割机床使用小窍门

1.5.1　工件找正的小窍门

1. 切割直线或带直线段的曲线工件的找正

（1）百分表找正

线切割机床不管是悬臂结构，还是C形、E形结构，一般都具有两个与X、Y保持平行、等高的桥板，可以采用悬臂支撑、双端支撑、桥式支撑、板式支撑、复式支撑以及弱磁力夹具等装夹方法，利用这些夹具可以初步定位工件，将工件顺着两平行桥板平行摆放，稍带压板，用磁力表架将百分表固定在丝架或其他位置上，百分表的测量头与工件基面接触，往复移动工作台，按百分表指示值调整工件的位置，直至百分表指针的偏摆范围达到所要求的数值，并旋紧压板即可。

（2）划线法找正

如果是多层薄壁钣金件，由于受焊接和下料尺寸的影响，板材边缘上下、左右不会齐整，如果工件切割轨迹与定位基准之间的相互位置精度要求不高，且有余量时，可以采用划线的方法找正，划线可在机床上进行，也可以手工进行。找正时，静止的钼丝逐步靠近工件划线位置来确定钼丝的位置。

（3）纸样法找正

此方法是最常用的一种方法，当多层薄壁工件既要切割外形，又要切割内轮廓或孔洞时，就要求必须多处打预穿丝孔，此时在工件上面粘贴一比一打印的工件成品纸样，不仅打预穿丝孔不会偏，而且切割找正也很简单。

2. 切割内孔、键槽、外圆或齿形工件的找正

（1）火花放电找正

电火花线切割加工钼丝与工件间的放电间隙约为0.01～0.02 mm，加工时用火花放电法找正，即用钼丝逐步接近工件产生火花来确定钼丝的位置，如果内孔与外径同轴度要求比较高的话，考虑到钼丝运转时的抖动，火花的爆力对钼丝的作用，钼丝中心与工件接触表面距离的精度约为0.02～0.05 mm，甚至有时工件切入点处或者穿丝孔在热处理后可能会有不导电的氧化物等杂质，造成无法切割，甚至断丝。对此，可以用锉刀或者砂轮打磨工件切入点，去除不导电物质，露出导电部分再切割，或利用工艺直角缺口法进行调整，即在板材内腔或四周象限点处切割工艺直角缺口，先行测量直角缺口到内孔或外径的尺寸，如果尺寸或形位公差有偏差，可以相应调整加工基准，如没有误差或在公差允许范围内，可以放心切割内型面或外型面，此时的工艺直角缺口也一并切除。

（2）工艺孔找正

有的工件根据加工工序的需要，板材上左右或对角处带有工艺孔，通常这些工艺孔尺寸及表面质量都比较好，利用这一特点在桥板工装上配做相应的孔，用销子定位找正，能达到事半功倍的效果。

（3）万能表找正

用万能表电阻法找正，将电阻表的一端与钼丝连接，另一端与工件连接（此时钼丝是静止的），将钼丝渐渐接近工件，当钼丝与工件短路时电表接通，此时手动控制拖板以0.001 mm的步距（线切割的拖板丝杆刻度精度为0.001 mm）后退，当退到某一步电表呈断路，再进一步（0.001 mm）电表又呈通路，反复几次确认，此时的找正精度理论上可认为达到0.001 mm。实践证明，此找正精度远比其他找正法都要精确，此方法也最为常用。

1.5.2 快走丝线切割工作液防溅小窍门

不同的设备需要有不同的工作液或冷却液，快走丝线切割设备在切割工件时，也需要用到工作液，工作液的作用之一是冲刷切缝、冷却钼丝和工件，使切削部位充分冷却，并带走火花放电时产生的大量热量；二是排除蚀除物（即排屑），但工作液在自上而下的冷却过程中，不能全部通过细小切缝，这样一来工作液会有所迸溅，虽然线切割机床四周有挡板，但在实际使用过程中，有的工件大小已超出挡板范围，或有挡板不易装卸工件，甚至时间长了脏污的挡板表面也会影响切割工件的观察。针对这一情况，对线切割机床进行了一个小改善，并成功解决了工作液防溅的问题，方法很简单。

在线切割工作台面上均匀地铺上一层薄海绵，厚度约为10～15 mm，同时在上导轮上塞入一块薄海绵，调整其位置，使其工作液顺着钼丝垂直流下，且不影响工作液的流量及流速，有了这些改善，喷下来的工作液受到工作台面海绵体的吸收，不会反弹迸溅，迅速饱和的海绵也不会影响工作液系统的循环，而且有了这层海绵，还能有效地吸附大量的蚀除物及油渍，加上机床自带的过滤系统，工作液的使用寿命大大延长，甚至工作台面也容易清洗。如果积累的蚀除物过多，还可以及时更换海绵。

1.5.3　弹性压板及铁板夹的应用

弹性压板通常应用在三坐标测量仪器中，对检测工件测量部件进行快速、简便压紧，此压板只要轻轻用手一压，改变压板和螺杆之间的角度就可压紧工件，虽然不需要扳手，但它的力量足以保证工件在计量中保持不动；而线切割也有类似的特点，它的加工不同于普通的切削加工，在加工过程中依靠高频脉冲电源在电极丝与工件间形成火花放电，从而去除工件材料，因此没有大的切削抗力，装夹量也可以减小，因此，借助这一特点在线切割机床桥板上加工了一些螺纹孔，专门用来安装弹性压板，此方法不仅简便快速，而且也大大降低了工人们的劳动强度。

除此之外，线切割在废料和工件脱离过程中对产品质量会产生不小的影响，当加工工件即将切割完毕时，由于废料自重及工作液冲击等因素，其与母体材料的连接强度势必下降，此时要防止加工工件发生偏斜，因为一旦发生偏斜，就会改变切割间隙，轻者影响工件表面质量，重者使工件切坏报废。因此，要想办法固定好被加工工件，这时铁板夹就被派上用场，在切割过程中，可以用铁板夹同时夹住废料和工件，铁夹数量不限，可适当调整位置，但不能影响到走丝轨迹，等待加工完成后再取下废料，很是实用。

单元2　数控电火花线切割机床基本操作实训

2.1　HCKX320型数控电火花线切割机床操作

下面以汉川机床有限责任公司生产的HCKX系列中的HCKX320型数控电火花线切割机床为例说明。

2.1.1　HCKX320型数控电火花线切割机床控制面板

该机床的控制面板包括数控脉冲电源控制柜面板、手控盒操作面板和储丝筒操作面板。

1. 数控脉冲电源控制柜面板

数控脉冲电源控制柜是完成操作、控制和加工的主要部分，其配有电源控制系统和脉冲放电加工系统。电源控制系统是机床的中枢神经系统，控制系统采用486以上的计算机，包括中央处理器CPU、存储器、VGA卡及多功能卡、输入/输出接口设备等。其中CPU具有计算处理的功能，通过接口输入/输出各种数据，控制各种外部设备；存储器储存了整个系统所必需的系统程序以及在执行期间要用的数据；接口板置于计算机的标准槽中，采用了隔离吸收等抗干扰措施，以增强整个系统的抗干扰能力，通过接口装置可以直接控制机床主机和电源系统。脉冲放电加工系统采用另一微机控制脉冲放电加工、进给、回退等。自适应脉冲电源采用大功率场效应管，它与控制系统得连接采用光电隔离，使外部干扰降到了最低。

HCKX320型数控电火花线切割机床的数控脉冲电源控制柜如图2－1所示，下面介绍其控制面板。

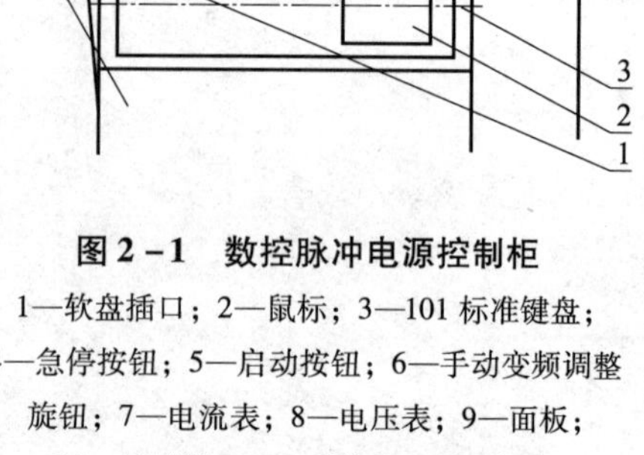

图2－1　数控脉冲电源控制柜

1—软盘插口；2—鼠标；3—101标准键盘；4—急停按钮；5—启动按钮；6—手动变频调整旋钮；7—电流表；8—电压表；9—面板；10—显示器；11—手控盒；12—柜壳

①电压表。用于显示高频脉冲电源的加工电压，空载电压一般为80 V左右。

②电流表。用于显示高频脉冲电源的加工电流，加工电流应小于5 A。

③手动变频调整旋钮。加工中可手动旋转此旋钮，调整脉冲频率以选择适当的切割

速度。

④启动按钮。按下后灯亮，接通电柜电源。

⑤急停按钮。加工中出现紧急故障应立即按下此按钮关机。

⑥键盘。用于输入程序或指令，操作与普通计算机相同。

⑦鼠标。在操作APT自动编程中使用，操作与普通计算机相同。

⑧显示器。显示加工菜单及加工中的各种信息。

⑨软盘插口。软盘从此插入，注意指示灯亮时不得退出磁盘以免损坏数据。

2. 手控盒操作面板

手控盒主要用于手动移动机床，其面板如图2－2所示。

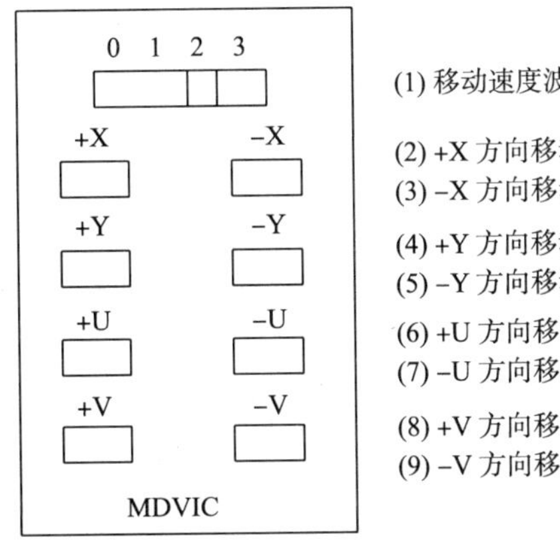

图2－2 手控盒操作面板

手动方式时按下“F1”即进入手控盒操作方式。波段开关0、1、2、3分别为点动、低、中、高4挡移动速度，可通过波段开关设定速度，按方向键，则机床以规定速度向指定方向移动。

3. 储丝筒操作面板

储丝筒操作面板如图2－3所示，各控制开关功能说明如下：

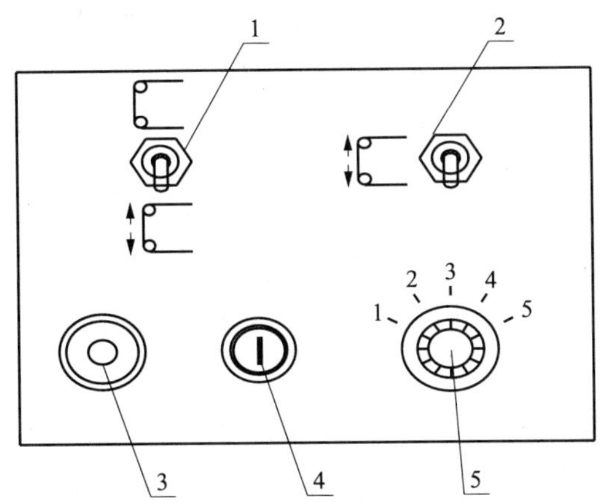

图2－3 储丝筒操作面板

1—断丝检测开关；2—张丝电动机开关；3—储丝筒停止按钮；

4—储丝筒开启按钮；5—储丝筒调速旋钮

①断丝检测开关。此开关用来控制断丝检测回路，通过运丝路径上两个与电极丝接触的导电块作为检测元件。当运丝系统正常运转时，两个导电块通过电极丝短路，检测回路正常；当工作中断丝时，两个导电块之间形成开路，检测回路即发出信号，控制储丝筒及电源柜程序停止。

②张丝电动机开关。上丝操作时开启此开关。丝盘在上丝电动机带动下产生恒定反扭矩将丝张紧，使电极丝能均匀、整齐并以一定的张力缠绕在储丝筒上。

③储丝筒启动、停止按钮。此两按钮控制储丝筒的开启和停止。用于上丝、穿丝等非程序运行中控制储丝筒的运转、停止。上丝和穿丝操作时，务必按下红色蘑菇头停止按钮并锁定，防止误操作启动储丝筒造成意外事故。开启储丝筒前应先弹起停止按钮，再按启动按钮。

④储丝筒调速旋钮。储丝筒电动机有5挡转速，用此旋钮调挡可使电极丝速度在2.5～9.2 m/s转换。“1”挡转速最低，专用于半自动上丝；“2”、“3”挡用于切割较薄的工件；“4”、“5”挡用于切割较厚的工件。

2.1.2 HCKX320型数控电火花线切割机床基本操作

该机床加工时的操作和控制大部分是通过数控脉冲电源控制柜进行，这里主要对基本操作进行说明。

1. 机床开、关机操作

（1）开机

其操作方法为：

①接通总电源（打开总电源空气开关）。

②打开数控脉冲电源控制柜左侧开启开关。

③拔出“红色蘑菇头”按钮（急停按钮）。

④按下绿色启动按钮，总电源启动，电源柜内各个开关接通。

⑤稍等片刻，显示器上出现计算机自检信息，之后进入主菜单。

⑥启动系统后，要成功地将各轴移到负极限以便建立机床坐标。

注意：当出现死机或加工错误无法返回主菜单时，可以同时按“Ctrl + Alt + Delete”三键，重新启动计算机。

（2）关机

将工作台移至X、Y轴中间位置，然后按下“红色蘑菇头”按钮（急停按钮）关掉电源，再关闭数控脉冲电源控制柜左侧空气开关，最后关掉总电源开关。

注意：关掉数控脉冲电源控制柜电源后，至少等30 s才能再打开它。

2. 建立机床坐标

系统启动后，首先应建立机床坐标，操作方法是：

①在主菜单下移动光条选择“手动”中的“撞极限”功能。

②按“F2”功能键，移动机床到X轴负极限，机床自动建立X坐标。

③再用建立X坐标的方法建立另外几轴的坐标。

④选择“手动”中“设零点”功能将各个坐标设零，机床坐标就建立起来了。

3. 工作台移动

该机床移动工作台的方法有两种：手控盒移动和输入坐标移动。

（1）手控盒移动

①在主菜单下移动光条选择“手动”中的“手控盒”功能。

②通过手控盒上的移动速度选择开关选择移动速度（有点动、低速、中速、快速四挡）。

③按下要移动的轴所对应的键就可以实现工作台移动。

（2）键盘输入移动

①在主菜单下移动光条选择“手动”中的“移动”功能。

②从“移动”菜单中选择“快速定位”子功能。

③通过按键盘上的键输入数据。

④按“Enter”（回车）键，工作台开始移动。

4. 程序的编制与校验

①在主菜单下移动光条选择“文件”中的“编辑”功能。

②按 F3 功能键编辑新文件，并输入文件名。

③用键盘输入源程序，选择“保存”功能将程序保存。

④在主菜单下移动光条选择“文件”中的“装入”功能调入新文件。

⑤选择“校验画图”子功能，系统将自动进行校验并显示出图形。

⑥显示图形若正确，选择“运行”菜单的“模拟运行”子功能，机床将进行模拟加工，不放电空运行一次（工作台上不装工件）。

5. Z 轴行程调整

在切割工件前要根据所切割工件的厚度，对线架的高度进行调整，调整时先将 Z 轴锁紧手柄松开，然后根据工件厚度摇动升降手轮后再锁紧手柄即可。调整时要注意虽然该机床有张丝机构，但调整距离大的话，要先把电极丝收在储丝筒上，以免拉断电极丝。

6. 电极丝运动起点位置的确定

线切割加工之前，须将电极丝定位在一个相对工件基准的确切点上，作为切割的起始坐标点。主要有目测法、火花法、接触感知法、电阻法。

（1）目测法

目测法是利用钳工或钻削加工工件穿丝孔所划的十字中心线，目测电极丝与十字基准线的相对位置。该方法适用于加工精度要求较低的工件。

（2）火花法

火花法是利用电极丝与工件在一定间隙下发生放电火花来调整电极丝位置的方法。

（3）接触感知法

目前装有计算机数控系统的电火花线切割机床都具有接触感知功能，用于电极丝定位最为方便。

（4）电阻法

电阻法是利用电极丝与工件基准面由绝缘到短路，两者间电阻瞬间突然变化来调整电极丝与工件基准面相对坐标位置的方法。该方操作方便、测量准确、灵敏度高。常用以下两种方法：电表法、讯响法。

7. 机床调整

为了保证切割加工能顺利进行并确保加工质量，对机床应做好以下几部分的调整。

（1）导电块的调整

由于电极丝经常摩擦导电块会产生凹痕，凹痕过深时会影响电极丝的正常运行。应定期把导电块转动一角度。更换大直径的钼丝时应先把导电块转动一角度，否则会卡丝，引起断丝。

（2）更换导轮和轴承

更换导轮和轴承时应使用专用拆卸工具，以免损坏零件。

（3）储丝机构的调整

储丝筒拖板的往复运动，是利用储丝筒电动机的正反转来达到的。电极丝在储丝筒上的长度和使用范围可以通过储丝筒行程调整挡块来控制。

储丝筒各控制开关操作说明：

①断丝检测开关。

在储丝筒上丝操作时，因检测回路处于开路，不能开机进行半自动上丝，必须将此开关断开（扳下），才能开启储丝筒进行操作；上丝结束后，应检查两个断丝检测导电块与丝良好接触，再打开此开关（扳上），机床才能正常工作。

②上丝电机开关。

上丝时，开此开关，丝盘在电机带动下即有恒定反扭矩，使丝张紧，上丝完后关断此开关。

③储丝筒启停开关。

控制丝筒的启动和停止，用于在上丝、穿丝等非程序运行中控制丝筒。

④储丝筒调速旋钮。

设有五挡，使丝速能在2.5～9.2 m/s分5挡转换。1挡转速最低，专用于半自动上丝；2和3挡用于切割较薄工件，4和5挡用于切割较厚工件。

注意：在切割进行中禁止进行换挡，以免烧坏电器元件。

（4）工作液循环系统的调整

工作液一般采用5%～10%的乳化液。工作液由油泵经过管路系统输送至切割区，并经过过滤后循环使用，工作液明显变黑时应予以更换。

喷水阀上、下喷嘴工作液流量的调整：先通过电柜打开工作液箱电泵，待工作液从喷嘴流出后，左、右旋转喷水阀上两个控制流量的手柄即可调整工作液流量的大小。

注意：工作时水流不要太大，以防止飞溅。以水流把丝包在中间，且工作液没有溅在工作台有机玻璃护罩外为最佳状态。

8. 加工零件操作步骤

①开机，检查系统各部分是否正常，包括高频、水泵、丝筒等的运行情况。

②装夹并校正工件。

③准备好钼丝，上丝、穿丝等。

④编制、校验加工程序。

⑤移动X、Y轴坐标确定切割起始位置。

⑥根据要求调整好加工参数。

⑦在主菜单的“运行”菜单下，选择“内存”，回车两次，机床开始放电加工。

⑧监控机床运行状态，如发现工作液循环系统堵塞应及时疏通，及时清理电蚀产物，但是在整个切割过程中，均不宜变动进给控制按钮。

⑨加工完毕自动停止加工，卸下工件并进行检测。

⑩清理机床并打扫车间卫生。

2.2　DK7732型数控电火花线切割机床操作实训

以下以苏州新火花机床厂生产的DK7732型数控电火花线切割机床为例说明。

2.2.1　DK7732型数控电火花线切割机床电源柜控制面板

该机床电源柜操作面板布置图如图2－4所示。下面对其进行介绍。

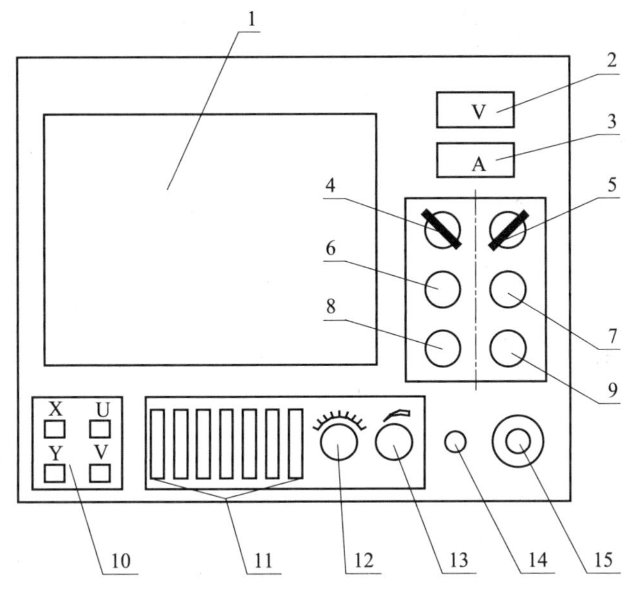

图2－4　DK7732型数控电火花线切割机床操作面板布置图

1—显示器；2—电压表；3—电流表；4—低/高压开关；5—对中/高频开关；6—水泵开；7—丝筒开；8—水泵停；9—丝筒停；10—步进指示灯；11—脉冲电源选择开关；12—脉冲宽度波段开关；13—脉冲间隙电位器；14—蜂鸣器；15—应急急停按钮

①显示器。显示加工菜单及加工中的各种信息。

②电压表。用于显示高频脉冲电源的加工电压，空载电压一般为80 V左右。

③电流表。用于显示高频脉冲电源的加工电流，加工电流应小于5 A。

④低/高压开关。用于选择低压、高压。

⑤对中/高频开关。用于选择对中和开高频。

⑥水泵开。用于开水泵。

⑦丝筒开。用于开丝筒。

⑧水泵停。用于关水泵。

⑨丝筒停。用于停止丝筒。

⑩步进指示灯。用于显示进给轴。

⑪脉冲电源选择开关。用于选择脉冲电源个数。

⑫脉冲宽度波段开关。用于调整脉冲宽度参数，控制旋钮开关逆时针转到底为脉冲宽度第1挡，再依次顺时针转为2～9挡，各挡对应的脉宽分别为：5 μs、10 μs、15 μs、20 μs、30 μs、40 μs、50 μs、60 μs、80 μs。

⑬脉冲间隙电位器。用于调整脉冲间隙参数，逆时针调脉间减小，顺时针调脉间加大。

⑭蜂鸣器。机床报警时发生鸣叫。

⑮应急急停按钮。加工中出现紧急故障应立即按此按钮关机。

2.2.2 DK7732型数控电火花线切割机床主机各开关

机床主机各开关在机床左部靠后位置，如图2－5所示。

图2－5　机床主机各开关

其中电压表用于显示机床输入电压，一般为380 V。电压表右上角的指示灯当打开机床电源开关时灯亮，关闭机床电源时灯灭。

①急停按钮，如图2－6所示。加工中出现紧急故障应立即按此按钮关机，和机床电源柜操作面板上的急停按钮作用一样。

②丝筒开、丝筒停开关，如图2－7所示。和机床电源柜操作面板上的丝筒开、丝筒停按钮作用一样，绿色按钮为丝筒开按钮、红色按钮为丝筒停按钮。

图2－6　急停按钮

图2－7　丝筒开、停开关

③水泵开、水泵停开关，如图 2 - 8 所示。和机床电源柜操作面板上的水泵开、水泵停按钮作用一样，绿色按钮为水泵开、红色按钮为水泵关。

④上丝、加工开关，如图 2 - 9 所示。自动上丝时调为上丝（关）位置，加工时调为加工（开）位置。

图2 - 8　水泵开、停开关

图 2 - 9　上丝、加工开关

⑤断丝检测开关，如图 2 - 10 所示。加工时调到开的位置，若在加工中断丝，机床会停止加工，丝筒停止运转。

⑥刹车开关，如图 2 - 11 所示。本机床此开关无用。

图 2 - 10　断丝检测开关

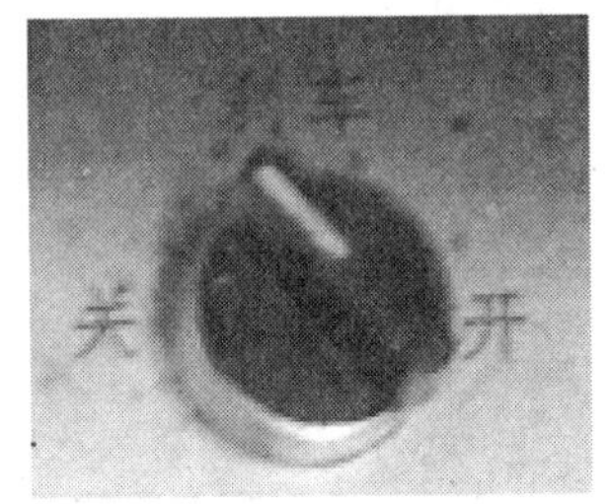

图 2 - 11　刹车开关

⑦丝筒行程调整开关，位于机床后部，如图 2 - 12 所示。用于调整丝筒行程。

图 2 - 12　丝筒行程调整开关

⑧工作液调整阀，位于机床立柱左侧，如图 2 - 13 所示。用于调整工作液大小。

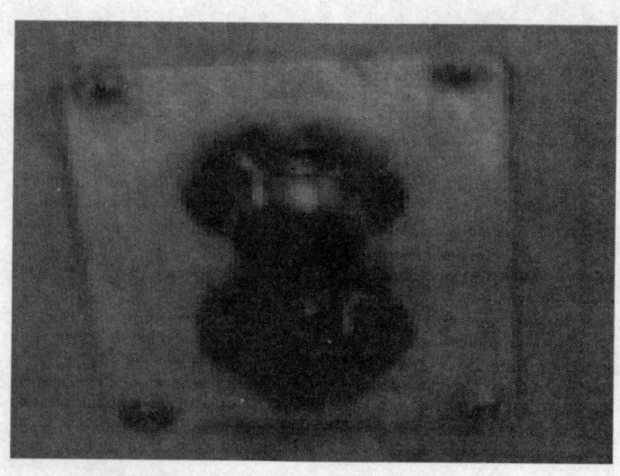

图 2－13　工作液调整阀

2.2.3　DK7732 型数控电火花线切割机床 YH 控制屏幕

YH 线切割控制系统是采用先进的计算机图形和数控技术，集控制、编程为一体的快走丝线切割高级编程控制系统。采用双 CPU 结构，编程控制一体化，加工时可以同机编程，放电状态波形显示，自动跟踪无须变频调节，加工轨迹实时跟踪显示，工件轮廓三维造型。

1. YH 系统启动

系统启动后，自动进入 YH 系统界面，如图 2－14 所示。屏幕功能转换示意图如图 2－15 所示。

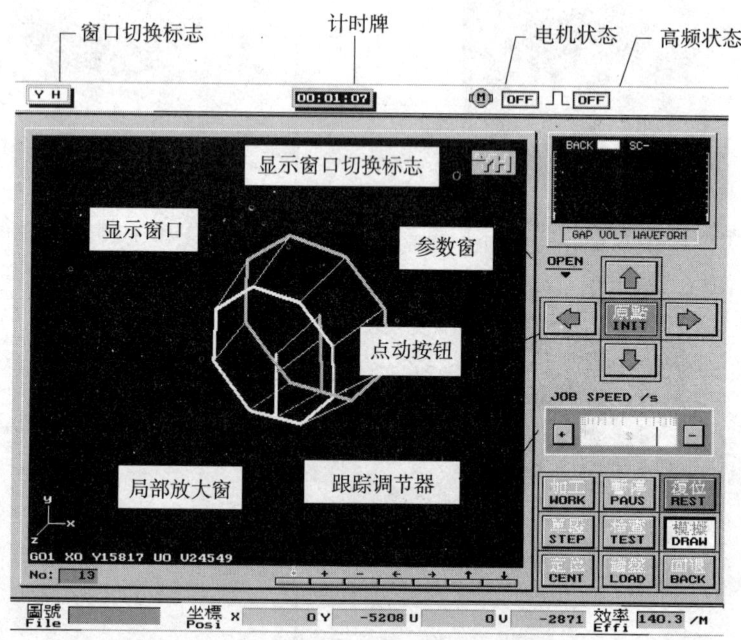

图 2－14　YH 系统控制屏幕

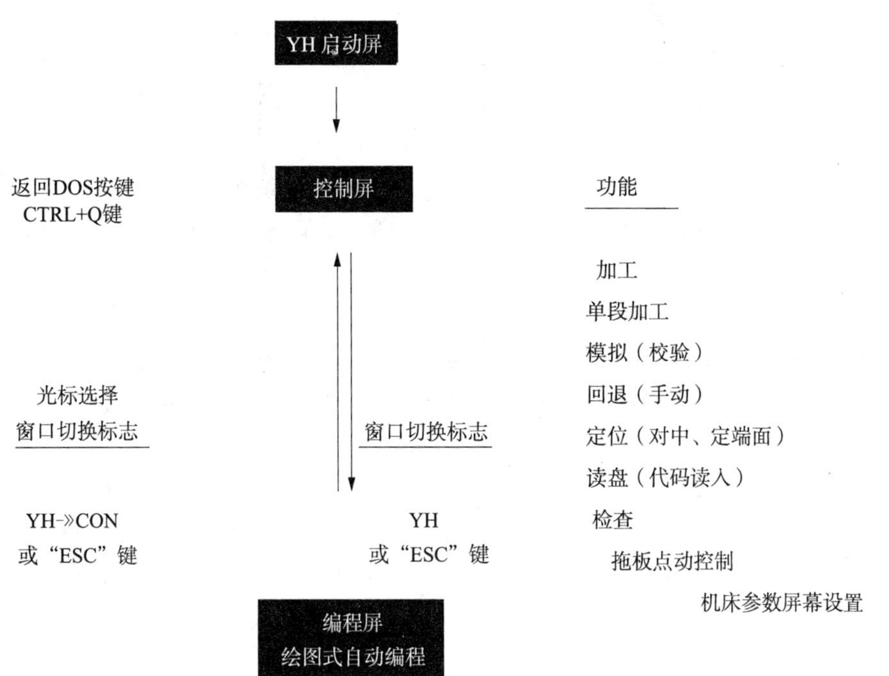

图 2－15　屏幕功能转换示意图

注：①若系统长期不用，或电路板、芯片插拔后，启动时屏幕上会出现如下提示：

RAM　DISK　ERROR　FINDED　!!

DO YOU WANT TO RESET THE DISK（ALL DATA IN RAM WILL LOST）?（Y/N）

此时，只要按“Y”键，系统就可自动恢复。

②鼠标器上最左边的键命名为“命令键”。

③光标点取是指：操作鼠标器，使屏幕上的光标移到指定位置，然后按一下命令键。

2. 控制屏幕简介

系统所有的操作按钮、状态、图形显示全部在屏幕上实现。各种操作命令均可用鼠标或相应的按键完成。鼠标器操作时，可移动鼠标器，使屏幕上显示的箭状光标指向选定的屏幕按钮或位置；然后按一下鼠标器左边的按钮。下面说明中凡用“光标点取”均指上述鼠标器操作。现将各种屏幕控制功能介绍如下（参见图 2－14）。

（1）显示窗口

该窗口下显示：加工工件的图形轮廓、加工轨迹或相对坐标、加工代码。用鼠标器点取（或按“F10”键）“显示窗口切换标志”，红色“YH”，可改变显示窗口的内容。系统进入时，首先显示图形，以后每点取一次该标志，依次为“相对坐标”、“加工代码”、“图形”、……。其中相对坐标方式，以大号字体显示当前加工代码的相对坐标。

（2）间隙电压指示

显示放电间隙的平均电压波形（也可以设定为指针式电压表方式，参见“参数设定”节）。在波形显示方式下，指示器两边各有一条 10 等分线段，空载间隙电压定为 100%（即满幅值），等分线段下端的黄色线段指示间隙短路电压的位置。波形显示的上方有两个指示标志：短路回退标志“BACK”，该标志变红色，表示短路；短路率指示SC，表示间隙电压在设定短路值以下的百分比。

（3）电机开关状态

在电机标志右边有状态指示标志ON（红色）或OFF（黄色）。ON状态，表示电机上电锁定（进给）；OFF状态为电机释放。用光标点取该标志可改变电机状态（或用数字小键盘区的“Home”键）。

（4）高频开关状态

在脉冲波形图符右侧有高频电压指示标志。ON（红色）表示高频开启，OFF（黄色）表示高频关闭；用光标点取该标志可改变高频状态（或用数字小键盘区的“PgUp”键）。在高频开启状态下，间隙电压指示显示间隙电压波形。

（5）工作台点动按钮

屏幕右中部有上下左右向四个箭标按钮可用来控制机床点动运行。每次点动时，机床的运行步数可以预先设定（参见“参数设置”节）。在电机为ON的状态下，点取以上四个按钮，可控制机床工作台的点动运行；上下左右四个方向分别代表+Y/+V、-Y/-V、-X/-U、+X/+U。X—Y或U—V轴系的选取可以设定。

（6）原点INIT

用光标点取该按钮（或按“I”键）进入回原点功能。若电机为ON状态，系统将控制丝架回到最近的加工起点（包括U—V坐标），返回时取最短路径；若电机为OFF状态，光标返回坐标系原点，图形重画。

（7）加工WORK

用光标点取该按钮（或按“W”键）进入加工方式（自动）。首先自动打开电机和高频电源，然后进行插补加工。

（8）暂停STOP

用光标点取该按钮（或按“P”键或数字小键盘区的“Delete”键），系统将中止当前的功能（如加工、单段、控制、定位、回退）。

（9）复位RESET

用光标点取该按钮（或按“R”键）将中止当前的一切工作，清除数据，关闭高频和电机。（注：加工状态下，复位功能无效）

（10）单段STEP

用光标点取该按钮（或按“S”键），系统自动打开电机、高频，进入插补工作状态，加工至当前代码段结束时，自动停止运行，关闭高频。

（11）检查TEST

用光标点取该按钮（或按“T”键），系统以插补方式运行一步，若电机处于ON状态，机床拖板将作相应的一步动作。该功能主要用于专业技术人员检查系统。

（12）模拟DRAW

用光标点取该按钮（或按“D”键），系统以插补方式运行当前的有效代码，显示窗口绘出其运行轨迹；若电机为ON状态，机床拖板将随之运动。

（13）定位LOCA

用光标点取该按钮（或按“C”键），系统可作对中心、定端面的操作。

（14）读盘 LOAD

用光标点取该按钮（或按“L”键），可读入数据盘上的 ISO 或 3B 代码文件，快速画出图形。

（15）回退 BACK

用光标点取该按钮（或按“B”键），系统作回退运行，至当前段退完时停止；若再按该键，继续前一段的回退。该功能不自动开启电机和高频，可根据需要由用户事先设置。

（16）跟踪调节器

该调节器用来调节跟踪的速度和稳定性，调节器中间红色指针表示调节量的大小；表针向左移动为跟踪加强（加速），向右移动为跟踪减弱（减速）。指示表两侧有两个按钮，“+”按钮（或“End”键）加速，“-”按钮（或“PgDn”键）减速；调节器上方英文字母 JOB SPEED/S 后面的数字量表示加工的瞬时速度，单位为：步数每秒。

（17）段号显示

此处显示当前加工的代码段号，也可用光标点取该处，在弹出屏幕小键盘后，输入需要起割的段号。（注：锥度切割时，不能任意设置段号）

（18）局部观察窗

该按钮（或“F1”键，参见图 2-14）可在显示窗口的左上方打开一局部窗口，其中将显示放大十倍的当前插补轨迹；重按该按钮时，局部窗关闭。

（19）图形显示调整按钮

这六个按钮有双重功能（见图 2-14），在图形显示状态时，其功能依次为：

①“+”或“F2”键图形放大 1.2 倍。

②“-”或“F3”键图形缩小 0.8 倍。

③“←”或“F4”键图形向左移动 20 单位。

④“→”或“F5”键图形向右移动 20 单位。

⑤“↑”或“F6”键图形向上移动 20 单位。

⑥“↓”或“F7”键图形向下移动 20 单位。

（20）坐标显示

屏幕下方“坐标”部分显示 X、Y、U、V 的绝对坐标值。

（21）效率

此处显示加工的效率，单位：毫米每秒；系统每加工完一条代码，即自动统计所用的时间，并求出效率。将该值乘上工件厚度，即为实际加工效率。

（22）窗口切换标志

光标点取该标志或按“ESC”键，系统转换成 YH 绘图式编程屏幕。

若系统处于加工、单段或模拟状态，则控制与编程的切换，或在 DOS 环境下（按“CTRL+Q”可返回 DOS 状态）的其他操作，均不影响控制系统本身的工作。

3. 操作实例

（1）读入代码文件

将存有代码文件（在编程中通过代码存盘存入）的数据盘（可用随机的盘片）插入 A 驱动器，按“读盘”按钮，选择 ISO 代码，屏幕上出现该数据盘上全部 ISO 代码文件名的参数窗，将箭形光标移至选定的文件名，按鼠标器上的命令键后，该文件名变黄色。然后按参数窗左上角的撤销按钮“■”，系统读入该代码文件，并在屏幕上绘出其图形。

（2）模拟校验

按“模拟”（或“D”键），系统以插补方式快速绘出加工轨迹，以此可验证代码的正确性。

（3）机床功能检查

①用光标点取屏幕上方的电机状态标志（或按小键盘区的“Home”键），使得该指示标志呈红色“ON”。检查机床手柄，各相电机应处于锁定状态。用光标再点该标志，恢复为“OFF”，电机均应失电。

②用光标点取屏幕上方的高频标志（或按小键盘区的“PgUp”键），使得该标志成为红色“ON”，屏幕间隙电压波形指示应为满幅等幅波（若不满幅，应调整间隙电压取样部分的有关参数，该参数出厂时已设置，用户不应随意调整）。机床工件、钼丝相碰时应出现火花，同时电压波形出现波谷，表示高频控制部分正常。

③关闭高频“OFF”，开启电机“ON”，再按“模拟”按钮，机床应空走，以此可检验”机床有否失步及控制精度等情况。

（4）加工

本系统的主要调整部分为屏幕上的跟踪调节器，该表两侧有两个调整按钮，“+”表示跟踪加强，“-”表示跟踪减弱。在正式切割前，应将表针移至中间偏右位置。

机床、工件准备就绪后，按“加工”或“W”键（若需要计算加工工时，应首先将计时牌清零-用光标点取计时牌或按“F9”键），即进入加工状态（系统自动开启电机及高频）。

进入加工态后，一般有以下几种情况。

①非跟踪态——间隙电压满幅，加工电流为零或很小，屏幕下方的加工坐标无变化。

处理：按跟踪加强钮“+”（或“End”键），表针左移，直至间隙波形（电压）出现峰谷，坐标开始计数。

②欠跟踪态——加工电流过小，且摆动。

处理：按跟踪加强钮“+”（或“End”键），直至加工电流、速度（跟踪调节器上方的瞬时速度值）稳定。

③过跟踪态——经常出现短路回退。

处理：按跟踪减弱钮“-”（或“PgDn”键），使得加工电流刚好稳定为止。

若需要暂停加工可按“暂停”按钮或按“P”或“Delete”键；再按“加工”钮可恢复加工。

（5）加工时各种参数显示

①加工坐标：

屏幕下方显示加工的X、Y、U、V绝对坐标。

用光标选取显示窗口的显示切换“YH”标志（或“F10”键），显示窗口内显示各程序段的相对坐标。

②局部跟踪轨迹显示：

按显示窗下方的“□”按钮（或“F1”键），屏幕出现一局部放大窗口，窗口中动态显示当前跟踪的轨迹。重按“□”钮时，局部窗口消失。

③间隙电压观察：

屏幕右上方为间隙电压显示窗口，窗口的两侧有两条等分线（10格），下端为黄色，其高度为设定的短路电压值（此值可根据实际高频及机床参数设置）。

④加工速度：

跟踪调节器上方显示机床的实时插补速度（只计XY轴），单位为步数每秒。

4. 系统功能

（1）加工代码读入

将存有加工代码文件的软磁盘插入数据盘驱动器（一般为A驱动器），用光标点取“读盘”钮（或“L”键），选择代码制式后（注：代码可以是ISO或3B格式，代码文件名的扩展名必须为·ISO或·3B），屏幕将出现磁盘上存储的全部代码文件名的数据窗，见图2-16文件选择窗。用光标指向需读取的文件名，轻点命令键，该文件名背景变成黄色；然后用光标点取该数据窗左上角的“■”（撤销）钮，系统自动读入选定的代码文件，并快速绘出图形。该数据窗的右边有上下两个三角标志“△”按钮，可用来向前或向后翻页，当代码文件不在第一页中显示时，可用来翻页选择。

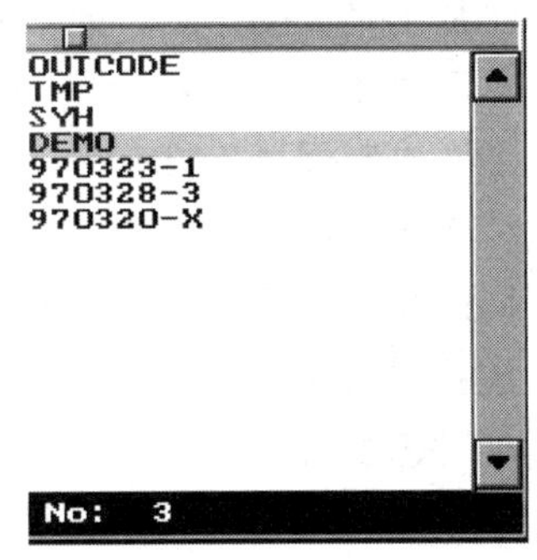

图2-16　文件选择窗

注意事项：若数据盘驱动器读入故障（例：驱动器小门未关、数据盘放置不当、数据盘损坏，数据盘路径选择不当等），屏幕上将出现一报警窗口，显示“设备错误”提示。此时可检查盘片、驱动器，或数据盘设置等，排除故障后，点取报警窗口的“Yes”按钮，报警窗消失。然后重新操作。

（2）模拟检查

模拟检查功能可检验代码及插补的正确性。在电机失电态下（OFF状态），系统以每秒2 500步的速度快速插补，在屏幕上显示其轨迹及坐标。若在电机锁定态（ON状态），机床空走插补，可检查机床控制联动的精度及正确性。

“模拟”操作的方法：①读入加工程序。②根据需要选择电机状态后，按“模拟”按钮（或“D”键），即进入模拟检查状态。

屏幕下方显示当前插补的X-Y、U-V坐标值（绝对坐标），若需要观察相对坐标，可用光标点取显示窗右上角的“显示切换标志”（或“F10”键），系统将以大号字体显示当前插补的相对坐标值，显示窗口下方显示当前插补代码及其段号。

在图形显示方式下（点取“显示切换标志”，可交替地处于图形/相对坐标显示方式）点取显示调节按钮最左边的局部观察钮（或“F1”键），可在显示窗口的左上角打开一局部观察窗，在观察窗内显示放大十倍的插补轨迹。

在模拟过程中，按“+”或“-”键（电机为“ON”状态），可调节模拟的速度。

若需中止模拟过程，可按“暂停”按钮。

（3）加工

工件装夹完毕，程序准备就绪后（已模拟无误），可进入加工。

按下“加工”按钮（或“W”键），系统自动打开高频和驱动电源，开始插补加工。

此时应注意屏幕上间隙电压指示器的间隙电压波形（平均电压波形）和加工电流。若加工电流过小且不稳定，可用光标点取跟踪调节器的“+”按钮（或按“End”键），加强跟踪效果。反之，若频繁地出现短路等跟踪过快现象，可点取跟踪调节器的“-”按钮（或“PgDn”键），直至加工电流、间隙电压波形、加工速度平稳。

加工状态下，屏幕下方显示当前插补的X、Y、U、V轴绝对坐标值，显示窗口绘出加工工件的二维或三维插补轨迹。

显示窗下方的显示调节按钮可调整插补图形的大小和位置，或者开启/关闭局部观察窗。

点取显示切换标志，可选择图形/相对坐标显示方式。显示窗状态切换后，先前窗内显示的轨迹造型线将消失，屏幕上仅有当前插补轨迹。

切割大厚度工件时，由于排屑困难，会造成加工不稳。此时，可以降低（限制）机床的最大速度，使得加工速度较为平稳。具体方法：

①加工时，按“+”键，提高最大速度。按“-”键，降低最大速度。每次按键后，屏幕上显示“MAX：＊＊＊”，数值表示当前最大加工速度（步数每秒）。

②在控制屏幕上方有一行提示“SAMPLE <K> =0.85”，其中K=0.85表示采样部分的放大系数，用键盘上的“<”，“>”键可以调节该系数的大小，通过调节该系数，可适应不同的高频电源和工件厚度。若间隙电压波形在峰与谷之间跳动，一般可降低放大系数。

注：最大速度一般应设为实际最大加工速度的1~1.5倍（跟踪调节器上方显示加工的实际加工速度）。

（4）单段加工

工件、程序准备就绪，按下“单段”按钮（或“S”键），系统自动打开高频和驱动电源，开始插补加工。跟踪调节器的使用以及间隙波形，加工坐标的显示都与“加工”相同，当前程序段加工结束，系统自动关闭高频，停止运行。再按“单段”，继续进行下段加工。

如在加工状态下按“单段”按钮，系统执行本条程序停功能（加工至当前代码段结束）。

（5）回退功能

系统具有自动/手动回退功能。

在加工或单段加工中，一旦出现高频短路情况，系统即停止插补。若在设定的控制时间内短路达到设定的次数（可由屏幕设定，例：90%。系统将自动回退，回退的速度可由屏幕设定）。若在设定的控制时间内，仍不能消除短路现象，将自动切断高频，停机。

系统处在自动短路回退状态时，间隙指示器（波形方式显示时）上的回退标志将显红色，插补轨迹也为红色。

在系统静止状态（非“加工”或“单段”），按下“回退”钮（或“B”键），系统作回退运行。速度恒定为系统设置值，回退至当前段结束时，自动停机。

（6）自动定位（中心、端面）

系统可依据屏幕设定，自动定中心及±X、±Y4个端面。

定位方式选择：

①用光标点取参数窗标志“OPEN”（或按“O”键），屏幕上将弹出参数设定窗，可见其中有“定位 LOCATION XOY”一项。

②将光标移至“XOY”’处轻点命令键，将依次显示为XOY-定中、XMAX-正X向对

边和 XMIN－负 X 向对边、YMAX－正 Y 向对边和 YMIN－负 Y 向对边。

③选定合适的定位方式后，用光标点取参数设定窗左下角的“CLOSE”标志。

定位：

光标点取电机状态标志，使其成为“ON”（原为“ON”可省略）。按“定位”按钮（或“C”键），系统将根据选定的方式自动进行。在钼丝遇到工件某一端面时，屏幕会在相应位置显示一条亮线。按“暂停”钮可中止定位操作。

(7) 检查功能

按下检查钮，系统以单步插补方式运行。若电机状态为“ON”，将控制机床相应的动作。此方式下可检查系统插补及机床的功能是否正常。

(8) 机床拖板点动控制

屏幕右侧中部有上、下、左、右向四个箭标（点动）按钮，光标点取这四个按钮可以控制机床拖板作点动或定长走步（在电机失电状态“OFF”下，点取点动按钮，仅用作坐标计数）。

用光标点取参数窗标志“OPEN”（或“O”键），系统打开的参数窗中有“点动 STEPS (10) ＊项”，用光标点取灰色窗内的＊号，将依次变更为＊、0、1、2、3，其意义如下：

0——单步

1——10 步（um）＊——拖板移动直至松开鼠标器按键

2——100 步（um）

3——1000 步（um）

(9) 图形显示的缩放及移动

在图形显示窗下方有九个小按钮，自近镜窗开启/关闭按钮开始（仅在模拟或加工态下有效），其余依次为放大、缩小、左移、右移、上移、下移，可根据需要选用这些功能，调整在显示窗口中图形的大小及位置，如图 2－17 所示。

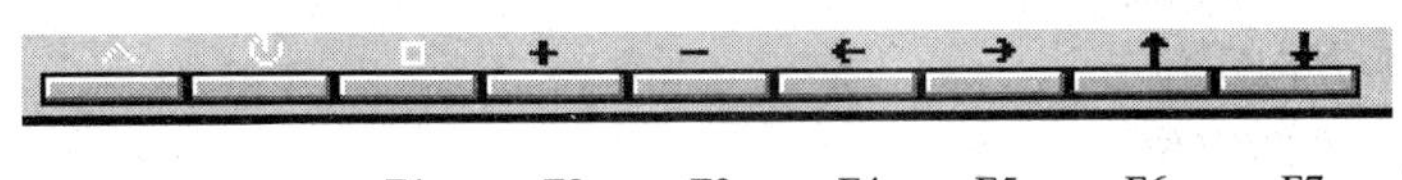

		F1	F2	F3	F4	F5	F6	F7
[平移]	[旋转]	[近镜]	[放大]	[缩小]	[左移]	[右移]	[上移]	[下移]

图 2－17　显示调节按钮

具体操作可用鼠标器点取相应的按钮，或直接按“F1”、“F2”、“F3”、“F4”、“F5”、“F6”、“F7”键。

(10) 代码的显示、编辑、存盘和倒置

用光标点取显示窗右上角的“显示切换标志”（或“F10”键），显示窗依次为图形显示、相对坐标显示、代码显示（模拟、加工、单段工作时不能进入代码显示方式）。

在代码显示状态下用光标点取任一有效代码行，该行即点亮，系统进入编辑状态，显示调节功能钮上的标记符号变成：S、I、D、Q、↑、↓，各键的功能变换成：

S —— 代码存盘

I —— 代码倒置（倒走代码变换）

D —— 删除当前行（点亮行）

Q —— 退出编辑态

↑ —— 向上翻页

↓ —— 向下翻页

在编辑状态下可对当前点亮行进行输入、删除操作（键盘输入数据）。

编辑结束后，按“Q”键退出，返回图形显示状态。

（11）功能设置

用光标点取参数窗标志“OPEN”，（或按“O”键）屏幕上打开参数窗，可见如下参数：

①机床参数 MACH. DATA——不要随意改动

②步距 STEP（10）　*——设置拖板点动按钮的步数。用光标点取灰色窗口，依次出现*、0、1、2、3。其意义分别为：

*——按钮按下，电机连续运转，直至按钮释放。

0——按钮按一次，电机运转1步。

1——按钮按一次，电机运转10步。

2——按钮按一次，电机运转100步。

3——按钮按一次，电机运转1 000步。

③点动 MANUAL　XY ——设置拖板点动按钮的轴系。

用光标点取其灰色窗口，依次为XY、UV，其意义为：

XY——点动按钮，控制XY方向电机。

UV——点动按钮，控制UV方向电机。

④定位 LOCATION　XOY ——设置定位方式。

用光标点取其灰色窗口，依次为XOY、Xmax、Xmin、Ymax、Ymin，其意义为：

XOY——型腔中心定位

Xmax——+X方向定位

Xmin——-X方向定位

Ymax——+Y方向定位

Ymin——-Y方向定位

⑤三维 MODEL —— 加工轨迹的三维造型功能。可选择“Yes”或“No”。

⑥间隙 GapVolt Wave ——加工间隙的显示方式选择。

用光标点取其灰色窗口，依次为Wave/ Metr，其意义为：

Wave ——波形显示　　Metr ——模拟电表显示

⑦锥补 TaperMod Yes/No ——锥度加工时，导轮切点偏移的补偿开关设置。（注：导轮切点的正确补偿取决于“机床参数”中设置的“线架高度 FRAME HIGH”和“导轮半径 WHELL RADIUS”）开机时为“No”状态，需要补偿时，点取该项，使之成为“Yes”。

⑧清角 Acute Yes/No ——对于工件轮廓边缘有清角要求的工件，可打开此功能。开机为No状态，点取该项，使之为Yes。（注：清角的具体实现，取决于机床参数设置中的A-CUTE WATE TM项）

⑨检查 Check　Yes/No　—— 打开该功能，主机系统对控制器的插补轨迹进入动态检

查。若发现不正常，即停机报警“数据出错”。

⑩自动 Auto Yes/No —— 打开该功能，系统自动调整跟踪度和最大速度这两项参数。使得系统在复杂的工况下，也能正常工作。

（12）机床参数设置

用光标点取参数窗标志“OPEN”，屏幕上打开参数窗，再用光标点取“机床参数”，系统将再打开一参数窗。

①X/Y/U/V AXIS GAP：X-Y-U-V 轴系的齿隙值（以步数为单位），该值用于步进电机变换运转方向时补偿齿隙误差。

②CTRL TIME（S）：控制时间，设定单位为秒，该值主要用于控制短路自动回退的调整及处理；参见下面“BACK ENABLE V”项。

③SHORT CUT SET V：短路设定值，该值设定钼丝与工件短路时，其采样电路的电平幅度，单位为满幅的百分比。高频打开，钼丝未与工件接触时，在间隙电压指示器上的间隙电压波形应接近满幅（10 小格），当钼丝与工件短路时，其间隙指示器上的幅值即为短路值。据此可设定 - 短路设定值（%）。

④BACK ENABLE V：在设定的控制时内（CTRL TIME），系统每次采样检测到的间隙电压，其低于短路设定值（SHORT CUT SET V）的比率大于或等于该值时，系统开始自动回退。

⑤MAX. M-SPEED：此值设定步进电机的最高插补速度，单位：步每秒。

⑥BACK SPEED：此值设定步进电机回退的最大速度，单位：步每秒。

⑦FRAME HIGH：机床的丝架高度（两导轮间的中心距，单位：毫米）。

⑧WHEEL RADIUS：机床导轮的半径，单位：毫米。

⑨POWER AuToOFF：此值为加工结束时，全机停电前的等待时间，单位为：秒。

⑩MaxManualSPD：机床最大点动速度，单位：步每秒。

⑪ACUTE WAIT TM：此值为每条代码插补结束时的等待时间。（注：清角功能打开时生效）

警告：机床参数设置值由厂方调整设定，用户不得随意更动，否则将使机床无法正常工作。

注意：开机时，若显示窗口出现“Controller Coef ERROR!”

表示控制器内保存的机床参数已丢失。此时必须重新进行机床参数设置，否则不能保证机床的正常工作。

（13）计时牌的使用

系统在“加工”、“模拟”、“单段”工作时，自动打开计时牌。中止插补运行，计时自动停止。用光标点取计时牌，（或按“O”键）可将计时牌清零。

（14）反向切割处理

读入代码后，连续点取显示窗口切换标志“YH”或按“F10”键，直至显示加工代码。用光标在任一行代码处轻点一下，该行点亮。窗口下面的图形显示调整按钮标志转成 S、I、D、Q 等；按“I”按钮，系统自动将代码倒置（注：上下异形件代码无此功能）；按“Q”按钮退出，窗口返回图形显示。在右上角显示倒走标志“V”，表示代码已倒置。代码倒置后，“加工”、“单段”、“模拟”均以反向方式工作。

（15）断丝处理

加工遇到断丝时，可按“原点”（或按“I”键）丝架将自动返回最近起割点，锥度丝架自动回直（注：断丝后切不可关闭电机，否则将无法正确返回原点）。若工件加工已将近结束，可将代码倒置后，再进行切割（反向切割）。

（16）清角处理

对于轮廓边缘（棱边）要求较高的工件，可采用系统提供的清角功能。该功能的运用需要“机床参数中 ACUTE WAIT TM”项的参数和清角“Yes”设置。

机床参数“ACUTE WAIT TM ”的定义——当前代码段加工结束后的等待时间，单位毫秒 ms 。该参数选定后，在需要清角处理功能时，打开“OPEN”窗口，在“清角 ACUTE”一栏，用光标点取其灰色小框，使之成为“Yes”即可。

（17）大锥度补偿

该功能用于大锥度（6°以上）U 向导轮切点偏移引起的误差，在使用该功能前，应先检查机床参数部分“FRAME HIGH”——丝架高度，和“WHEEL RADIUS”——导轮半径（均以毫米为单位）是否与机床实际尺寸一致，若不一致，应更新输入该两个参数。

在参数已正确选定的前提下，在需要进行切点补偿的加工前，打开“OPEN”参数窗，在“锥补 TAPERMOD”一栏，用光标点其灰色小框，使其成为“Yes”即可。

（18）返回 DOS

若需要返回 DOS 系统，可按“CTRL + Q”键（同时按“CTRL”和“Q”键）。

（19）3B 代码的直接输入

按控制台“复位”钮，清除屏幕。再用光标点取显示窗右上方的“显示切换标志”标志两次（或按“F10”键二次），屏幕显示窗成空白状（进入代码编辑状态）。

用光标点取显示窗的首行位置，第一行将点亮。此时，可用键盘输入 3B 指令，每行一条代码，以回车键结束一行的输入；3B 代码必须书写规范，不能采用简写。

全部代码输入完成后，用光标点取显示窗下方的“Q”按钮；系统将输入的 3B 代码自动转换成 ISO 代码，并绘出图形。

（20）3B 代码的输出

控制台可将 ISO 代码转换成 3B 代码，并将其直接输送到打印机，穿孔机，其他控制台或存盘保存。操作方法如下：

用光标点取显示窗右上角的“显示切换标志”（或“F10”键）两次，窗口显示当前 ISO 代码。用光标点取任一有效代码行，该行点亮。系统进入编辑状态。再用光标点取显示窗下方的“□”按钮，系统自动将 ISO 代码转化成 3B 代码，屏幕上弹出输出菜单（代码显示、打印、存盘、穿孔、控制台输出），可根据需要选择相应的功能。

（21）图形的旋转、平移与对称

在图形显示调节钮的左边有图形旋转、图形平移和图形对称 3 个功能钮，如图 2－18 所示。

图 2－18　图形的旋转、平移与对称

①平移功能——△：

光标点取该钮，屏幕上弹出平移距离输入窗。光标点取窗口中的 X/Y 项，弹出小键盘后，可分别输入 X/Y 平移距离，光标点取该参数窗左上角的撤销标志；图形将根据输入量自动平移，并且在当前坐标处至图形起点间自动插入平移（直线 G01）代码。

②旋转功能——◎：

光标点取该钮，屏幕上弹出旋转角度输入窗。输入角度后，图形自动旋转。

③对称功能：

光标点取该功能，弹出子菜单，可分别选择关于“原点”、“X 轴”和“Y 轴”作对称处理。

（22）工件轮廓三维造型

本系统具有三维造型功能。光标点取参数设置“OPEN”标志，在打开的参数窗内，光标点取“三维”项，使之变为“Yes”，同时屏幕弹出如图 2－19 所示参数窗。窗口中各项参数的意义如下：

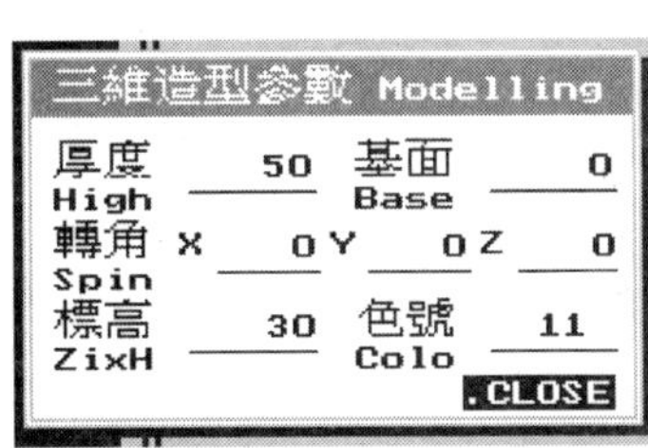

图 2－19　三维造型参数

厚度——工件的实际厚度。

基面——工件下平面与下导轮中心的距离。

转角——X/Y/Z 三个坐标轴的空间旋转角度。

标高——工件投影的显示比例。

色号——造型的颜色选择。

参数选择后，光标点取“CLOSE”标志退出设置窗。

注：一般情况下，屏幕显示的加工轨迹都是上下导轮的运动轨迹。但是，上下异形工件的导轮轨迹与工件实际相差甚远。因此，可以利用三维造型功能，准确地描绘工件任意截面上的轮廓轨迹。

要准确地描绘工件实际形状，还必须正确地设置“机床参数”中的“FRAME HIGH”项。

5. 编程切换

用光标点取屏幕左上角的“YH52”窗口切换标志（或按“ESC”键），系统将转入编程屏幕，即“YH”绘图式线切割编程系统。在编程操作的同时，控制台将不受干扰地依照设定的参数和状态运行。

编程窗口的左上角也有一同样的“YH5”窗口切换标志。用光标点取该标志（或按“ESC”键），系统将在屏幕左下角弹出一窗口，显示控制台当前的坐标值和当前代码段。该窗口的右下方有一标记“CON”，若用光标点取该“CON”（或按“ESC”键），即返回控制屏幕；若点取该弹出窗口左上角的“－”标记，关闭该窗口。

6. 手工编程

手工编程是在代码显示/编辑情况下进行。

在非“模拟”、“加工”、“单段”状态下，光标轻点显示窗右上角的“显示切换标志”（红色的 YH）（或按“F10”键），窗中显示相对坐标。再点“显示切换标”，显示当前 ISO 代码。

光标点取其中的一条代码，使之点亮。移动光标，代码行随光标点亮。将光标移至需修改的某一条代码上，按键盘上的回车键（或鼠标器的命令键），在亮条下方显示一条红线，即可输入代码。如直接按回车键，在两条代码间插入一空行；如输入代码数据后按回车键（此处按鼠标器命令键无效），则用新输入的代码替换原代码。完成全部代码输入后，光标移至显示窗下方的“S 钮”，按命令键，屏幕弹出图号输入框，用光标在小键盘上输入当前代码文件的图号（单数字无效），按回车键存盘。光标按“Q”钮退出，系统显示修改后的代码图形。

其过程可归纳如下：

①修改代码——选取需修改的代码（点亮后按回车键，使之亮条下边出现一红线），重新输入该行代码（一旦输入一字符，原行代码全部消失）。

②删除代码——选取需删除的代码（点亮后，按回车键），用光标点取“D”钮，系统自动删去该行，下续行自动上移。

③插入代码——选取需插入的代码所在行（在选定行的前面插入），出现红线后再按回车键，系统将插入一定行，该行自动点亮。（注：在当前点亮行可输入代码）

2.2.4　DK7732 型数控电火花线切割机床基本操作

1. 开机操作

①打开总电源开关。

②打开数控电源控制柜右侧电源开关（按下绿色按键），接通 380 V 的交流电。

③旋开弹起急停开关。

④启动计算机使其进入 YH 状态。

2. 按下列步骤做好切割加工前的准备工作

①水箱内准备好工作液，并连接好上下水管。

②调整好上丝架的高度，机床上好、穿好钼丝，X、Y 两个方向校正垂直。

③紧固好预加工工件。

④按图纸编制加工程序，按工件的材质、厚度和精度要求，选择最佳脉间、脉宽、电压、电流等电参数。

3. 机床的操作顺序

（1）加工时顺序、操作步骤

接通电源 → 输入加工程序 → 开启运丝电机 → 开启水泵电机 → 开启高频电源 → 开启控制机进给开关 → 检查步进电机是否吸住 → 检查工作台刻度值有无变化 → 控制机高频置自动状态 → 开启变频开关，调整变频速度 → 开始加工。

①开机。

②编制加工程序。

③开运丝：按下运丝开关，让电极丝空运转，检查电极丝抖动情况和松紧程度。若电极丝过松，则应均匀紧丝。

④开水泵、调整喷水量：开水泵时，请先把调节阀调至关闭状态，然后逐渐开启，调节至上下喷水柱包容电极丝，水柱射向切割区域即可，水量适当。

⑤开脉冲电源选择电参数。

⑥根据工件对切割效率、精度、表面粗糙度的要求，选择最佳的电参数。电极丝切入工件时，请把脉冲间隔拉开，待切入后，稳定时再调节脉冲间隔，使加工电流满足要求。

⑦开启数控电源控制柜，进入加工状态。观察电流表在加工过程中，指针是否稳定，精心调节，切忌短路。

（2）加工结束顺序、操作步骤

关变频开关 → 关高频电源 → 关水泵电机 → 关运丝电机 → 检查工作台的 X、Y、U、V 坐标值回零（终点与始点坐标值应一致）→ 拆下工件。

特别注意：开始加工时，先开运丝系统，后开工作液泵，避免工作液浸入导轮轴承内；停机时，应先关工作液泵，稍等片刻再停运丝系统。

4. 关机操作：

①将工作台移至 X、Y 轴中间位置。

②按下急停开关。

③关闭数控电源控制柜右侧电源开关（按下红色按键），关闭机床电源。

④关闭总电源开关。

5. 工作台移动

移动工作台的方法有两种：转动手柄移动和按各轴方向键移动。

（1）转动手柄移动

分别转动 X、Y 方向的手柄即可进行工作台的移动操作。

（2）按各轴方向键移动

方法如下：

①打开电机开关，使其为“ON”状态。

②用鼠标点击相应各轴的方向键即可进行各轴的移动（上下左右 4 个箭标）。

6. Z 轴行程调整

操作方法：

①松开锁紧手柄，在立柱后部。

②转动立柱上方的手轮来进行调整。

③调到需要的位置后，扭紧锁紧手柄即可。

2.3　西班牙 ONA AE300 慢走丝线切割机床操作实训

西班牙 ONA AE300 慢走丝线切割机床示意图如图 2－20 所示，其相关系列的技术参数见表 2－1。

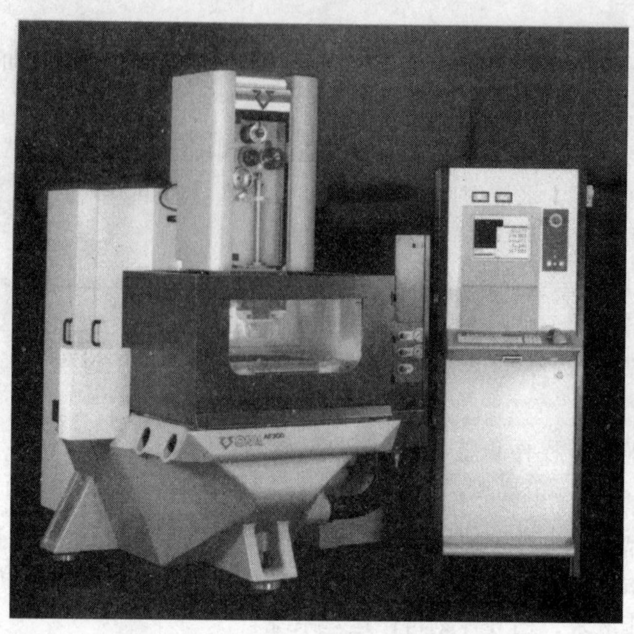

图2-20　ONA AE 300慢走丝线切割机床

表2-1　ONA AE300—1000系列慢走丝线切割机床技术参数

技术参数	ONA AE 300	ONA AE 400	ONA AE 600	ONA AE 1000
X-Y轴行程/mm	400×300	600×400	800×600	1 500×1 000
Z轴行程/mm	250	400	500	600
U-V轴行程/mm	80×80	80×80	500×500	500×500
最大工件尺寸/mm	800×700×250	1 000×810×400	1 300×1 040×500	1 950×1 600×600
最大工件质量/kg	1 000	3 000	5 000	10 000
切割锥度/400 mm/500 mm/600 mm(Z)	±8.5°/250 mm	±5°/400 mm	±30°/400 mm	±20°/600 mm
最大切割锥度	±30°/50 mm	±30°/50 mm	±25°/500 mm	±30°/400 mm
电极丝直径/mm	0.1～0.3			
电极丝卷筒	DIN 100—DIN 125—DIN 160—DIN 200—DIN 355			
导丝机构	封闭，高精度定位			
重复定位精度(X,Y,U,V)/mm	0.001			

注：DIN = Deutsche Industrie Normen 德国工业标准（西德）。

西班牙ONA AE300慢走丝线切割机床结构图如图2-21所示。

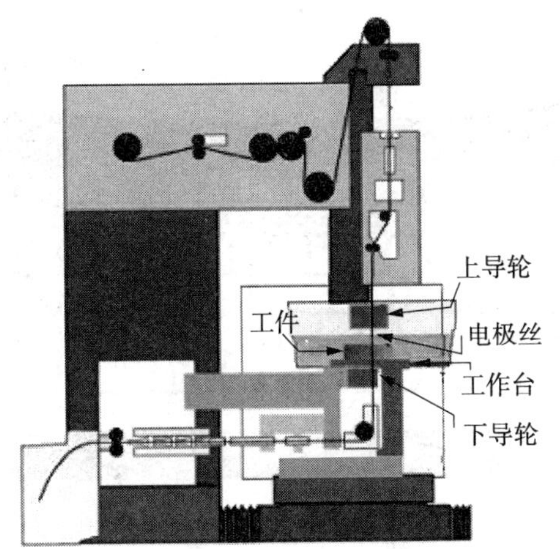

图 2－21　ONA AE 300 慢走丝线切割机床结构图

2.3.1　操作面板及其功能应用

1. 控制元件

①电源开关（见图 2－22）。

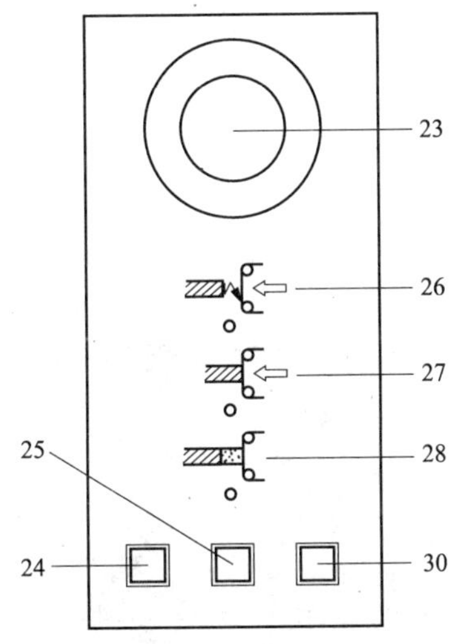

图 2－22　开关面板

②“开机”按钮（24）。

③“关机”按钮（25）。

④电源接通指示灯（30）。

⑤急停按钮（23）。

⑥发光二极管。

- 显示电源接通。
- 显示电极丝和工件之间接触短路。
- 显示低压和机器侵蚀。

⑦键盘（见图 2－23）。

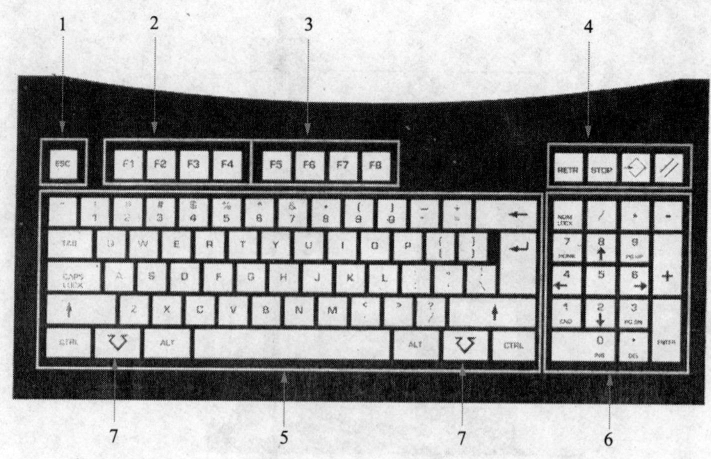

图2－23　键盘

1—ESC键，用于关闭屏幕上的窗口、取消编辑区内做的修改；
2—选择功能键，F1～F4为快速选择功能键；3—选择标签键，F5～F8为选择
标签键；4—执行键；5—通用键；6—小键盘；7—快速启动菜单

⑧手动控制面板（见图2－24）。

- 轴控制键。
- 模式选择：连动模式、单动模式、回原点、找内孔中心、接触工件、分中和取消模式选择。
- 手动控制辅助键。

2. 控制

控制方式：可以采用3种方式实现控制——键盘、手动控制面板和鼠标。

①鼠标，其位置由光标显示。

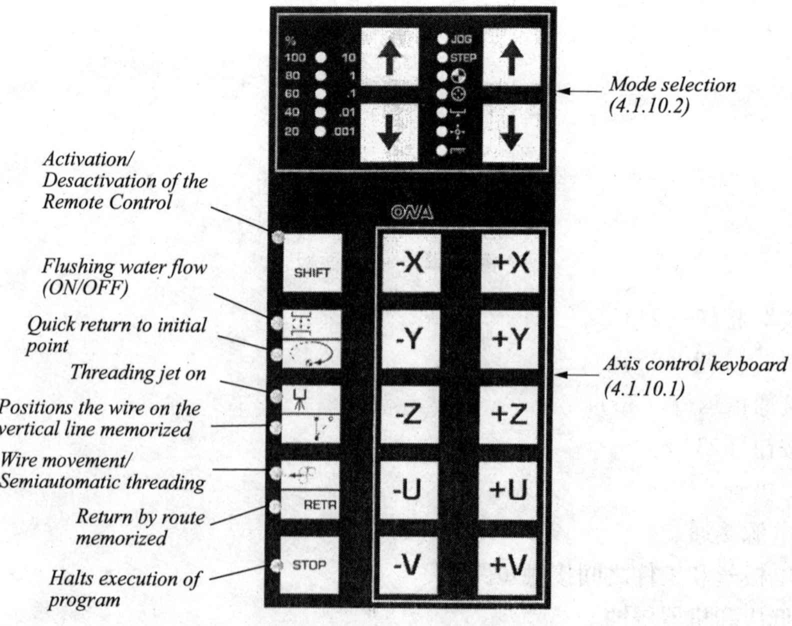

图2－24　手动控制面板

②窗口，包含一个或多个可编辑区。

③可编辑区，包括数值编辑区、标签、下拉菜单、选择菜单和按键。

④界面（主窗口），如图 2 – 25 所示。

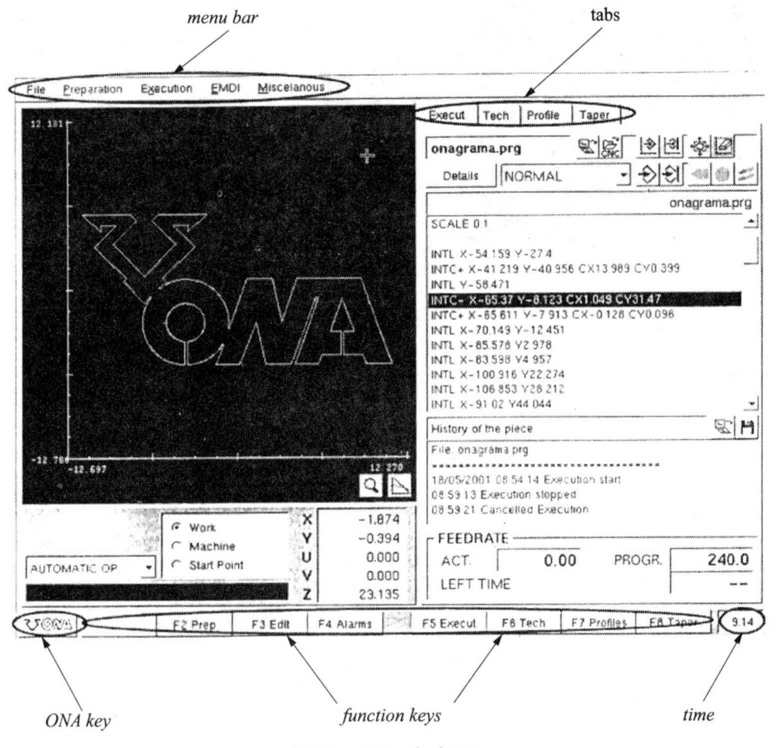

图 2 – 25　主窗口

⑤二级窗口（如图 2 – 26）。

⑥编辑界面（如图 2 – 27）。

⑦文件（见图 2 – 28 和图 2 – 29）。

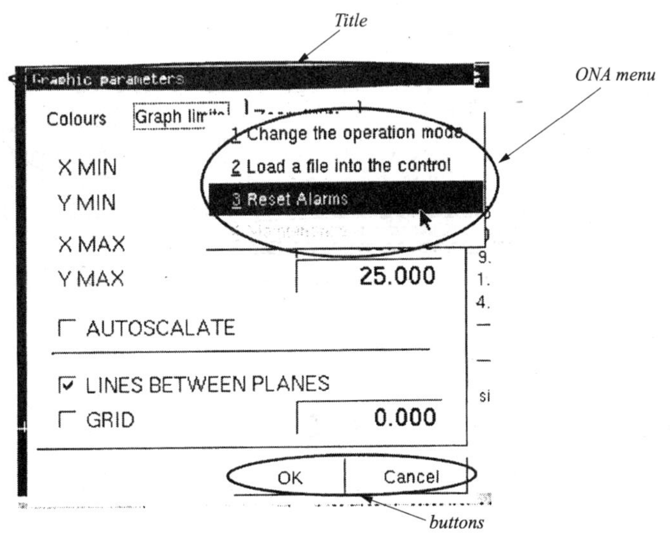

图 2 – 26　二级窗口

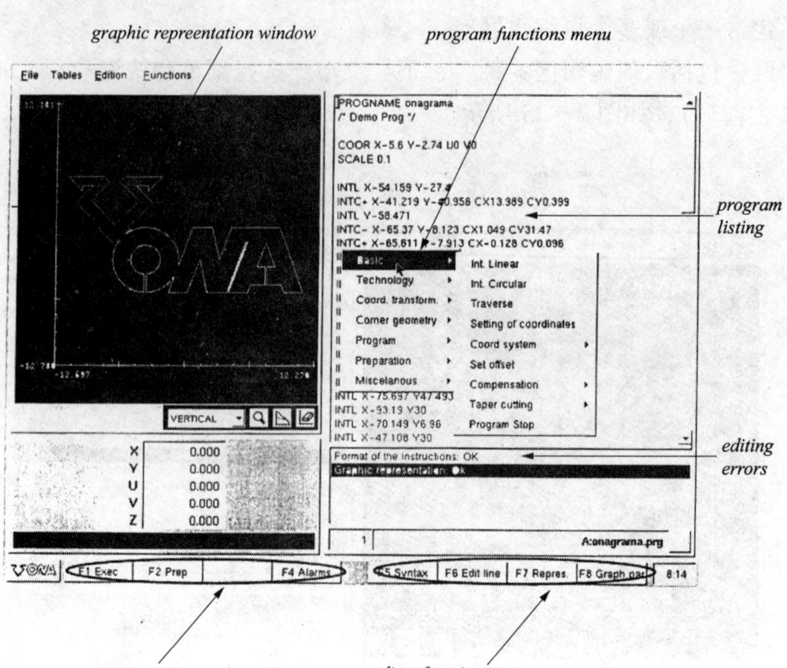

图 2－27　编辑界面

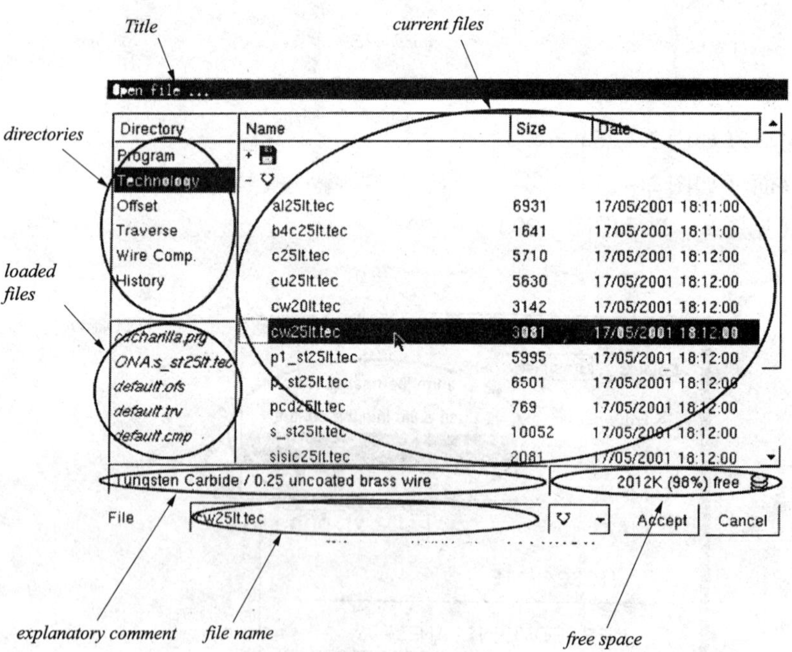

图 2－28　文件页面

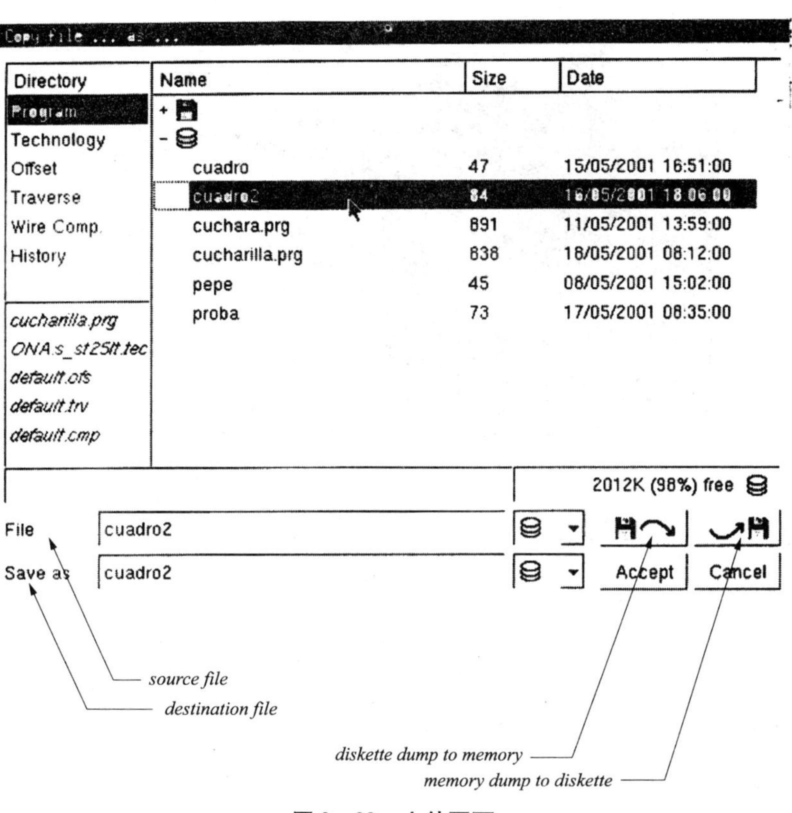

图 2－29　文件页面

3. 数控

①准备界面（见图 2－30）。

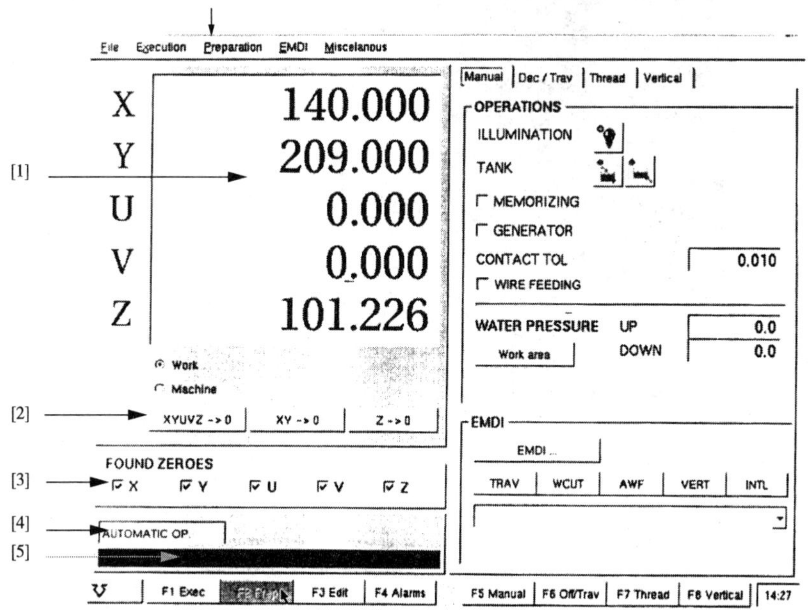

图 2－30　准备界面

②执行界面（见图 2－31）。

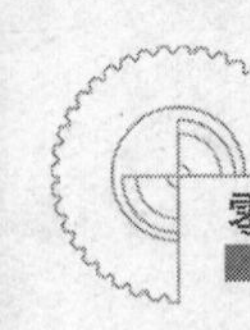

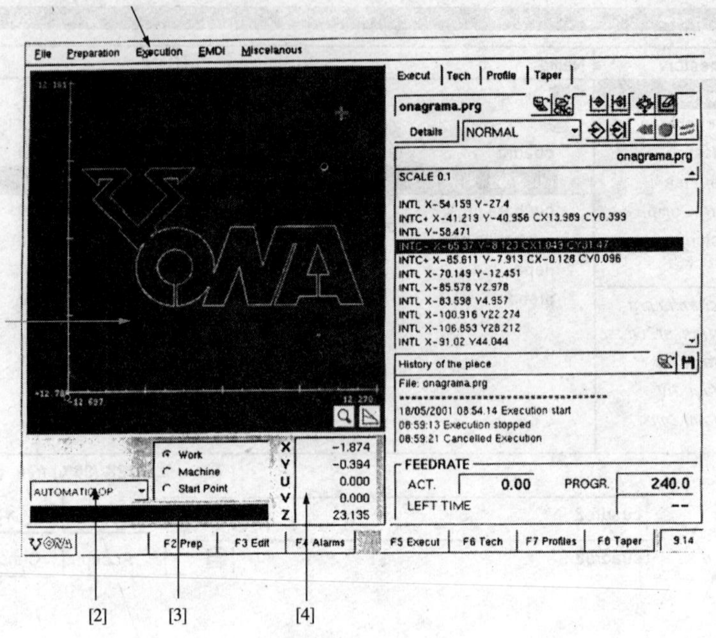

图 2－31　执行界面

③编辑界面（见图 2－32）。

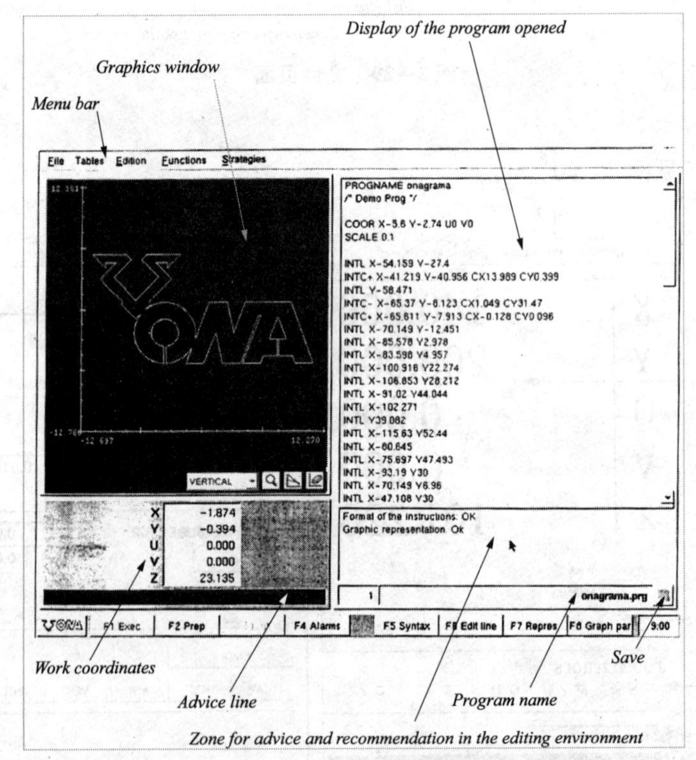

图 2－32　编辑界面

④杂项（见图 2－33）。

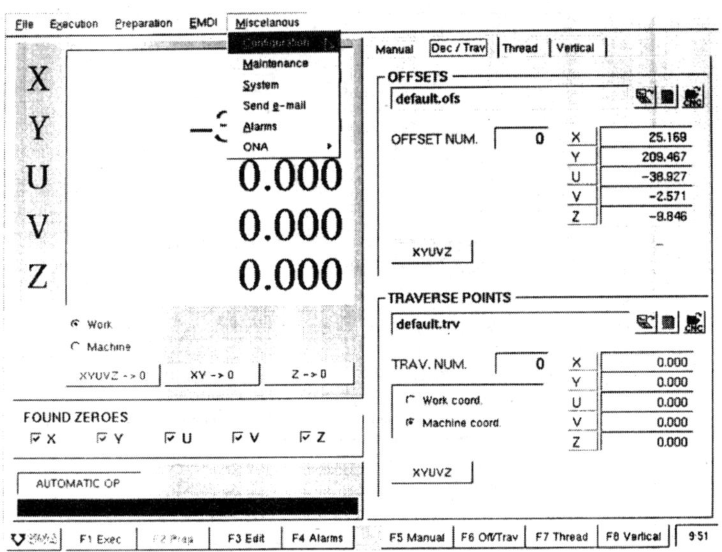

图2－33　杂项

4. 切割类型

①垂直切割（见图2－34）。

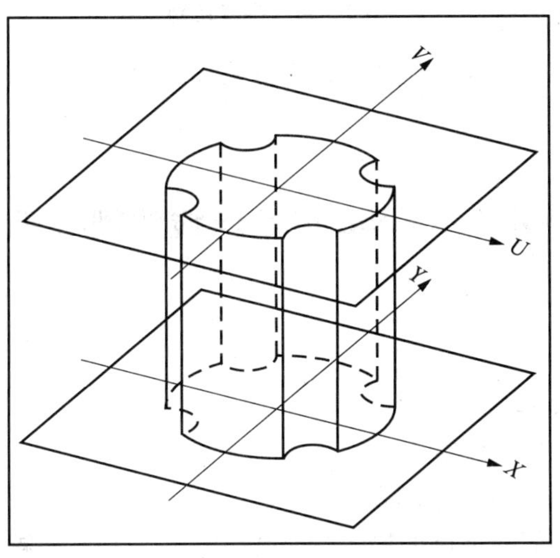

图2－34　垂直切割

②锥度切割（见图2－35和图2－36）。

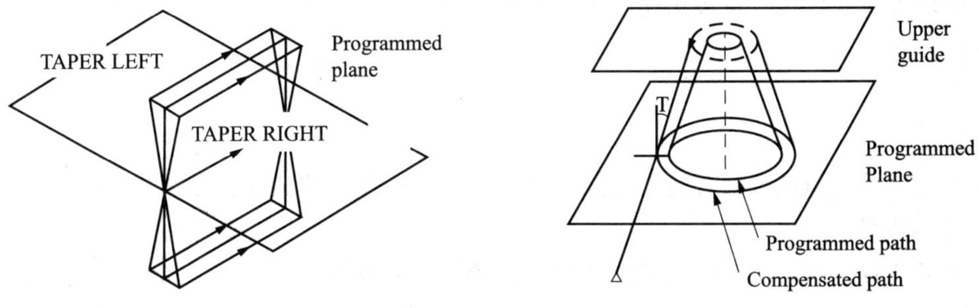

图2－35　锥度切割

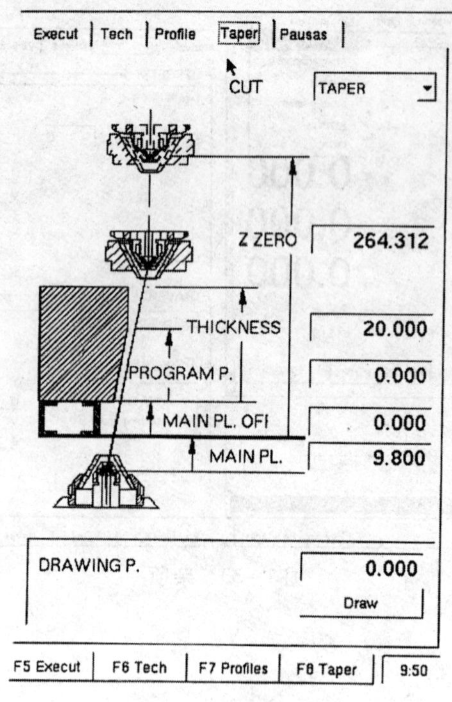

图 2－36　锥度切割

加工前，完成相关准备工作，包括准备工件毛坯并加工出准确的基准面、压板、夹具等装夹工具。

2.3.2　西班牙 ONA AE300 慢走丝线切割机床基本操作

1. 开机

开机步骤如下：

①检查外接线路是否接通。

②合上电源主开关，接通总电源。

③按下“启动”按钮，进入控制系统。

开机后，检查系统各部分是否正常，包括高频电源、工作液泵、储丝筒等的运行情况。

2. 电极丝安装

进行储丝筒绕丝、穿丝和电极丝位置校正等操作。

电极丝垂直度校核，可以采用以下 3 种方法之一。

①目视法；

②火花法；

③接触感知法。

本慢走丝线切割机床具有接触感知功能，用于电极丝定位最为方便。

3. 工件安装

装夹工件后，根据工件厚度调整 Z 轴至适当位置并锁紧。

4. 电极丝初始坐标位置调整

移动 X 、Y 轴坐标确立电极丝切割起始坐标位置。

5. 开启工作液泵，调节喷嘴流量

6. 程序输入与运行

按机床操作说明书的要求，通过在不同操作模块间的切换，用键盘输入加工程序或直接调用已有程序并装入内存，完成生成工件切割的程序操作。执行程序前，先将程序模拟运行一遍，以检验程序的运行状况，以免实际加工后造成不良的后果。确认程序无误后，进行自动加工。

慢走丝线切割时应采用少量、多次切割方式。缘于减少线切割加工时工件材料的变形可以有效提高工件加工精度及改善表面质量，因而在粗加工或半精加工时可留一定余量，以补偿材料因原应力平衡状态被破坏所产生的变形和最后一次精加工时所需的加工余量，当最后精加工时即可获得较为满意的加工效果。

7. 零件检测

当工件行将切割完毕时，其与母体材料的连接强度势必下降，此时要注意固定好工件，防止因工作液的冲击使得工件发生偏斜，从而改变切割间隙，轻者影响工件表面质量，重者使工件切坏报废。

加工结束，卸下零件，用相应测量工具检测有关加工参数。

8. 关机

①将工作台移至各轴中间位置。

②按下“红色急停”按钮。

③按下电源主开关，关闭电源。

④断开外接线路。

单元3　数控电火花线切割加工前的准备

3.1　数控电火花线切割加工操作流程

数控电火花线切割机床加工操作流程如下：

①开机。

②装夹、校正工件。

③上丝、穿丝、紧丝，调整切割厚度。

④电极丝垂直找正。

⑤将程序输入机床或自动编程。

⑥确定加工起点。

⑦启动机床加工，根据加工要求调整加工参数。

⑧加工完毕，卸下工件检测。

⑨清洁整理机床。

3.2　加工前准备

1. 工件材料的选定和处理

工件材料的选定是由图样设计时确定的。如模具加工，在加工前需要锻打和热处理。锻打后的材料在锻打方向与其垂直方向有不同的剩余应力；淬火后也同样出现剩余应力。对于这种加工，在加工中剩余应力的释放，会使工件变形，而达不到加工尺寸精度，淬火不当的材料还会在加工中出现裂纹，因此，工件应在回火后才能使用，而且回火要两次以上或者采用高温回火。另外，加工前要进行消磁处理及去除表面氧化皮和锈斑等。

2. 工件的工艺基准

电火花线切割加工时，除要求工件具有工艺基准面或工艺基准线外，同时还必须具有线切割加工基准。

由于电火花线切割加工多为模具或零件加工的最后一道工序，因此，工件大多具有规则、精确的外形。若外形具有与工作台X、Y平行且垂直于工作台水平面的两个面并符合六点定位原则，则可以选取一面作为加工基准面。

若工件侧面的外形不是平面，在对工件技术要求允许的条件下可以加工出的工艺平面作为基准。工件上不允许加工工艺平面时，可以采用划线法在工件上划出基准线，但划线仅适用于加工精度不高的零件。若工件侧面只有一个基准平面或只能加工出一个基准面时，则可用预先已加工的工件内孔作为加工基准。这时不论工件上的内孔原设计要求如何，必须在机械加工时使其位置和尺寸精确适应其作为加工基准的要求。若工件以划线为基准时，则要求工件必须具有可作为加工基准的内孔。工件本身无内孔时，可用位置和尺寸都准确的穿丝孔作为加工基准。

3. 电极丝材料与直径的选择

电极丝的选择是电火花线切割工艺编制的重要内容之一，电极丝应具有良好的导电性和抗电蚀性，抗拉强度高。常用的电极丝有钨丝、钼丝、黄铜丝等。快走丝线切割机床一般采用钼丝，其直径在 0.08 ~ 0.20 mm，钼丝一卷总长度为1 800 ~ 2 000 m。

电极丝的直径应根据工件加工的切缝宽窄、工件厚度及拐角圆弧尺寸大小等方面选择。电极丝的选择：当工件较厚且外形较简单时，宜选用直径较粗（0.16 mm以上）的电极丝；而当工件厚度较小且形状较复杂时，宜选用较细（一般取（0.10 ~ 0.12 mm））的电极丝。注意所选用的电极丝应在有效期内（通常为出厂后一年），过期的电极丝因表面氧化等原因，加工性能下降，不宜用于正式工件的加工。

4. 穿丝孔的加工

（1）穿丝孔加工的必要性

凹形类封闭形工件在切割前必须具有穿丝孔，以保证工件的完整性，这是显而易见的。凸形类工件的切割也有必要加工穿丝孔。由于坯件材料在切断时，会破坏材料内部应力的平衡状态而造成材料的变形，影响加工精度，严重时甚至造成夹丝、断丝。当采用穿丝孔时，可以使工件坯料保持完整，从而减少变形所造成的误差，如图 3 – 1 所示。

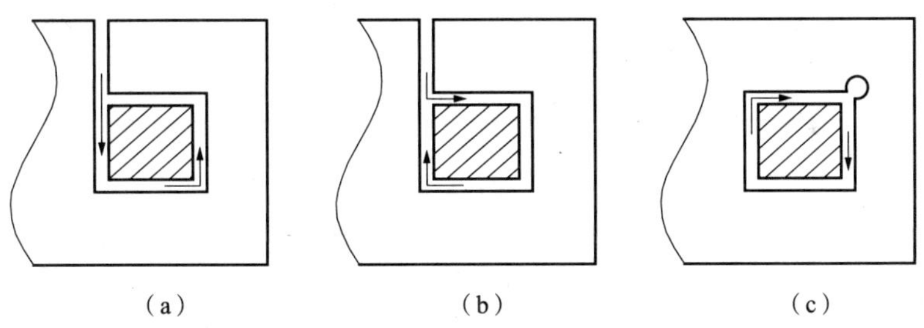

图 3 – 1　加工穿丝孔与否、切割凸模的比较

(a) 不正确；(b) 不好；(c) 好

（2）穿丝孔的位置和直径

在切割中、小孔形凹形类工件时，穿丝孔位于凹形的中心位置操作最为方便。因为这既便于穿丝孔的加工位置准确，又便于控制坐标轨迹的计算。

在切割凸形工件或大孔凹形类工件时，穿丝孔应设置在加工起始点附近，这样可以大大缩短无用的切割行程。穿丝孔的位置，最好选在已知坐标点或便于计算的坐标点上，以简化有关轨迹控制的运算。

穿丝孔的直径不宜太小或太大，以钻或镗孔工艺简便为宜，一般选在 3 ~ 10 mm。孔径最好选取整数值或较完整数值，以简化用其作为加工基准的运算。

（3）穿丝孔的加工

由于多个穿丝孔都要作为加工基准，因此，在加工时必须确保其位置精度和尺寸精度。

这就要求穿丝孔应在具有较精密坐标工作台的机床上进行加工。为了保证孔径尺寸精度，穿丝孔可采用钻铰、钻镗或钻车等较精密的机械加工方法。穿丝孔的位置精度和尺寸精度，一般要等于或高于工件要求的精度。

5. 加工路线选择

在加工中，工件内部应力的释放要引起工件的变形，所以在选择加工路线时，必须注意以下几点：

①避免从工件端面开始加工，应从穿丝孔开始加工。

②加工的路线距端面（侧面）应大于5 mm，以保证工件结构强度。

③加工路线开始应从离开工件夹具的方向进行加工（即不要一开始加工就趋近夹具），最后再转向工件夹具的方向，如图3－2所示。

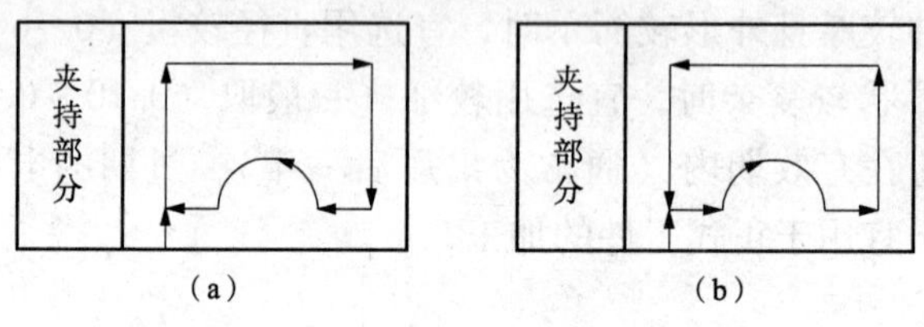

图3－2 切割路线的确定（一）

(a) 错误；(b) 正确

④在一块毛坯上要切出两个以上零件时，不应连续一次切割出来，应从不同预孔开始加工，如图3－3所示。

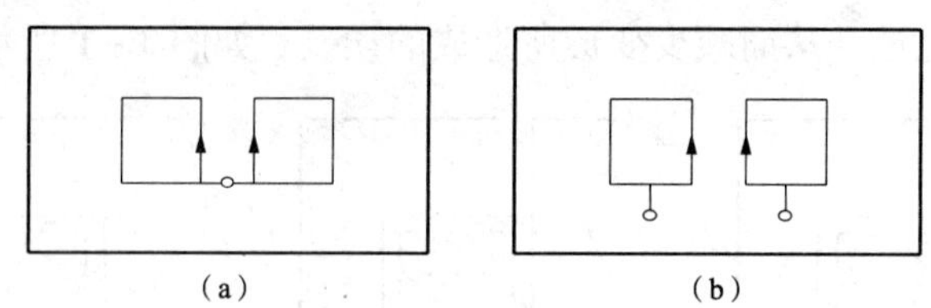

图3－3 切割路线的确定（二）

(a) 从一个预孔开始加工（不正确）；(b) 从不同预孔开始加工（正确）

6. 工件的装夹

电火花线切割加工中，零件的加工精度与工件的装夹有很大的关系，电火花线切割加工机床的夹具比较简单，使用机床配备的夹具及附件即可满足使用要求，一般在通用夹具上采用压板螺钉固定工件，为了适应各种形状工件加工的需要，机床还可以使用磁性夹具、旋转夹具和专用夹具。

(1) 工件装夹的要求

①待装夹的工件其基准部位应清洁无毛刺，符合图样要求。对经淬火的模件在穿丝孔或凹模类工件扩孔的台阶处，要清洁淬火时的渣物及工件淬火时产生的氧化膜表面，否则会影响其与电极丝间的正常放电，甚至卡断电极丝。

②所有夹具精度要高，装夹前先将夹具与工作台面固定好。

③保证装夹位置在加工中能满足加工行程需要，工作台移动时不得和丝架臂相碰，否则无法进行加工。

④装夹位置应有利于工件的找正。

⑤夹具对固定工件的作用力应均匀，不得使工件变形或翘起，以免影响加工精度。

⑥成批零件加工时，最好采用专用夹具，以提高工作效率。

⑦细小、精密、薄壁的工件应先固定在不易变形的辅助小夹具上才能进行装夹，否则无法加工。

（2）工件装夹步骤

①擦净工作台面和工件。

②用夹具将工件固定在工作台上，压板要平行压紧工件，一般需两个以上压板。

③用百（千）分表校平行度，一般控制在0.01 mm之内。

工件装夹时，一方面需考虑电火花线切割加工的电极丝由上而下穿过工件这一因素，另一方面应充分考虑装夹部位、穿丝孔和切入位置，以保证切割路径在机床坐标行程内。

表3－1中列出了电火花线切割机床上安装工件的一些典型方法。

表3－1　电火花线切割加工工件常用安装方式

名称	示意图	说明
悬臂支承方式	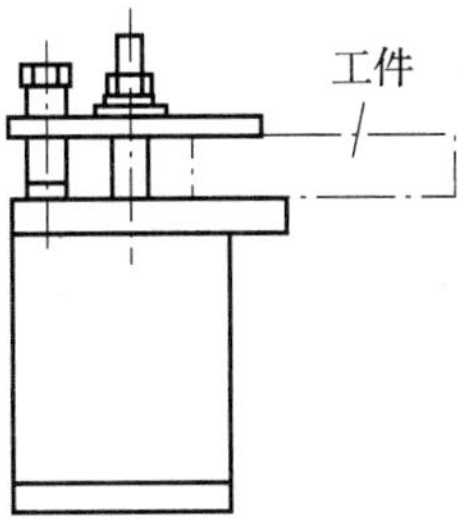 工件	悬臂支承通用性强，装夹方便。但由于工件单端面压紧，另一端悬空，使得工件底面不易与工作台平行，所以易出现上仰或倾斜的情况，致使切割表面与工件上下平面不垂直或达不到预定的精度。因此，只有在工件的技术要求不高或悬臂部分较小的情况下才能采用
两端支承方式	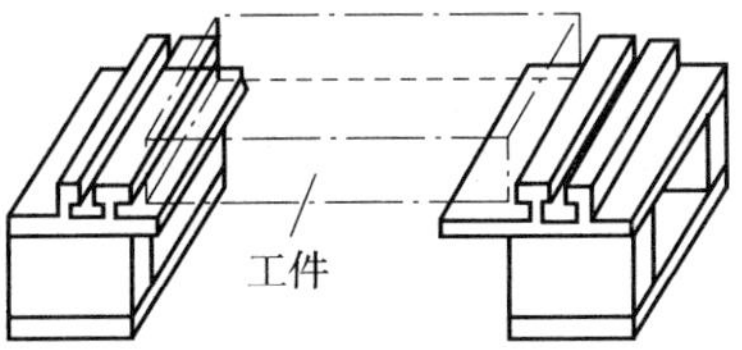 工件	两端支承是把工件两端都固定在夹具上，这种方法装夹支承稳定，平面定位精度高，工件底面与切割面垂直度好，但对较小的零件不适用
桥式支承方式	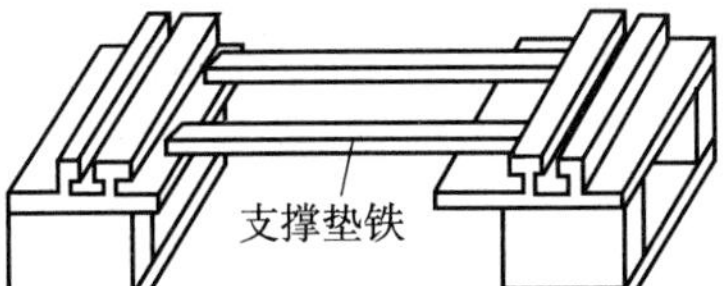 支撑垫铁	桥式支承是在双端夹具体下垫上两个支承铁架。其特点时通用性强、装夹方便，对大、中、小工件装夹都比较方便
板式支承方式	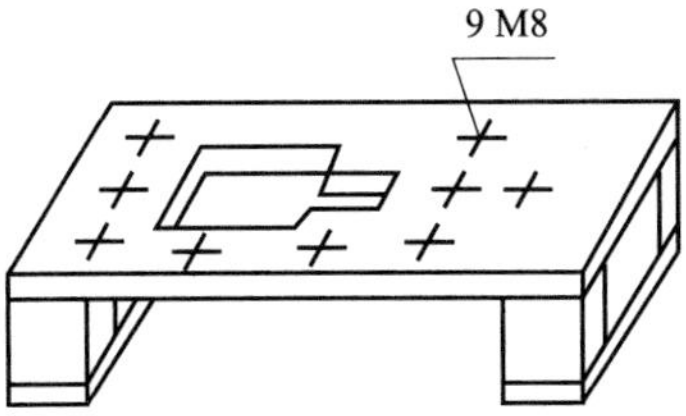 9 M8	板式支承夹具可以根据经常加工工件的尺寸而定，可呈矩形或圆形孔，并可增加x和y两方向的定位基准，装夹基准精度较高，适于常规生产和批量生产

续表

名称	示意图	说明
复式支承方式	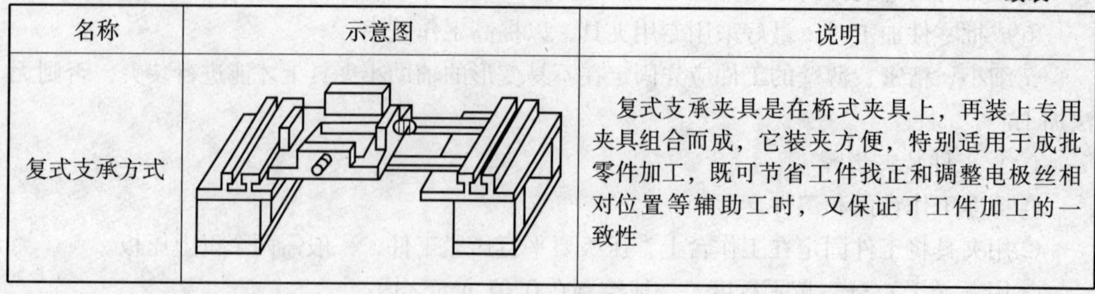	复式支承夹具是在桥式夹具上，再装上专用夹具组合而成，它装夹方便，特别适用于成批零件加工，既可节省工件找正和调整电极丝相对位置等辅助工时，又保证了工件加工的一致性

7. 工件位置的找正

（1）工件位置的找正

工件安装到机床工作台上后，在进行装夹前，要先对工件的平行度进行校正，一般为工件的侧面与机床运动的坐标轴平行。工件位置校正的方法有以下几种。

①拉表法：利用磁力表座、百分表等进行找正，工件精度要求较高时采用。

②划线法：利用划线通过目测进行找正。

③固定基面靠定法。

（2）电极丝与工件的相对找正

电极丝与工件的相对位置，可用电极丝与工件接触短路的检测功能进行测定。通常有以下几种找正方式：

①电极丝垂直校正；

②端面校正；

③自动找中心。

3.3　数控电火花线切割加工的基本操作

以汉川机床有限责任公司生产的 HCKX 系列中的 HCKX320 型数控电火花线切割机床为例说明。

1. 上丝操作

上丝可半自动上丝或者手动上丝，上丝路径如图 3－4 所示。上丝操作步骤如下：

①按下储丝筒停止按钮，断开断丝检测开关。

②将丝盘套在上丝电动机轴上，并用螺母锁紧。

③用摇把将储丝筒摇至极限位置或与极限位置保留一定距离。

④将丝盘上电极丝的一端拉出绕过上丝介轮、导轮，并将丝头固定在储丝筒端部紧固螺钉上。

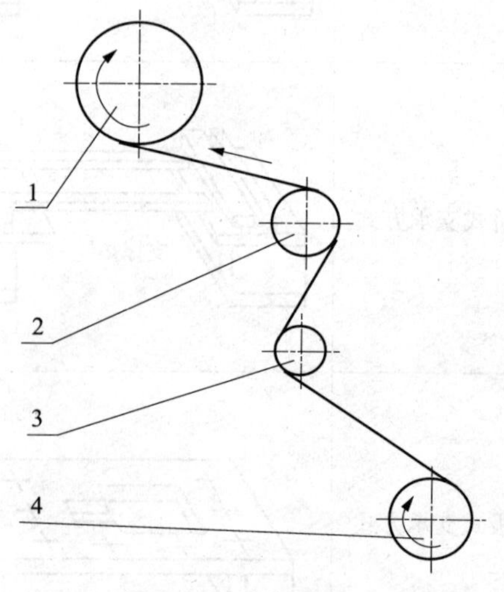

图 3－4　上丝路径

1—储丝筒；2—导轮；3—上丝介轮；4—上丝电动机

⑤剪掉多余的丝头，顺时针转动储丝筒几圈后打开上丝电动机开关，拉紧电极丝。

⑥转动储丝筒，将丝缠绕至 10～15 mm 宽度，取下摇把，松开储丝筒停止按钮，将调速旋钮调至“1 挡”。

⑦调整储丝筒左右行程挡块，按下储丝筒开启按钮开始绕丝。

⑧接近极限位置时，按下储丝筒停止按钮。

⑨拉紧电极丝，关掉上丝电动机，剪掉多余电极丝并固定好丝头，半自动上丝完成。

在上丝过程中要注意储丝筒上、下边丝不能交叉；摇把使用后必须立即取下，以免误操作使摇把甩出，造成人身伤害或设备损坏；上丝结束时，一定要沿绕丝方向拉紧电极丝再关断上丝电动机，避免电极丝松脱造成乱丝。

2. 穿丝操作

①按下储丝筒停止按钮。

②将张丝丝架拉至最右端并用插销定位。

③取下储丝筒一端丝头并拉紧，按穿丝路径依次绕过各导轮，最后固定在丝筒紧固螺钉处。

④剪掉多余丝头，用摇把转动储丝筒反绕几圈。

⑤拔下张丝滑块上的插销，手扶张丝滑块缓慢放松到滑块停止移动，穿丝结束。

注意：在穿丝过程中，储丝筒上、下边丝不能交叉；摇把使用后必须立即取下，以免误操作使摇把甩出，造成人身伤害或设备损坏。

3. 储丝筒行程调整

穿丝完毕后，根据储丝筒上电极丝的多少和位置来确定储丝筒的行程，为防止机械性断丝，在行程挡块确定的长度之外，储丝筒两端还应有一定的储丝量。具体的调整方法是：

①用摇把将储丝筒摇至在轴向剩下 8 mm 左右的位置停止。

②松开相应的限位块上的紧固螺钉，移动限位块至接近感应开关的中心位置后固定。

③用同样方法调整另一端，两行程挡块之间的距离即储丝筒的行程。

4. 电极丝的垂直找正

电火花线切割机床在使用中需要定期用找正器对电极丝进行垂直找正，主要是保证电极丝与工作台面垂直，如图 3－5 所示。具体操作步骤如下：

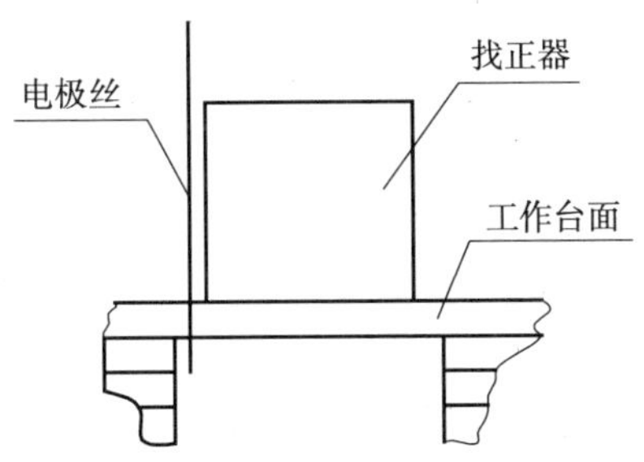

图 3－5　电极丝垂直找正

①把工作台面和找正器各面擦干净并保证无损坏。

②移动 Z 轴至适当位置后锁紧，将找正器底面靠实工作台面，长向平行与 X 轴或 Y 轴。

③用手控盒移动 X 轴或 Y 轴坐标至电极丝贴近找正器垂直面。

④选择“手动”菜单中的“接触感知”子功能。

⑤按“F7”键，进入控制电源微弱放电功能，丝筒启动，高频打开。

⑥在手动方式下，调整手控盒移动速度，移动电极丝接近找正器，当它们之间的间隙足够小时，会产生放电火花。

⑦通过手控盒点动U轴或V轴坐标，直到放电火花上下均匀一致，电极丝即找正。

⑧找正完毕后，选择“手动”菜单中“设零点”子功能，分别把U、V轴设零。

5. 电极丝运动起点位置的确定

电火花线切割加工之前，须将电极丝定位在一个相对工件基准的确切点上，作为切割的起始坐标点。主要有目测法、火花法、接触感知法和电阻法。

第2篇

基于工作过程的数控电火花线切割加工操作技能训练

单元4　角度样板的线切割加工

1. 工作任务描述

该工作任务为应用快走丝数控电火花线切割机床完成如图 4－1 所示角度样板（薄板类）零件的线切割加工。角度样板是学生在车工磨刀操作实训时所需的一个检测工具，一般在同一样板上要有几种角度。在线切割加工时要重点保证其角度的精度。通过角度样板的加工使学生掌握电火花线切割加工基本操作方法及注意事项。

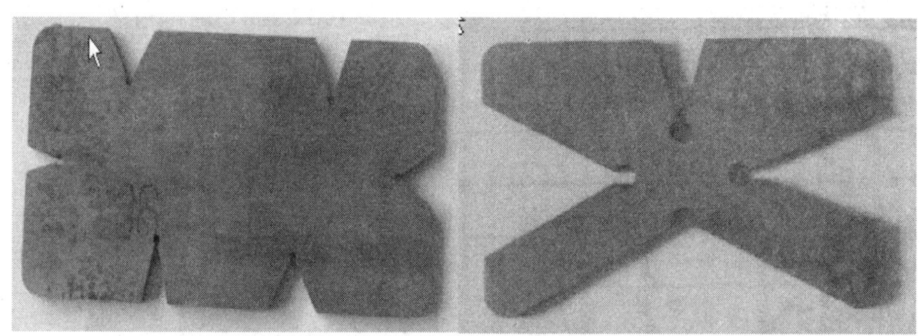

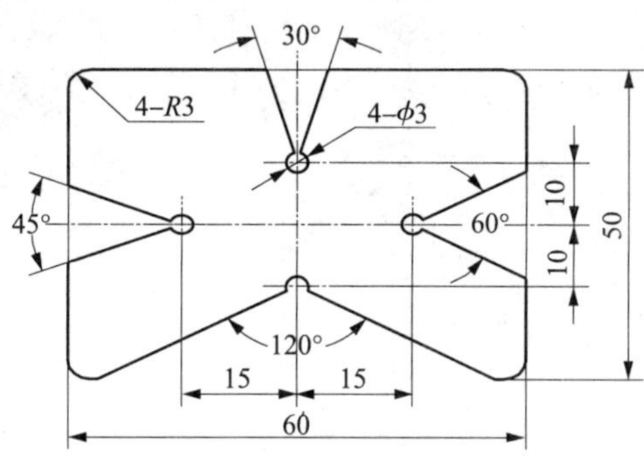

图 4－1　角度样板

2. 学习目标

①能够正确进行数控电火花线切割机床基本操作。

②能使用数控电火花线切割机床自带的自动编程软件进行简单零件的编程操作。

③能够正确使用数控电火花线切割机床完成角度样板（薄板类）零件的加工，并能保证零件加工精度。

④能够进行机床的日常维护、保养工作。

⑤能按照车间“5S”管理要求整理工具。

⑥掌握“六步法”的工作方法及步骤。

⑦养成良好的工作态度、建构严谨的团队协作能力、培养良好的职业道德和社会责任心。

4.1 知识准备

1. 电极丝材料与直径的选择

电极丝的选择是电火花线切割工艺编制的重要内容之一，电极丝应具有良好的导电性和抗电蚀性，抗拉强度高。常用的电极丝有钨丝、钼丝、黄铜丝等。快走电火花丝线切割机床一般采用钼丝，其直径在0.08～0.20 mm，钼丝一卷总长度为1 800～2 000 m。电极丝的直径d应根据工件加工的切缝宽窄、工件厚度及拐角圆弧尺寸大小等方面选择。电极丝的选择：当工件较厚且外形较简单时，宜选用直径较粗（0.16 mm以上）的电极丝；而当工件厚度较小且形状较复杂时，宜选用较细（一般取0.10～0.12 mm）的电极丝。注意所选用的电极丝应在有效期内（通常为出厂后一年），过期的电极丝因表面氧化等原因，加工性能下降，不宜用于正式工件的加工。电极丝如图4－2所示。

图4－2　电极丝（钼丝）

2. 电火花线切割加工工艺中的基本规律

1）电火花线切割的切割速度及主要影响因素

电火花线切割加工时的切割速度是反映加工效率的重要指标。一般用电极丝的中心线在单位时间内在工件上扫过的面积来表示，即切割速度VWA（mm^2/min）；也有用电极丝沿图形加工轨迹的进给速度作为电火花线切割加工切割速度，但工件厚度不同，这个进给速度是不一样的。其主要影响因素如下：

（1）电极丝对切割速度的影响

①电极丝材料的影响。

电火花线切割加工使用的电极丝材料有钼丝、钨丝、钨钼丝、黄铜丝、铜钨丝等，其中以钼丝和黄铜丝用得较多。

不同材料的电极丝，其切割速度也有很大差别。采用钨丝加工时，可获得较高的切割速度，但放电后丝质变脆，容易断丝，故应用较少，只在慢速走丝弱规准加工中尚使用。钼丝比钨丝熔点低，抗拉强度低，但韧性好，在频繁急热冷变化中，丝质不易变脆，不易断丝。因此，尽管切割速度比钨丝低，却仍被广泛采用。钨钼丝（钨钼各50%合金）加工效果比前两种都好，它具有钨钼两者的特性，因此，使用寿命和切割速度都比钼丝高。采用黄铜丝加工时，加工速度较高，加工稳定性好，但抗拉强度差，损耗大。目前普遍采用钼丝作为快走丝电火花线切割机床的电极丝；在慢走电火花丝线切割机床中普遍采用铜丝。

②电极丝直径对切割速度的影响。

电极丝直径越大，切割速度就越快，但是随着直径的增大，要受到工艺要求的约束，而且增大加工电流，加工表面的表面粗糙度会变差，一般电极丝直径的大小，要根据工件厚度、工件材料和工件的加工要求而定。

③电极丝振动对切割速度的影响。

在切割过程中电极丝的振动，如果振动幅度比较小时，可以提高切割速度。但振动幅度太大或振动的振幅无规则，就容易引起电极丝和工件之间的短路或不稳定放电，从而降低切割速度或出现断丝。

④电极丝张力和走丝速度对切割速度的影响

在切割过程中，如果电极丝的张力越大，其切割速度越高，主要原因是由于电极丝的拉紧，其振动幅度变小，不容易产生短路。但是张力过大，容易引起断丝。

早期的电火花线切割加工机床几乎都是采用慢速走丝方式，电极丝的线速度约为每秒零点几毫米到几百毫米的范围。这种走丝方式是比较平稳均匀的，电极丝抖动小，故可得到较高的表面粗糙度和加工精度，但切割速度比较低。因为走丝慢，放电产物不能及时被带出放电间隙，使脉冲频率降低，易造成短路及不稳定放电现象。提高电极丝走丝速度，工作液容易被带入放电间隙，放电产物也容易排除间隙之外，改善了间隙状态，进而可提高加工速度。但在工艺条件确定后，随走丝速度的提高，加工速度的提高是有限的，当走丝速度达到某一值后，切割速度就趋向稳定。

快速走丝方式和慢速走丝方式比较，在速度上是悬殊的。走丝速度的快慢不仅仅是量上的差异，而且使加工效果产生质的差异。它对加工过程的稳定性、加工速度的快慢、可加工的厚度等有明显的影响。快速走丝方式的丝速一般为每秒几百毫米到几十米，如果丝速为10 mm/s时，相当于1 μs时间，电极丝移动0.01 mm。这样快的速度，有利于脉冲结束时，放电通道迅速消电离。同时，高速运动的电极丝能把工作液带入厚度较大工件的放电间隙中，有利于排屑和放电加工稳定进行。在一定加工条件下，随着丝速的增大，切割速度高，但有一最佳走丝速度对应着最大切割速度。超过这一丝速，加工速度开始下降。

（2）工件对切割速度的影响

不同工件材料对切割速度的影响有很大差别，材料的熔点、沸点、导热系数越高，放电时蚀除量越小。一般切割铝合金的速度比较高，切割石墨、聚晶及硬质合金等材料切割速度就比较低。

工件厚度的大小对切割速度的影响也不一样，工件越厚，在进给方向的加工面积就越大，由于面积效应会提高切割速度。但随着工件厚度的增加，当达到一定程度后，由于排屑条件变差，容易引起短路，反而使切割速度降低。

(3) 工作液对切割速度的影响

电火花线切割加工一般采用线切割专用的乳化液，不同的乳化液有着不同的切割速度。为了提高切割速度，在加工中，有时可以加进有利于提高切割速度的导电液，因为工作液导电率低，放电间隙增大，加工稳定。

在电火花线切割加工时，适当提供一定压力的工作液，可以有效地排除加工屑，同时还可以增强对电极丝的冷却效果，从而有利于提高切割速度。

(4) 脉冲电源对切割速度的影响

单个脉冲电源的放电能量愈大、放电脉冲数愈多，峰值电流愈大，蚀除的材料也就愈多。一般来说，脉冲宽度和脉冲频率与切割速度成正比。但是，如果单个脉冲能量过大，会使电极丝的振动加大，从而降低切割速度，并且容易断丝；脉冲频率过高，脉冲间隔太小，无法充分消电离，也会引起电弧烧伤加工及烧断电极丝，使加工无法进行，导致切割速度下降。

在放电加工时，其正、负极的蚀除量是不同的，在窄脉冲加工时，正极（阳极）的蚀除量高于负极（阴极）的蚀除量，这种现象称为“极性效应”。电火花线切割加工大多是窄脉冲加工，为了提高切割速度，一律采用工件接脉冲电源的正极（采用正极性加工）。

2）影响电火花线切割加工精度的主要因素

电火花线切割的加工精度指加工尺寸精度、形状及位置精度等。影响加工精度的因素主要有以下几个方面：

①机床的机械精度对加工精度的直接影响。比如丝架与工作台的垂直度、工作台拖板移动的直线度及其相互垂直度、夹具的制造精度与定位精度等，对加工精度有直接影响。导轮组件的几何精度与运动精度以及电极丝张力的大小与稳定性对加工区域电极丝的振动幅度和频率有影响，所以对加工精度误差的影响也很大。为了提高加工精度，应尽量提高机床的机械精度和结构刚度，确保工作台平稳、准确、标准、轻快地移动。电极丝的张力尽量恒定且偏大一点。同时，对于固定工件的夹具也应予以重视，除了夹具自身的制作精度外，装夹时一定要牢固、可靠。

②电参数如脉冲波形、脉冲宽度、间隙电压等对工件的蚀除量、放电间隙以及电极丝的损耗有较大的影响。因此，在加工过程中应尽量保持脉冲宽度、间隙电压的稳定，使放电间隙保持均匀一致，从而有利于加工精度的提高。放电波形前后沿调整得陡一些，可以降低电极丝损耗，从而有利于加工精度的提高。

③机床控制系统的控制精度对加工精度也有直接的影响。控制精度越高、越稳定，则加工精度越高。

3）电火花线切割加工的表面粗糙度及其主要影响因素

电火花线切割加工表面粗糙度质量主要看工件表面质量粗糙度的高低及表面变质层的厚薄，电极丝在放电过程中不断移动，会产生振动，对加工表面产生不利的影响，放电产生的瞬间高温使工件表层材料熔化、汽化，在爆炸力作用下被抛出，但有些材料在工作液的冷却下又重新凝固，而且，在放电过程中也会有少量电极丝材料溅入工件表层，所以在工件表面会产生变质层。工件表面粗糙度主要受到以下因素的影响。

(1) 脉冲宽度与脉冲频率

脉冲宽度的大小决定每个放电坑的体积大小。当工件的表面粗糙度低，变质层薄时，必须采用窄脉冲加工。因为脉冲频率高，放电坑穴重叠机会加大，有利于降低表面粗糙度。通常脉冲间隔均大于脉冲宽度。当间隙电压较高或走丝速度较快、电极丝直径较大时，由于排屑条件好，可以减少脉冲间隔，提高放电频率，而当工件厚度偏大，排屑条件不佳时，可以适当加大脉冲间隔。

（2）工件材料

工件材料对加工表面粗糙度的影响也很大。熔点高、导热好的材料，其表面粗糙度优于熔点低、导热性差的材料。前者的变质层厚度也小于后者。为了改善加工表面粗糙度，在不影响其使用性能的前提下选用合适的加工材料。

（3）工作液

在加工过程中，冷却液应当充足，以有效地清洁放电间隙，从而有利于提高表面粗糙度，并能够有效地冷却电极丝。

（4）电极丝振动

电极丝系统运行应平稳，以减小电极丝的晃动，使电极丝在运动过程中始终保持平稳；当电极丝的张力较大且恒定时，电极丝的振动较小。这样均有利于细化加工表面粗糙度。相反，则会使加工表面粗糙度值加大。

3. 编程时程序起点、进刀线和退刀线的选择

（1）程序起点的选择

程序起点一般也是切割的起点。由于加工过程中存在各种工艺因素的影响，钼丝返回到起点时必然存在重复位置误差，造成加工痕迹，使精度和外观质量下降，为了避免或减小加工痕迹，程序起点应按下述原则选定：

①被切割工件各表面的粗糙度要求不同时，应在粗糙度要求较低的面上选择起点。

②工件各表面的粗糙度要求相同时。则尽量在截面图形的相交点上选择起点。当图形上有若干个相交点时，尽量选择相交角较小的交点作为起点。当各交角相同时，起点的优先选择顺序是：直线与直线的交点；直线与圆弧的交点；圆弧与圆弧的交点。

③对于工件各切割面既无技术要求的差异又没有型面的交点的工件，程序起点应尽量选择在便于钳工修复的位置上。如外轮廓的平面、半径大的弧面，要避免选择在凹入部分的平面或圆弧上。

（2）选择进刀线和退刀线应注意以下几点

①进刀线和退刀线不与第一条边重合。

②进刀线和退刀线不与第一条边夹角过小或距离过小。

③进刀线和退刀线最好在通过工件的中心线上。

④带补偿时，应从角平分线进刀。

4. 苏州新火花机床厂生产的DK7732型数控电火花线切割机床的操作方法及说明（YH系统）

1）按下列步骤做好切割前准备工作

①水箱内准备好工作液，并连接好上下水管。

②调整好上丝架的高度。

③机床上好、穿好钼丝，X、Y方向校正垂直。

④装夹固定好工件。

⑤按图纸要求编制好加工程序，按工件的材质、厚度和精度要求，选择最佳脉间、脉宽、电压、电流等电参数。

⑥将机床控制柜面板上的“高压/低压”和“对中/开高频”旋钮开关调整为“低压”和“开高频”；按下控制面板上的“丝筒开”按钮，指示灯灭，丝筒运转；按下“水泵开”按钮，指示灯灭，水泵运转；再在YH控制屏中用鼠标轻点“加工”键，正式切割加工。

⑦根据控制面板上的电流表、电压表指针摆动的情况调节YH控制屏中的“跟踪调节器”和脉间电位器来调整跟踪速度，使电流表指针摆动减少到最小幅度，稳定地进行加工。

⑧加工结束或加工过程中发生断丝，计算机会自动切断高频、水泵、运丝电路、蜂鸣报警，等待进一步处理。

⑨将控制面板上的“脉宽”旋钮开关逆时针转到底为脉冲宽度第1挡，再依次顺时针转为2~9挡，各挡对应的脉宽分别为：5 μs、10 μs、15 μs、20 μs、30 μs、40 μs、50 μs、60 μs、80 μs。

⑩控制面板上的“脉间”旋钮为脉冲间隙调节旋钮，逆时针调脉间减小，顺时针调脉间加大。

2）特别提示

①YH控制屏中的参数厂方已设置好，不准随意设定，以免造成机床无法正常工作。

②加工中需用对中、靠边功能，请将面板上的“高压/低压”和“对中/开高频”旋钮开关调整为“高压”和“对中”，并按“YH”说明书要求操作。

③调整丝架高度时，先要松开上线架的紧固螺钉，根据需要调整线架后拧紧螺钉。

④断丝报警时，把床身面板上的断丝开关往下拨即可停止鸣叫，钼丝上好再把开关拨向上面，然后就可以启动机床继续工作，机床工作中断丝开关处于闭合状态。

⑤机床自动停机和自动刹车由微机和机床电器自动控制，床身面板上的自动刹车开关此时不用。自动停车开关改为丝筒电机高低速开关，另贴有铭牌“上丝、加工”，上丝位置丝筒转速低，只适用于丝筒自动上丝。正常切割时必须放在加工挡位置，否则易造成断丝。

3）机床的操作顺序

（1）加工时顺序、操作步骤

接通电源→输入加工程序→开启运丝电机→开启水泵电机→开启高频电源→开启控制机进给开关→检查步进电机是否吸住→检查工作台刻度值有无变化→控制机高频置自动状态→开启变频开关，调整变频速度→开始加工。

①开机：按下电源开关，接通电源。

②编制加工程序。

③开运丝：按下运丝开关，让电极丝空运转，检查电极丝抖动情况和松紧程度。若电极丝过松，则应均匀紧丝。

④开水泵、调整喷水量：开水泵时，请先把调节阀调至关闭状态，然后逐渐开启，调节至上下喷水柱包容电极丝，水柱射向切割区即可，水量适当。

⑤开脉冲电源选择电参数。

⑥根据工件对切割效率、精度、表面粗糙度的要求，选择最佳的电参数。电极丝切入工件时，请把脉冲间隔拉开，待切入后，稳定时再调节脉冲间隔，使加工电流满足要求。

⑦开始加工，观察电流表在加工过程中，指针是否稳定，细心调节，切忌短路。

（2）加工结束顺序

关变频开关→关高频电源→关水泵电机→关运丝电机→检查工作台的 X、Y、U、V 坐标值回零（终点与始点坐标值应一致）→拆下工件。

特别注意：开始时，先开运丝系统，后开工作液泵，避免工作液浸入导轮轴承内；停机时，应先关工作液泵，稍等片刻再停运丝系统。

4.2 实训操作过程

应用“六步法”来完成该项工作任务。

1. 资讯——我们要做什么？引导出问题，明确加工内容

该工作任务是应用快走丝数控电火花线切割机床完成如图 4－1 所示角度样板的线切割加工，要求保证角度精度为 ±1′，表面粗糙度为 $Ra1.6$。

所用设备为汉川机床有限责任公司生产的 HCKX320 型数控电火花线切割机或苏州新火花机床厂生产的 DK7732 型数控电火花线切割机。材料为 2 mm 厚的薄钢板。

2. 计划——考虑如何去完成？

①电极丝准备：机床已经上好钼丝，学生需要进行上丝、穿丝、找正钼丝等操作。

②夹具及工件装夹方式的选择：工件材料为 2 mm 厚的薄钢板，采用压板装夹工件。

③电火花线切割加工基本是一次加工成型，一般不需要中途转换电参数。

④采用自动编程。

3. 决策——确定加工方案

（1）电极丝补偿的确定

电极丝采用直径为 0.18 mm 的钼丝，加工单边间隙取 0.01 mm，丝半径补偿量为 0.1 mm。

（2）采用压板装夹工件

（3）切割路线及进、退刀线的设计

零件的切割路线及进、退刀线的设计如图 4－3 所示，切割起点见图中 A 点，采用顺时针切割。

（4）工件原点设定

工件原点设定如图 4－3 所示。

（5）参考加工程序

以汉川机床有限责任公司生产的 HCKX320 型数控电火花线切割机为例，其参考程序见表 4－1。

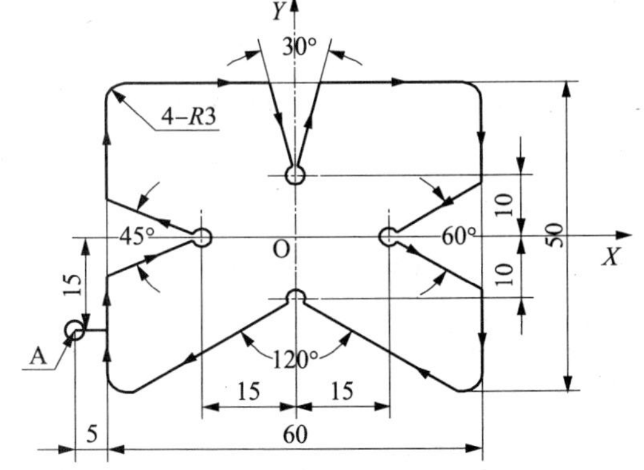

图 4－3 切割起点及切割路线设置

表4-1　参考程序

程序内容	程序说明
N10　G92 X-35000 Y-15000	确定切割起点，设定加工坐标系
N20　G41 D100	执行电极丝半径补偿，左偏，补偿量为0.1 mm
N30　G01 X-30000 Y-15000	切割进刀线
N30　G01 X-30000 Y-6213	切割零件
N40　G01 X-16386 Y-574	切割零件
N50　G03 X-16386 Y574 I1386 J576	切割零件
N60　G01 X-30000 Y6213	切割零件
N70　G01 X-30000 Y22000	切割零件
N80　G02 X-27000 Y25000 I3000 J0	切割零件
N90　G01 X-4019 Y25000	切割零件
N100　G01 X-388 Y11449	切割零件
N110　G01 X4019 Y25000	切割零件
N120　G01 X27000 Y25000	切割零件
N130　G02 X30000 Y22000 I0 J-3000	切割零件
N140　G01 X30000 Y8660	切割零件
N150　G01 X16299 Y750	切割零件
N160　G03 X16299 Y-750 I-1299 J-750	切割零件
N170　G01 X30000 Y-8660	切割零件
N180　G01 X30000 Y-22000	切割零件
N190　G02 X27000 Y25000 I-3000 J0	切割零件
N200　G01 X25981 Y-25000	切割零件
N210　G01 X1299 Y-10750	切割零件
N220　G03 X-1299 Y-10750 I-1299 J750	切割零件
N230　G01 X-25981 Y-25000	切割零件
N240　G01 X-27000 Y-25000	切割零件
N250　G02 X-30000 Y-22000 I0 J3000	切割零件
N260　G01 X-30000 Y-15000	切割零件
N270　G40	取消电极丝半径补偿
N280　G01 X-35000 Y-15000	切割退刀线
N290　M02	程序结束

（6）电参数选择如下

①汉川机床有限责任公司生产的HCKX320型数控电火花线切割机为例，其电参数选择如下：高频脉冲宽度（ON）30 μs，高频脉冲停歇（OFF）150 μs。高频功率管数（IP）3，伺服速度（SV）0，停歇时间扩展（MA）10。

②苏州新火花机床厂生产的DK7732型数控电火花线切割机，其电参数选择如下：脉冲电源按下3个，脉宽30，脉间大概处于中间位置。

4. 实施——加工零件的具体实施操作步骤

按照以下9个步骤完成本工作任务：

①开机：启动机床电源进入系统。

②检查系统各部分是否正常，包括高频、水泵、丝筒等的运行情况。

③装夹并校正工件。

④编制、检查、校验程序。

⑤移动 X、Y 轴坐标确定切割起始位置。

⑥启动机床加工，根据加工要求调整加工参数。

⑦监控机床运行状态，如发现工作液循环系统堵塞应及时疏通，及时清理电蚀产物，但是在整个切割过程中，均不宜变动进给控制按钮。

⑧加工完毕，卸下工件并进行检测。

⑨清理机床并打扫车间卫生。

5. 检查——检验者验收工件

6. 评估——评价本次工作任务完成情况

完成工件的切割加工后，我们可从以下几方面评估整个加工过程，以达到不断优化的目的。

①对工件尺寸精度进行评估，找出尺寸超差是机床因素还是测量因素，为工件后续加工时尺寸精度控制提出解决办法或合理化建议。

②对工件的加工表面质量进行评估，找出表面质量缺陷之原因，提出解决方法。

③回顾整个加工过程，是否有需要改进的操作。

4.3　安全操作注意事项

①工作台架范围内，不允许放置杂物。

②注意电极丝要与导电块接触要良好。

③注意不要损坏有机玻璃罩。

④合理配制工作液，以提高加工效率及表面质量，注意及时补充工作液。

⑤切割时，注意控制喷嘴流量不要过大，以防飞溅。

⑥摇柄使用后应立即取下，避免人身事故的发生。

⑦工作液箱中过滤网应每月清洗一次。

⑧Z 轴调整：大行程时，需先抽去丝。

⑨对于加工质量要求高的工件，在进行正式切割前，最好进行试切。试切的材料应该为拟切工件的材料，经过试切可以确定加工时的各种参数。

⑩装夹工件不许使用加力杆，加工时工件不受宏观切削力，不需要太大的夹紧力，能把工件夹紧就行。

⑪装夹工件应充分考虑装夹部位和穿丝进刀位置，保证切割路径通畅。

⑫切割时要随时观察运行情况，排除事故隐患。

⑬工作过程中，如发生故障，应立即切断电源，请专门维修人员处理。

⑭严禁超重或超行程加工。

⑮下班前关闭所有电源开关，并清扫机床及实训车间，关闭照明灯及风扇方可离开。

学生工作任务

应用数控电火花线切割机床完成如图 4 - 4 所示角度样板零件的加工，材料为厚度为 1 mm 的薄钢板，电极丝直径为 ϕ0.18 的钼丝，单边放电间隙为 0.01 ~ 0.02 mm，要求零件切割表面无明显的接疤痕。工时 45 min，评分表见表 4 - 2。

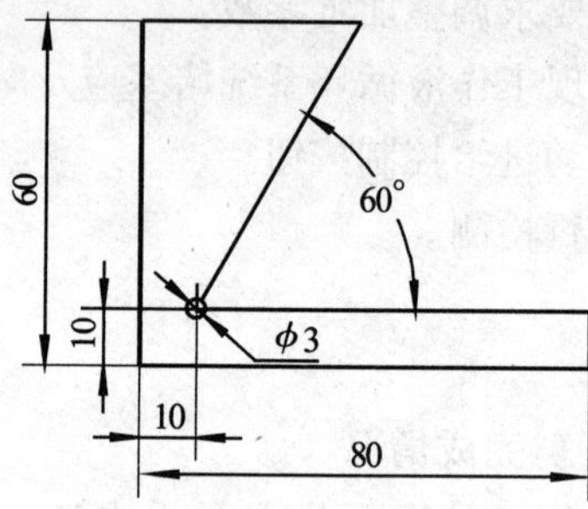

图 4 - 4　角度样板

表 4 - 2　角度样板评分表

工件编号：______________　班级：______________　姓名：______________

序号	鉴定项目及标准		配分	自检	检测结果	得分	备注
1	工艺准备	线切割软件使用：根据熟练程度给分	15				
		程序编制及输入：编程不规范每处扣 2 分	10				
		工件装夹：装夹不正确每处扣 1 分	5				
1	工艺准备	操作规范：操作不规范每处扣 2 分	10				
		加工参数选择：参数不正确每处扣 2 分	8				
2	工件加工	切割位置选择	10				
		尺寸 80、60、10、10：超差不得分	4 × 3				
		角度 60°：超差不得分	5				
		ϕ3：超差不得分	5				
		粗糙度：不合格不得分	5				
3	精度检验及误差分析		15				
4	安全文明生产及职业素养	违反一次酌情从总分扣 2 - 5 分					
5	时间扣分	每超时 3 分钟扣 1 分					
合计							

单元 5　凸模的线切割加工

1. 工作任务描述

该工作任务为应用数控电火花线切割机床完成如图 5－1 所示凸模零件的线切割加工，通过对凸模类零件的线切割加工，使学生掌握模具凸模类零件的加工操作方法及注意事项，熟练掌握数控电火花线切割机床的上丝、穿丝等基本操作方法。

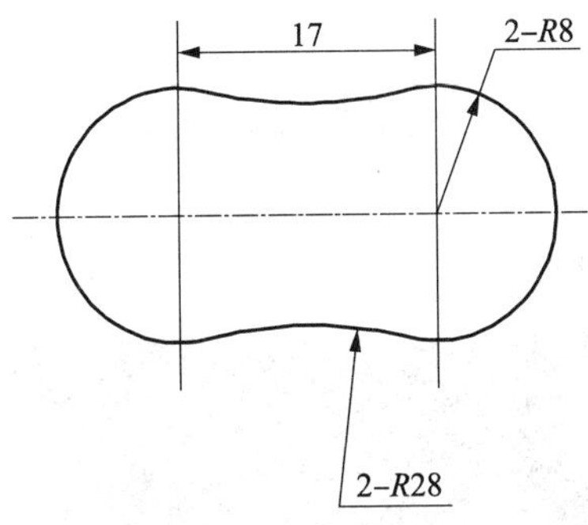

图 5－1　凸模

2. 学习目标

①能正确选用电极丝。

②能正确选择数控电火花线切割加工时的电参数及非电参数。

③能独立完成数控电火花丝线切割机床上丝、穿丝、紧丝、找正电极丝的操作。

④能正确制定凸模类零件的加工工艺。

⑤能熟练操作数控电火花线切割机床加工凸模零件。

⑥掌握数控电火花线切割加工零件精度的控制方法。

⑦熟练掌握“六步法”的工作方法及步骤。

⑧养成良好的工作态度、建构严谨的团队协作能力、培养良好的职业道德和社会责任心。

5.1　知识准备

1. 调整电极丝垂直度

在装夹工件前必须以工作台为基准，先将电极丝垂直度调整好，再根据技术要求装夹加工坯料。条件许可时最好以角尺刀口再复测一次电极丝对装夹好工件的垂直度。如发现不垂直，说明工件装夹可能有翘起或低头，也可能工件有毛刺或电极丝没挂进导轮，需立即修正。因为模具加工面垂直与否直接影响模具质量。

2. 调整脉冲电源的电参数

脉冲电源的电参数选择是否恰当，对加工模具的表面粗糙度、精度及切割速度起着决定性的作用。

电参数与加工工件技术工艺指标的关系是：脉冲宽度增加、脉冲间隔减小、脉冲电压幅值增大（电源电压升高）、峰值电流增大（功率管增多）都会使切割速度提高，但加工的表面粗糙度和精度则会下降；反之则可改善表面粗糙度和提高加工精度。随着峰值电流的增大，脉冲间隔减小、频率提高、脉冲宽度增大、电极丝损耗增大，脉冲波形前沿变陡，电极丝损耗也增大。

苏州新火花机床厂生产的DK7732型数控电火花线切割机床（YH系统）加工参数调整方法：

1）电参数

包括：脉冲电源、脉冲宽度、脉冲间隙。电参数调整面板具体如图5-2所示。

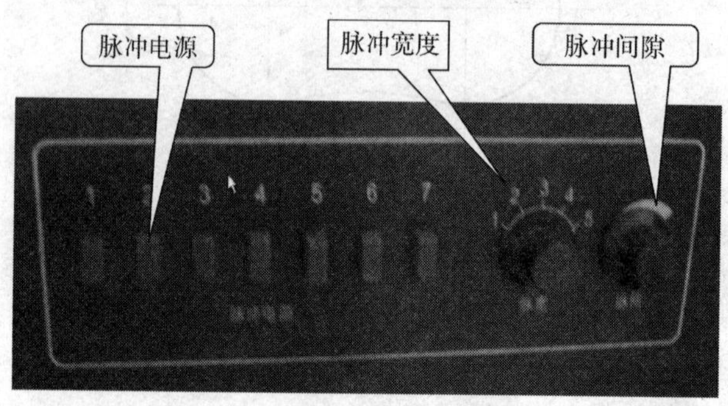

图5-2　电参数调整面板

（1）脉冲电源

共7个按键，按下按键越多，电流越大，加工效率越高，表面粗糙度越差。在加工时根据工件的材质、厚度和精度要求进行选择，一般工件越厚按下按键越多。

（2）脉冲宽度

控制柜面板上的脉宽旋钮开关逆时针转到底为脉冲宽度第1挡，再依次顺时针转为2~9挡，各挡对应的脉宽分别为：5 μs、10 μs、15 μs、20 μs、30 μs、40 μs、50 μs、60 μs、80 μs。脉冲宽度越大，效率越高，电流越大，表面粗糙度差。在加工时根据工件的材质、厚度和精度要求进行选择。

（3）脉冲间隙

控制柜面板上脉冲间隙调节旋钮，逆时针调脉冲间隙减小，顺时针调脉冲间隙加大。没有具体数值。在加工时选择方法：对于电火花线切割机床一般情况下脉冲间隙选择为脉冲宽度的4~8倍。由于该机床的脉冲间隙没有具体的数值，所以在选择时主要根据加工是否稳定进行选择，加工是否稳定主要通过观察电压表、电流表、火花、坐标移动等进行判断。电压表、电压表如图5-3所示。

图 5－3　电压表、电流表

2）跟踪调节器调整方法

跟踪调节器如图 5－4 所示。

图 5－4　跟踪调节器

跟踪调节器两侧有两个调节按钮，“＋”表示跟踪加强，“－”表示跟踪减弱。在正式切割前，应将表针移至中间偏右的位置。

①非跟踪态——间隙电压满幅，加工电流为零或很小，屏幕下方的加工坐标无变化。处理：按跟踪加强钮“＋”（或 END 键），表针左移，直至间隙波形（电压）出现峰谷，坐标开始计数。

②欠跟踪态——加工电流过小，且摆动。处理：按跟踪加强钮“＋”（或 END 键），直至加工电流、速度（跟踪调节器上方的瞬时速度值）稳定。

③过跟踪态——经常出现短路回退。处理：按跟踪减弱钮“－”（或 PgDn 键），使得加工电流刚好稳定为止。

3. 调整进给速度

当电参数选好后，在采用第一条程序切割时，要对变频进给速度进行调整，这时候保证稳定加工的必要步骤。如果加工不稳，工件表面质量会大大下降，工件的表面粗糙度和精度变差，同时还会造成断丝。如果电参数选择恰当，同时变频进给调得比较稳定，才能获得好的加工质量。

4. 电火花线切割加工常见故障及排除

表5-1列出了电火花线切割加工常见的故障及其排除方法。

表5-1 电火花线切割加工的常见故障及其排除方法

序号	加工中的故障	产生原因	排除方法
1	工件表面丝痕大	电极丝松或抖丝，工作台纵横运动不平稳，储丝筒换向时振动大，上丝架未夹紧或燕尾间隙过大	按排除松丝或抖丝方法处理，检查调整工作台、储丝筒及上丝架
2	导轮转动不灵活	导轮磨损过大，轴承精度降低，轴承间隙大，工作液进入轴承	更换导轮，更换轴承，调整轴向间隙，清洗轴承充分润滑，夹紧并调整上丝架，更换导轮
3	抖丝	电极丝松动，导轮轴承精度降低，换向时储丝筒有冲动，丝筒跳动超差，导轮磨损，电极丝弯曲不直，导轮座螺栓松	检查导轮轴承，调整导轮和丝筒，张紧或更换电极丝
4	松丝	电极丝未夹紧，使用时间太长	张紧或更换电极丝
5	断丝	电极丝使用时间过长，老化，工作液供给不足或太脏，工件厚度与电参数选择不当，电极丝太紧或抖丝严重，储丝筒拖板换向间隙过大，限位开关失灵，导轮转动不灵活，导电块、断丝保护块，磨损过大，磨出沟槽或者有叠丝现象	更换电极丝，正确选择电参数，增加工作液量或更换清洁的工作液，检查限位开关，重新卷丝调整拖板丝杆间隙，清洗调整导轮，调整导电块、断丝保护块，使表面接触良好
6	烧伤	高频电源电参数选择不当，工作液太脏，供给不足，变频跟踪不灵敏	调整电规准，更换工作液，检查高频电源检测电路及数控装置变频电路
7	工作精度不高	传动丝杆间隙过大，传动齿轮间隙过大，数控装置失灵	调整丝杆、螺母副，调整齿轮间隙，检查数控装置

5.2 实训操作过程

应用“六步法”来完成该项工作任务。

1. 资讯——我们要做什么？引导出问题，明确加工内容

该工作任务是应用快走丝数控电火花线切割机床完成如图5-1所示凸模零件的加工，材料厚度为30 mm的Gr12，毛坯为50 mm×20 mm×30 mm的长方体，两大平面已经过磨削。要求尺寸精度为±0.015，表面粗糙度为*Ra*1.6。

所用设备为汉川机床有限责任公司生产的 HCKX320 型数控电火花线切割机或苏州新火花机床厂生产的 DK7732 型数控电火花线切割机。

2. 计划——考虑如何去完成

①加工前需进行上丝、穿丝、紧丝及电极丝垂直找正。

②电极丝补偿的确定

电极丝采用直径为 0.18 mm 的钼丝，加工单边间隙取 0.01 mm，丝半径补偿量为 0.1 mm。

③工件装夹采用压板装夹。

④采用自动编程。

3. 决策——确定加工方案

(1) 电极丝的选择

电极丝采用直径0.18 mm 的钼丝，单边放电间隙0.01 mm。

(2) 夹具及工件装夹方式的选择

采用压板装夹工件。

(3) 切割路线及进、退刀线的设计

零件的切割路线及进、退刀线的设计如图 5－5 所示。切割起点见图中 A 点，采用顺时针切割。

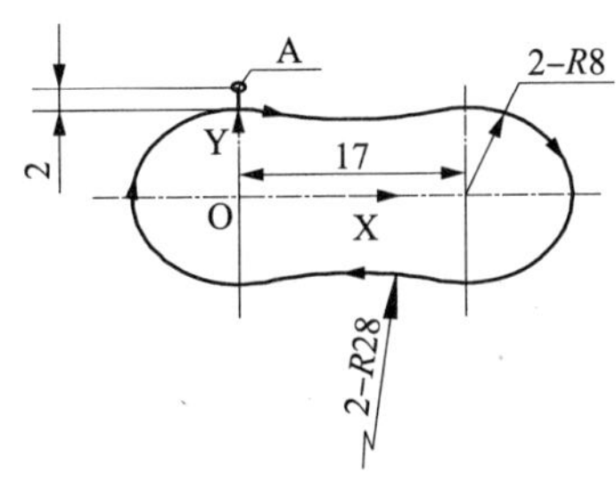

图 5－5 切割起点及切割路线设计

(4) 工件原点设定

工件原点设定见图 5－5。

(5) 加工程序

以汉川机床有限责任公司生产的 HCKX320 型数控电火花线切割机为例，其参考程序如表 5－2。

表 5－2 参考程序

程序内容	程序说明
N10 G92 X0 Y10000	确定切割起点，设定加工坐标系
N20 G41 D100	执行电极丝半径补偿，左偏，补偿量为 0.1 mm
N30 G01 X0 Y8000	切割进刀线
N40 G02 X1889 Y7774 I0 J－8000	切割零件
N50 G03 X15111 Y7774 I6611 J27208	切割零件
N60 G02 X15111 Y－7774 I1889 J－7774	切割零件

续表

程序内容	程序说明
N70　G03 X1889 Y－7774 I－6611 J－27208	切割零件
N80　G02 X0Y8000 I－1889 J7774	切割零件
N90　G40	取消电极丝半径补偿
N100　G01 X0 Y10000	切割退刀线
N110　M02	程序结束

（6）电参数选择如下

①汉川机床有限责任公司生产的 HCKX320 型数控电火花线切割机，其电参数选择如下：高频脉冲宽度（ON）120 μs，高频脉冲停歇（OFF）600 μs。高频功率管数（IP）6，伺服速度（SV）0，停歇时间扩展（MA）10。

②苏州新火花机床厂生产的 DK7732 型数控电火花线切割机，其电参数选择如下：脉冲电源按下 5 个，脉宽 80，脉间大概中间位置。

4. 实施——加工零件的具体实施操作步骤

按照以下 11 个步骤完成本工作任务：

①开机：启动机床电源进入系统。

②检查系统各部分是否正常，包括高频、水泵、丝筒等的运行情况。

③装夹并校正工件。

④上丝、穿丝、紧丝。

⑤电极丝垂直找正。

⑥编制、检查、校验程序。

⑦移动 X、Y 轴坐标确定切割起始位置。

⑧启动机床加工，根据加工要求调整电参数。

⑨监控机床运行状态，如发现工作液循环系统堵塞应及时疏通，及时清理电蚀产物，但是在整个切割过程中，不宜变动进给控制按钮。

⑩加工完毕，卸下工件并进行检测。

⑪清理机床并打扫车间卫生。

5. 检查——检验者验收工件

6. 评估——评价本次工作任务完成情况

完成工件的切割加工后，我们可从以下几方面评估整个加工过程，达到不断优化的目的。

①对工件尺寸精度进行评估，找出尺寸超差是机床因素还是测量因素，为工件后续加工时尺寸精度控制提出解决办法或合理化建议。

②对工件的加工表面质量进行评估，找出表面质量缺陷之原因，提出解决方法。

③回顾整个加工过程，是否有需要改进的操作。

5.3　安全操作注意事项

①工作台架范围内，不允许放置杂物。

②注意电极丝要与导电块接触要良好。

③切割时，注意控制喷嘴流量不要过大，以防飞溅。

④摇柄使用后应立即取下，避免人身事故的发生。

⑤Z 轴调整：大行程时，需先抽去丝。

⑥装夹工件不许使用加力杆，加工时工件不受宏观切削力，不需要太大的夹紧力，能把工件夹紧就行。

⑦装夹工件应充分考虑装夹部位和穿丝进刀位置，保证切割路径通畅。

⑧切割时要随时观察运行情况，排除事故隐患。

⑨工作过程中，如发生故障，应立即切断电源，请专门维修人员处理。

⑩严禁超重或超行程加工。

⑪下班前关闭所有电源开关，并清扫机床及实训车间，关闭照明灯及风扇方可离开。

学生工作任务

应用数控电火花线切割机床加工如图 5－6 所示 *R* 形凸模零件，材料为 Gr12，厚度为 15 mm，电极丝为 ϕ0.18 的钼丝，单边放电间隙为 0.01～0.02 mm，要求零件切割表面无明显的接疤痕。工时 90 min，评分表见表 5－3。

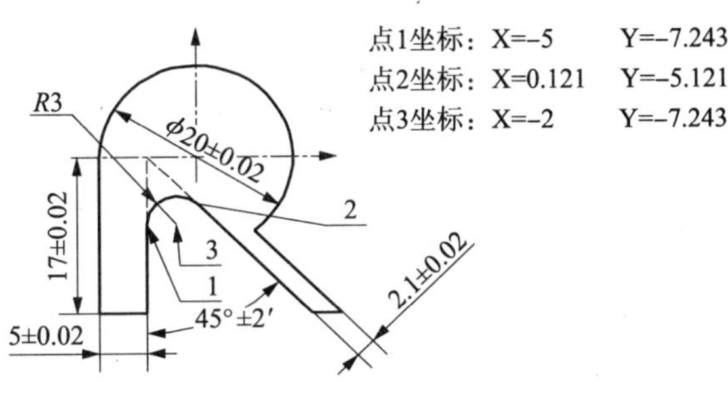

图 5－6 *R* 形凸模

表 5－3 *R* 形凸模评分表

工件编号：________班级：______________姓名：________

序号	鉴定项目及标准		配分	自检	检测结果	得分	备注
1	工艺准备	线切割软件使用：根据熟练程度给分	10				
		程序编制及输入：编程不规范每处扣2分	10				
		工件装夹：装夹不正确每处扣1分	5				
		操作规范：操作不规范每处扣2分	10				
		加工参数选择：参数不正确每处扣2分	10				

续表

序号	鉴定项目及标准		配分	自检	检测结果	得分	备注
2	工件加工	切割位置选择	10				
		尺寸5 ±002、17 ±002、21 ±002：超差不得分	3 ×5				
		角度45 ±2′：超差不得分	5				
		ϕ20 ±002：超差不得分	5				
		*R*3：超差不得分	5				
		粗糙度：不合格不得分	5				
3	精度检验及误差分析		10				
4	安全文明生产及职业素养	违反一次酌情从总分扣2 –5分					
5	时间扣分	每超时3分钟扣1分					
合计							

单元 6　凹模的线切割加工

1. 工作任务描述

该工作任务为应用数控电火花线切割机床完成如图 6－1 所示凹模零件的线切割加工，通过对凹模类零件的线切割加工，使学生掌握模具凹模类零件的加工操作方法及注意事项，熟练掌握数控电火花线切割机床的穿丝、拆丝、紧丝、电极丝精确定位等基本操作方法及工件的找正的操作方法。

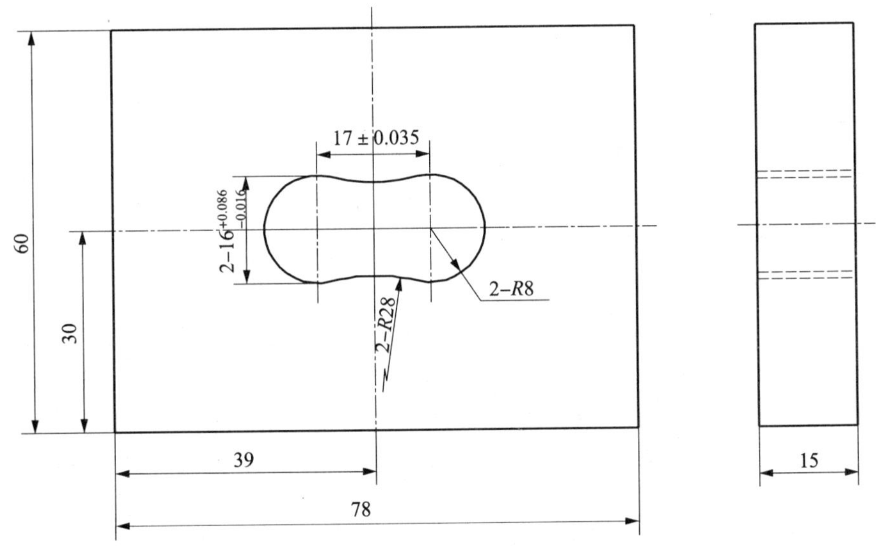

图 6－1　凹模

2. 学习目标

①能够正确进行穿丝孔的加工。

②能对有锥度的零件进行编程。

③能使用打表法对工件进行装夹及校正。

④能独立进行电极丝的上丝、穿丝、紧丝、电极丝垂直找正、电极丝精确定位等操作。

⑤能正确制定凹模零件的加工工艺。

⑥能操作数控电火花线切割机床完成凹模零件的加工并保证零件精度。

⑦能正确处理断丝情况。

⑧会处理数控电火花线切割加工中出现的各种常见故障

⑨能正确分析产品质量及影响产品质量的原因

6.1 知识准备

1. 穿丝孔的加工

凹形类封闭形工件在线切割切割加工前必须具有穿丝孔，以保证工件的完整性。在加工凸形类工件时有时也有必要加工穿丝孔。由于毛坯材料在切断时，会破坏材料内部应力的平衡状态而造成材料的变形，影响加工精度，严重时甚至造成夹丝、断丝。当采用穿丝孔时，可以使工件坯料保持完整，从而减少材料变形所造成的误差。

①穿丝孔直径大小应适当，一般为2~10 mm，如果穿丝孔直径过小，既增加钻孔难度又不方便穿丝。若孔径过大，则会增加钳工工作量。

②穿丝孔既是电极丝相对于零件运动的起点，也是线切割程序执行的起点（或称为程序“零点”），一般应选择在工件的基准点处。

③对于凸模类零件，通常在坯件内部外形附近预制穿丝孔，且切割时运动轨迹与坯件边缘距离应大于5 mm。

④切割凹模（或孔腔）类零件时，穿丝孔的位置一般可选在待切型孔（腔）的边角处，以缩短无用轨迹，并力求使之最短。

⑤若切割圆形孔类零件，可将穿丝孔位置选在型孔中心，这样便于编程与操作加工。

⑥穿丝孔应在零件淬硬之前加工好，且加工后应清除孔中铁屑、杂质。

2. 锥度加工指令

要加工有锥度的工件，使电极丝按要求的方向和斜角倾斜，工作台按规定的轨迹移动，就能进行斜度切割加工。电极丝的倾斜和走圆是由导轮带动电极丝进行的，为了能使电极丝在±X、±Y方向以及它们之间的任何方向倾斜线架上导轮必须能作X、Y轴向移动。导轮移动可分为单导轮移动和双导轮移动两种方式，为了便于区分，上导轮移动的坐标用U、V表示。

（1）汉川机床有限责任公司生产的HCKX320型数控电火花线切割机床锥度编程方法

锥度加工指令：G50：消除锥度　G51：锥度左偏　G52：锥度右偏　A：锥度值

加工带锥度的工件时要用锥度加工指令，顺时针加工时，锥度左偏加工出来的工件为上大下小（使用G51指令），锥度右偏加工出来的工件为上小下大（使用G52指令）；逆时针加工时相反。锥度加工与机床的下导轮中心到工作台面的距离（W）、工件高度（H）、工作台面到上导轮中心距离（S）、各个轴长度等参数有很大关系，本机床加工最大锥度为6°，锥度加工时要给出W、H、S值，如图6-2所示。

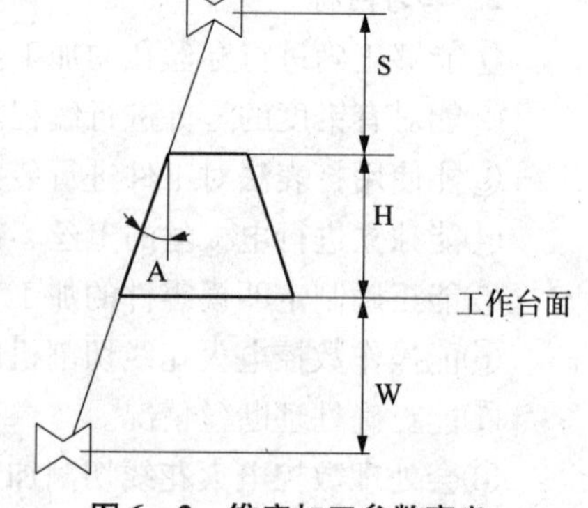

图6-2　锥度加工参数定义

```
例：G92   X0   Y0
    W60000
    H40000
```

S100000

G52　A3　（G52 放在进刀线之前）

⋮

G50

G01　X0　Y0　（G50 放在退刀线之前）

M02

（2）苏州新火花机床厂生产的 DK7732 型数控电火花线切割机床锥度编程方法

加工的工件有锥度，要进行锥度设定。在“加工开关设定窗”（见图 6－3），其中有 5 项选择：加工方向、锥度设定、旋转跳步、平移跳步和特殊补偿。用光标按“锥度设定”的“ON”钮，使之变蓝色，出现“锥度参数窗”，见图 6－4。参数窗中有斜度、标度、基面 3 项参数输入框，分别输入相应的数据。

斜度：钼丝的倾斜角度，有正负方向。工件上小下大为负；上大下小为正。

标度：上下导轮中心间的距离或旋转中心至上导轮中心的距离（或对应的折算量），单位为毫米。

基面：在十字拖板式机床中，由于下导轮的中心不在工件切口面上，需对切口坐标进行修正。基面为下导轮（或旋转）中心到工件下平面间的距离。

设置：斜度＝1.5，标度＝200，基面＝50。

图 6－3　加工开关设定窗

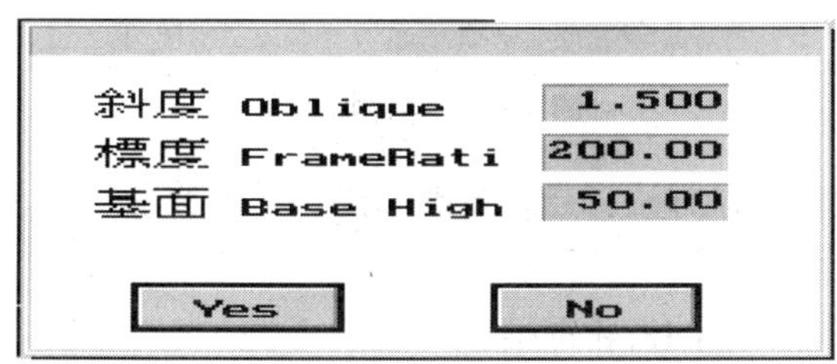

图 6－4　锥度参数窗

3. 加工中的紧丝

一般新上电极丝试运行期间，需进行 2～3 次紧丝。运行初期，每个班（8 小时）紧1～2 次丝。丝拉伸至极限后则会稳定运行，不需紧丝。

4. 加工中断丝的处理措施

断丝后，如果确信不是由于丝的本身质量或使用时间超过丝的使用寿命而引起的，可以利用丝筒上剩余的较多一半的丝，具体操作方法如下：

先将较多一半的丝断头在丝筒上固定好（两个丝头固定在一端螺钉上），然后将较少一半丝从丝筒上抽掉，丝筒上剩余的多一半丝可取下断头（另一个丝头必须固定好，然后按穿丝的操作程序重新穿好丝后固定丝头，再调整储丝筒行程挡块的位置在有丝缠绕的长度内，即可重新开始切割）。

注意：为防止叠丝，要在穿丝前摇动丝筒使断丝处与立柱上方丝槽（导轮槽）对准，若用的是左端的一部分剩丝，则让断丝头相对于槽偏左一点，反之则偏右。

5. 电极丝精确定位的操作方法

线切割加工之前，尤其是在加工凹模时，须将电极丝定位在一个相对工件基准的确切点上，作为切割的起始坐标点，这就要对电极丝进行定位，一般采用目测法、火花法、接触感知法和自动找正法对电极丝进行定位。

以下以苏州新火花机床厂生产的DK7732型数控电火花线切割机为例来说明电极丝精确定位的操作方法。

（1）为什么要进行电极丝精确定位?

如图6－5所示零件（1）的外形已经加工好，只需加工中间的圆孔。零件（2）齿轮的轴孔及齿已经加工好，需要采用线切割加工键槽。在加工这两个零件时需要把切割起点定在中心，以避免所加工的圆孔或键槽位置偏移。这就要进行电极丝的定位，也就是开始加工前要把电极丝定位在零件的中心位置，

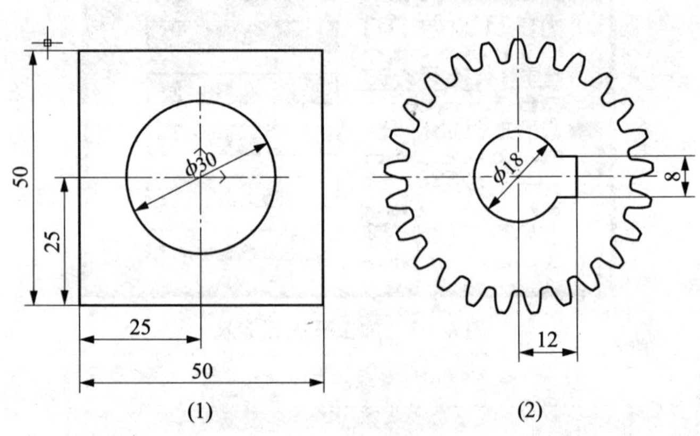

图6－5　零件加工图

（2）电极丝精确定位操作方法：自动找圆心法、手动移动工作台法

自动找圆心法：

如加工图6－5零件（2）的齿轮键槽。

操作步骤：

第一步：装夹好工件，把电极丝从齿轮轴孔内穿过，注意电极丝不能碰到孔壁，孔壁不能有毛刺等。

第二步：用鼠标点击打开系统参数（OPEN），如图6－6所示。进入机床参数界面如图6－7所示。把定位参数改为“XOY”（用鼠标点击进行选择），然后关闭机床参数界面。

图6-6　系统参数界面

图6-7　机床参数界面

第三步：打开电机开关，如图6-8所示，把电极状态用鼠标点击改为“ON”。

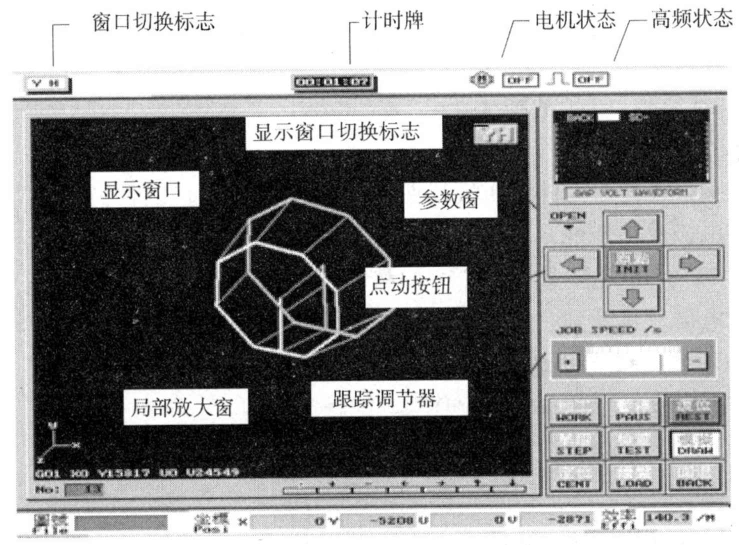

图6-8　YH控制屏幕

第四步：用鼠标点击“定位”，如图6-9所示，机床进行自动找圆心，当机床移动停止时，电极丝就停在圆心的位置，自动找圆心完毕。

图6-9　定位界面

自动找圆心的原理是采用分中的原理，电极丝分别在X、Y方向上碰到孔壁的两边后自动回到中间的位置，如图6－10所示。

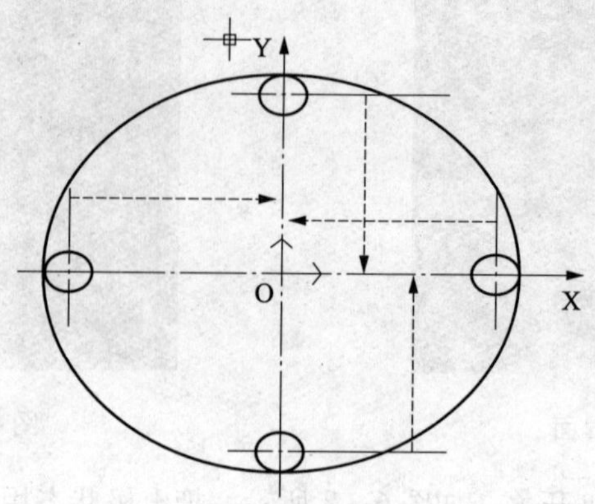

图6－10　自动找圆心原理

手动移动工作台法：

如加工图6－5零件（1）的圆孔。

操作步骤：

第一步：装夹好工件，工件用压板装夹右侧，把电极丝在工件外穿好。

第二步：使电极丝与工件基准面“A”面接触，把“Y”向刻度盘调至“0”刻线，再把电极丝移到“B”点处（注意只能在X向移动，不能在Y向移动），如图6－11所示。

第三步：把电极丝移动到“C”点处，移动距离为尺寸“25＋电极丝半径”。（注意只能在Y向移动，不能在X向移动），如图6－11所示。

第四步：使电极丝与工件基准面“D”点接触，把“X”向刻度盘调至“0”刻线对齐，然后把电极丝拆下。（注意从“C”移到“D”时只能在X向移动，不在Y向移动），如图6－11所示。

第五步：把电极丝从“D”点往“＋X”方向移动，移动距离为尺寸“25＋电极丝半径”，电极丝定位完毕，把电极丝穿好。如图6－11所示。

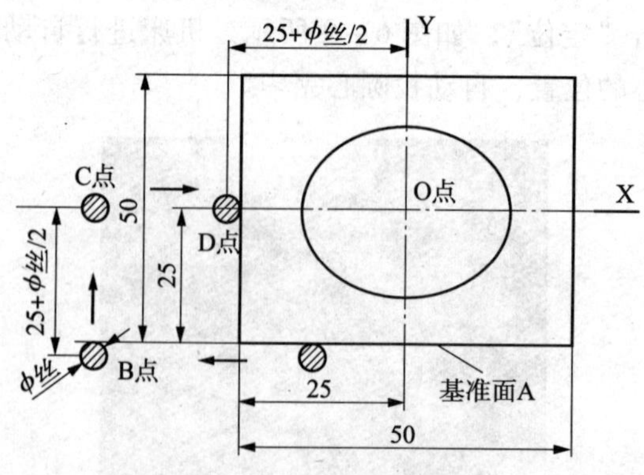

图6－11　图6－5零件（1）的圆孔加工步骤图

说明：摇动X、Y方向的工作台移动手柄，一圈为4 mm，每1格为0.01 mm，如图6－12所示。

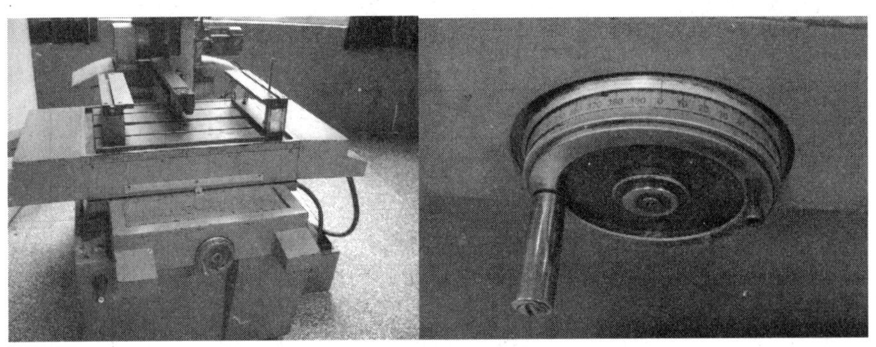

图 6－12　手柄示意图

6.2　实训操作过程

应用“六步法”来完成该项工作任务。

1. 资讯——我们要做什么？引导出问题，明确加工内容

该工作任务是应用快走丝数控电火花线切割机床完成如图 6－1 所示凹模零件的线切割加工，材料厚度为 15 mm 的 Gr12，毛坯尺寸为 78 mm×60 mm×15 mm的长方体，两大平面及外形表面已经加工好。要求尺寸精度为 ±0.015，表面粗糙度为 *Ra*1.6。

所用设备为汉川机床有限责任公司生产的 HCKX320 型数控电火花线切割机或苏州新火花机床厂生产的 DK7732 型数控电火花线切割机。

2. 计划——考虑如何去完成

①加工前需进行上丝、穿丝、紧丝及电极丝垂直找正。

②电极丝补偿的确定

电极丝采用直径为 0.18 mm 的钼丝，加工单边间隙取 0.01 mm，丝半径补偿量为 0.1 mm。

③工件装夹采用压板装夹。

④采用自动编程。

3. 决策——确定加工方案

（1）电极丝的选择

电极丝采用直径为 0.18 mm 的钼丝，单边放电间隙 0.01 mm。

（2）夹具及工件装夹方式的选择

采用压板装夹工件，用拉表法找正工件，如图 6－13 所示，以 C 面为定位，拉表保证 A 面与 X 轴平行。

（3）穿丝孔位置、切割路线及进、退刀线的设计

穿丝孔直径为 5 mm，其位置如图 6－13 所示。零件的切割路线及进、退刀线的设计如图 6－13 所示。

切割起点如图 6－13 所示，采用逆时针切割。

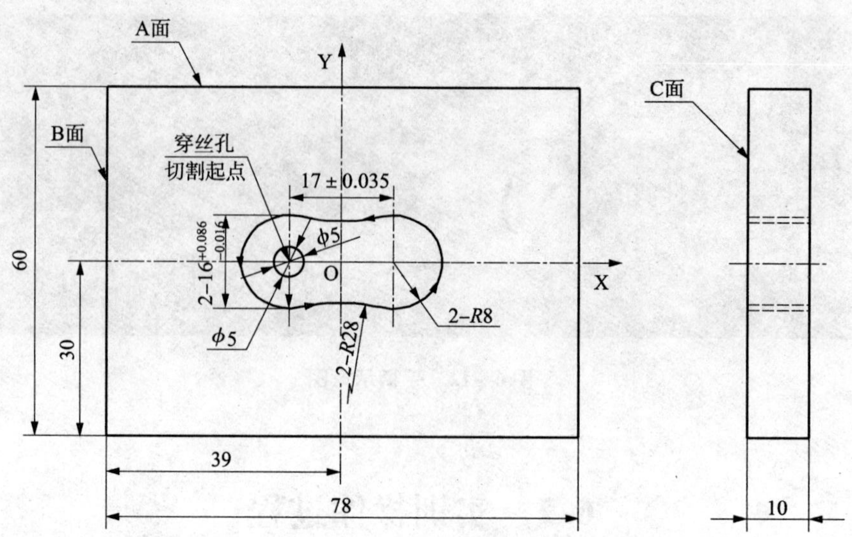

图 6－13　穿丝孔位置、切割起点及切割路线设置

（4）工件原点设定

工件原点设定如图 6－13 所示。

（5）电参数选择如下

①汉川机床有限责任公司生产的 HCKX320 型数控电火花线切割机，其电参数选择如下：高频脉冲宽度（ON）80 μs，高频脉冲停歇（OFF）480 μs。高频功率管数（IP）4，伺服速度（SV）0，停歇时间扩展（MA）10。

②苏州新火花机床厂生产的 DK7732 型数控电火花线切割机，其电参数选择如下：脉冲电源按下 4 个，脉宽 60，脉间大概中间位置。

（6）加工程序

以汉川机床有限责任公司生产的 HCKX320 型数控电火花线切割机为例，其参考程序见表 6－1。

表 6－1　参考程序

程序内容		程序说明
N10	G92 X－8500 Y0	确定切割起点，设定加工坐标系
N20	G41 D100	执行电极丝半径补偿，左偏，补偿量为 0.1 mm
N30	G01 X－8500 Y－8000	切割进刀线
N40	G03 X－6611 Y－7774 I0 J8000	切割零件
N50	G02 X6611 Y－7774 I6611 J－27208	切割零件
N60	G03 X6611 Y7774 I1889 J7774	切割零件
N70	G02 X－6611 Y7774 I－6611 J27208	切割零件
N80	G03 X－8500 Y－8000 I－1889 J－7774	切割零件
N90	G40	取电极丝半径补偿
N100	G01 X－8500 Y0	切割退刀线
N110	M02	程序结束

4. 实施——加工零件的具体实施操作步骤

按照以下10个步骤完成本工作任务：

①开机：启动机床电源进入系统。

②检查系统各部分是否正常，包括高频、水泵、丝筒等的运行情况。

③装夹并校正工件。

④上丝、穿丝、紧丝、电极丝垂直找正。

⑤编制、输入、检查、校验程序。

⑥进行电极丝定位，移动X、Y轴坐标到切割起始位置。

在加工该零件时，其切割起点位于点（X = −8.5，Y = 0）处，确定切割起点具体操作步骤如图6－14所示。

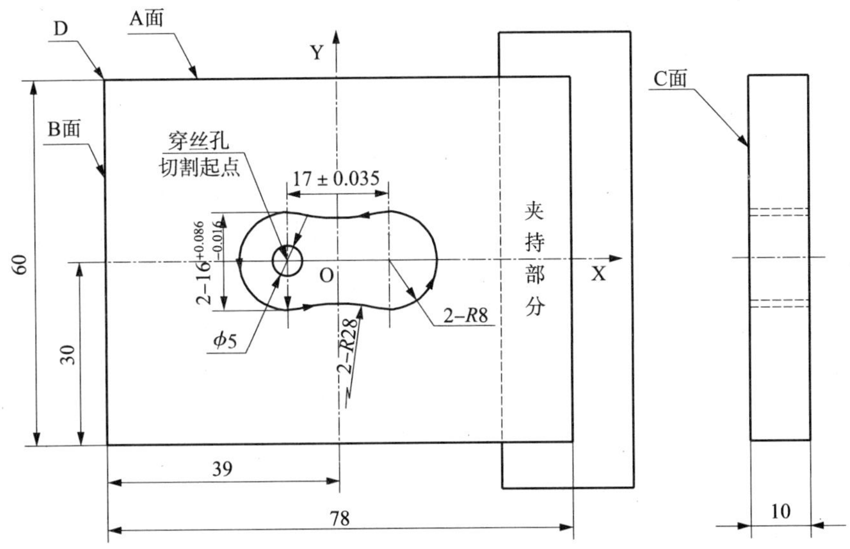

图6－14　起点位置的确定

·用相对坐标，通过火花法或接触感知法使钼丝与A面接触，把Y坐标设"0"，再使钼丝与B面接触把X坐标设"0"。这时D点的坐标就为（0，0）。

·把钼丝移动到D点处，然后把钼丝拆下。

·用坐标移动法输入：X = 30.5 + 0.09（0.09为钼丝半径）Y = −（30 + 0.09）（0.09为钼丝半径），按确认后钼丝就会移动到切割起点处。

·进行穿丝，移动X、Y轴坐标至切割起始位置操作完毕。

⑦启动机床加工，根据加工要求调整加工参数。

⑧监控机床运行状态，如发现工作液循环系统堵塞应及时疏通，及时清理电蚀产物，但是在整个切割过程中，均不宜变动进给控制按钮。

⑨加工完毕，卸下工件并进行检测。

⑩清理机床并打扫车间卫生。

5. 检查——检验者验收工件

6. 评估——评价本次工件任务完成情况

6.3 安全操作注意事项

①穿丝孔要清除毛刺。

②注意电极丝要与导电块接触要良好。

③切割时，注意控制喷嘴流量不要过大，以防飞溅。

④摇柄使用后应立即取下，避免人身事故的发生。

⑤装夹工件不许使用加力杆，加工时工件不受宏观切削力，不需要太大的夹紧力，因此把工件夹紧就行。

⑥装夹工件应充分考虑装夹部位和穿丝进刀位置，保证切割路径通畅。

⑦切割时要随时观察运行情况，排除事故隐患。

学生工作任务

应用数控电火花线切割机床完成如图6－15所示 *R* 形凹模零件的加工，材料为Gr12，厚度为8 mm，电极丝直径为 $\phi0.18$ 的钼丝，单边放电间隙为0.01～0.02 mm，要求零件切割表面无明显的接疤痕。工时90 min，评分表见表6－2。

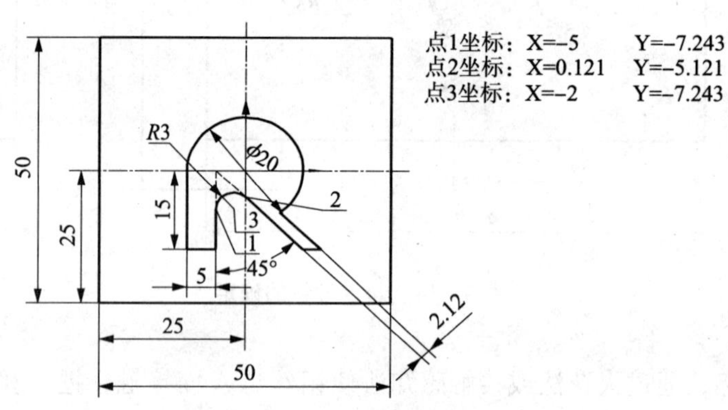

图6－15 *R* 形凸模

表6－2 *R* 形凸模评分表

工件编号：________班级：__________姓名：________

序号	鉴定项目及标准		配分	自检	检测结果	得分	备注
1	工艺准备	线切割软件使用：根据熟练程度给分	10				
		程序编制及输入：编程不规范每处扣2分	10				
		工件装夹：装夹不正确每处扣1分	5				
		操作规范：操作不规范每处扣2分	10				
		加工参数选择：参数不正确每处扣2分	10				

续表

序号	鉴定项目及标准		配分	自检	检测结果	得分	备注
2	工件加工	切割位置选择	10				
		尺寸 5 ±002、17 ±002、21 ±002：超差不得分	3 ×5				
		角度 45 ±2′：超差不得分	5				
2	工件加工	ϕ20 ±002：超差不得分	5				
		*R*3：超差不得分	5				
		粗糙度：不合格不得分	5				
3	精度检验及误差分析		10				
4	安全文明生产及职业素养	违反一次酌情从总分扣 2 – 5 分					
5	时间扣分	每超时 3 分钟扣 1 分					
合计							

单元7　模板多型腔孔的线切割加工

1. 工作任务描述

该工作任务为应用数控电火花线切割机床完成如图7－1所示零件两个型腔的线切割加工。通过对该零件的加工使学生熟练掌握穿丝、拆丝、跳步加工等基本操作及编程方法。

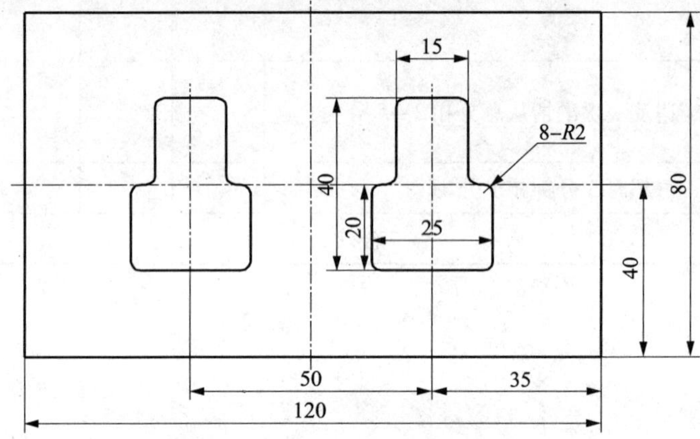

图7－1　模板多型腔孔零件

2. 学习目标

①熟练掌握数控电火花线切割跳步加工的编程方法。

②能熟练正确进行工件的装夹、校正、电极丝精确定位的操作。

③养成良好的工作态度、建构严谨的团队协作能力、培养良好的职业道德和社会责任心。

7.1　知识准备

1. 文件调用编程方法

以汉川机床有限责任公司生产的HCKX320型数控电火花线切割机为例，采用手工编程。

文件调用编程指令

M96（主程序调用文件程序）

格式：M96文件名（“文件名”后加一圆点）

M97（主程序调用文件程序结束）

举例：文件调用编程

①主程序（程序名 A00）（图形见图 7－2）。

```
G90
G54
G92X0Y0
G00X10000Y10000
M00
G54
M96D：B01.
G54
M00
G00X50000Y20000
G54
M00
M96D：B02.
G54
M00
G00X70000Y－13000
G54
M00
M96D：B03.
M97
M02
```

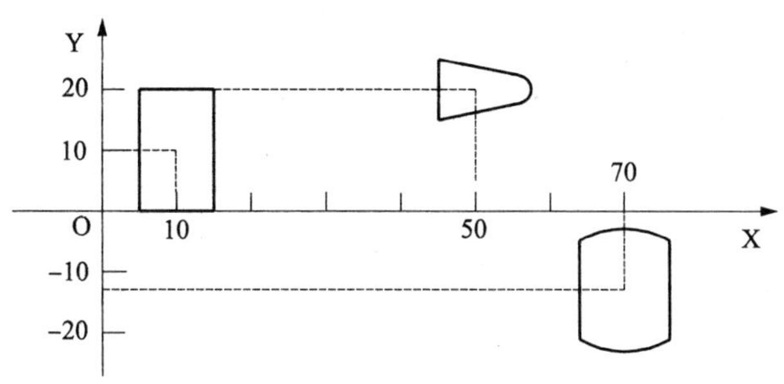

图 7－2　跳步模加工

②子程序(1)（程序名 B01）（图形见图 7－3）

```
G55
G92X0Y0
G01X－5000Y0
G01X－5000Y10000
G01X5000Y10000
```

```
G01X5000Y-10000
G01X-5000Y-10000
G01X-5000Y0
G01X0Y0
M02
```

③子程序(2)（程序名B02）（图形见图7-4）

```
G55
G92X0Y0
G01X-5000Y0
G01X-5000Y-5000
G01X5590Y-2429
G03X7500Y0I-590J2429
G03X5590Y2429I-2500J0
G01X-5000Y5000
G01X-5000Y0
G01X0Y0
M02
```

④子程序(3)（程序名B03）（图形见图7-5）

```
G55
G92X0Y0
G01X6000Y0
G01X6000Y-4500
G02X-6000Y-4500I-6000J4500
G01X-6000Y4500
G02X6000Y4500I6000J-4500
G01X6000Y0
G01X0Y0
M02
```

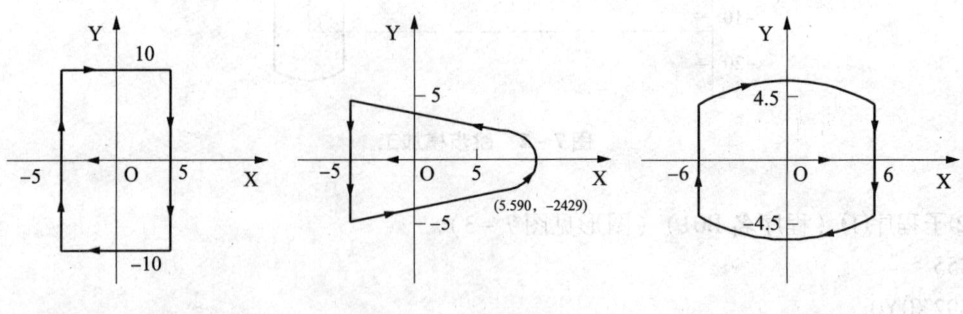

图7-3　子程序（1）　　图7-4　子程序（2）　　图7-5　子程序（3）

说明：①G90为置绝对坐标系，G54先取坐标系O。

②在文件调用指令M96中必须在文件名后加一个小圆点。

③M00 为暂停，程序运行时停按回车可继续执行。

2. 跳步加工编程方法

以苏州新火花机床厂生产的 DK7732 数控电火花线切割机床为例进行说明，以图 7－6 所示零件进行说明，零件外形已加工好，只需加工两个方孔。采用自动编程。

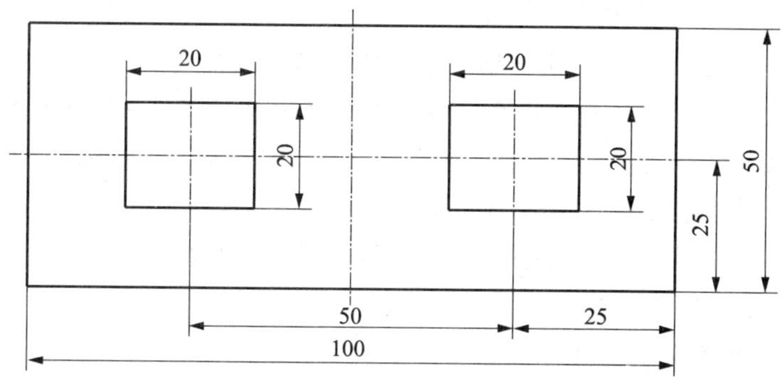

图 7－6　零件加工图

①参考单元 1 的“数控电火花线切割自动编程方法”分别画出图 7－6 所示的两个方孔，并以坐标方孔的中心为坐标系原点。

②对左边方孔进行切割编程，把孔位（起点）设置在方孔中心，也就是（0，0）点。当出现“加工开关设定窗”时，如图 7－7 所示。用光标点取“平移跳步”项的“ON”钮，使之变蓝色，即出现“平移跳步参数窗”。其中有“距离”和“步数”两项选择。“距离”：以左边方孔图形的中心为中心，平移图形与原图形在 X 轴和 Y 轴间的相对距离（有正负）。“步数”：共有几个相同的图形（包括原图形）。输入参数后，以“YES”退出。

本例“距离”输入为 X 轴为“50”，Y 轴为“0”；“步数”为“1”。

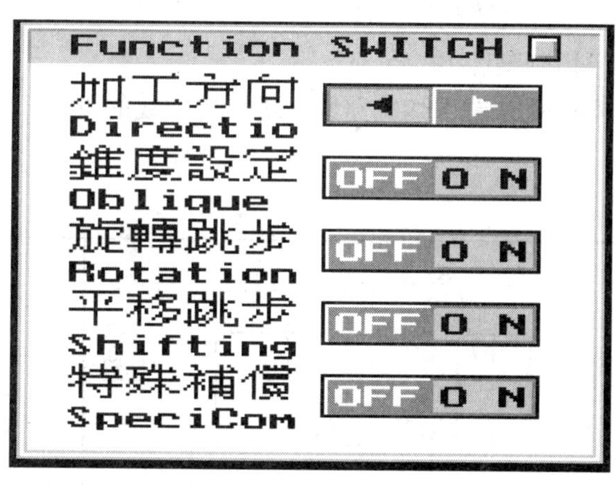

图 7－7　加工开关设定窗

③退出“平移跳步参数窗”后，对右边方孔进行切割编程，其孔位（起点）设置为平移跳步后的那一点坐标，也就是右边方孔的中心。

④切割编程设置好后退出编程界面，返回主界面。即完成跳步加工编程。

7.2 实训操作过程

应用“六步法”来完成该项工作任务。

1. 资讯——我们要做什么？引导出问题，明确加工内容

该工作任务是应用快走丝数控电火花线切割机床完成如图7－1所示模板多型腔孔零件的加工，材料为Gr12，毛坯尺寸为120 mm×80 mm×10 mm，两大平面已磨削加工。要求尺寸精度为±0.03，表面粗糙度为*Ra*1.6。

所用设备为汉川机床有限责任公司生产的HCKX320型数控电火花线切割机或苏州新火花机床厂生产的DK7732型数控电火花线切割机。

2. 计划——考虑如何去完成

（1）加工前需进行上丝、穿丝、紧丝及电极丝垂直找正。

（2）电极丝补偿的确定

电极丝采用直径为ϕ0.18 mm的钼丝，加工单边间隙取0.01 mm，丝半径补偿量为0.1 mm。

（3）工件装夹采用压板装夹，工件装夹后需进行找正。

（4）采用自动编程。

3. 决策——确定加工方案

（1）电极丝的选择

电极丝采用直径ϕ0.18 mm的钼丝，单边放电间隙0.01 mm。

（2）夹具及工件装夹方式的选择及工件找正方法

采用压板装夹工件，用拉表法找正工件

（3）先切割型A，再切割型腔B

（4）穿丝孔直径、穿丝孔位置、切割路线及进、退刀线的设计

设计如图7－8所示。

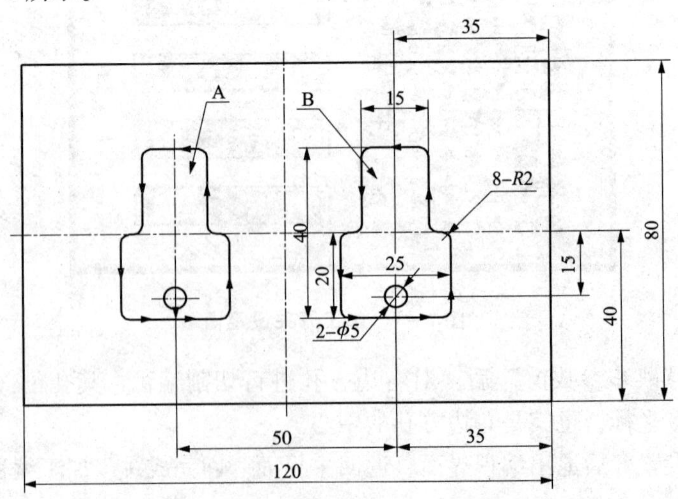

图7－8　穿丝直孔、穿丝孔位置、切割路线及进、退刀线的设计图

（5）电参数选择如下

①汉川机床有限责任公司生产的 HCKX320 型数控电火花线切割机，其电参数选择如下：高频脉冲宽度（ON）60 μs，高频脉冲停歇（OFF）400 μs。高频功率管数（IP）4，伺服速度（SV）0，停歇时间扩展（MA）10。

②苏州新火花机床厂生产的 DK7732 型数控电火花线切割机，其电参数选择如下：脉冲电源按下 4 个，脉宽 60，脉间大概中间位置。

（6）采用自动编程。参考加工程序（略）。

4. 实施——加工零件的具体实施操作步骤

按照以下 15 个步骤完成本工作任务：

①开机：启动机床电源进入系统。

②检查系统各部分是否正常，包括高频、水泵、丝筒等的运行情况。

③装夹并校正工件。

④上丝、穿丝、紧丝。

⑤电极丝垂直找正。

⑥编制、校验程序。

⑦对电极丝进行精确定位。

⑧移动 X、Y 轴坐标至型腔 A 的切割起点处（穿丝孔处，注意移动的坐标值），在实际操作时先把钼丝拆下，然后移动工件，把钼丝从型腔 A 的穿丝孔中穿过，注意钼丝不能碰到孔壁。

⑨启动机床切割型腔 A，并根据加工要求调整加工参数。

⑩型腔 A 切割完毕，机床暂停，把钼丝拆下。

⑪通过跳步移动至型腔 B 的切割起点处（穿丝孔处，注意移动的坐标值），再把钼丝从穿丝孔中穿过，注意不能使用自动找中心功能。

⑫启动机床切割型腔 B，并根据加工要求调整加工参数。

⑬加工过程中监控机床运行状态，如发现工作液循环系统堵塞应及时疏通，及时清理电蚀产物，但是在整个切割过程中，均不宜变动进给控制按钮。

⑭加工完毕，卸下工件并进行检测。

⑮清理机床并打扫车间卫生。

5. 检查——检验者验收工件

6. 评估——评价本次工作任务完成情况

7.3　安全操作注意事项

①注意电极丝要与导电块接触要良好。

②切割时，注意控制喷嘴流量不要过大，以防飞溅。

③摇柄使用后应立即取下，避免人身事故的发生。

④在零件完成加工之前，注意不要移动工件，特别是在使用苏州新火花机床厂生产的 DK7732 型数控电火花线切割机时要注意在零件加工结束前不要关闭电极，保持电极状态为

"ON"。

⑤切割时要随时观察运行情况，排除事故隐患。

学生工作任务

应用数控电火花线切割机床完成如图7-9所示模板多型腔孔零件的加工，零件外形已加工好，本次只需加工四个ϕ16圆孔，材料为厚度为1 mm的薄钢板，电极丝直径为ϕ0.18的钼丝，单边放电间隙为0.01~0.02 mm，要求零件切割表面无明显的接疤痕。工时120 min，评分表见表7-1。

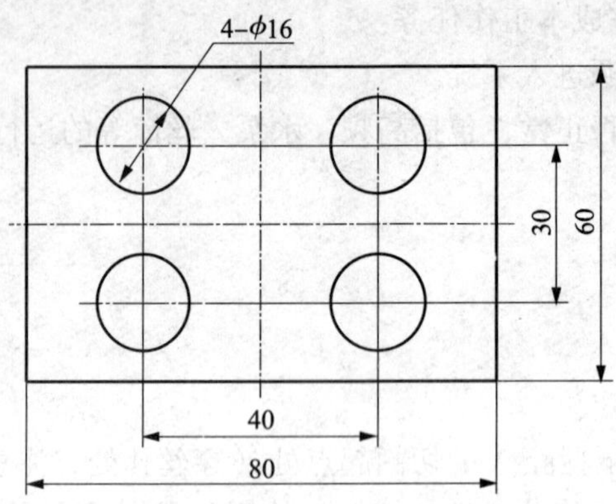

图7-9 模板多型腔孔零件

表7-1 评分表

工件编号：________班级：________姓名：________

序号	鉴定项目及标准		配分	自检	检测结果	得分	备注
1	工艺准备	线切割软件使用：根据熟练程度给分	10				
		程序编制及输入：编程不规范每处扣2分	10				
		工件装夹：装夹不正确每处扣1分	5				
		操作规范：操作不规范每处扣2分	10				
		加工参数选择：参数不正确每处扣2分	5				
2	工件加工	切割位置选择	10				
		4-ϕ16 ±002	4×3				
		孔距40 ±002（2处）	2×5				
		孔距30 ±002（2处）	2×5				
		粗糙度：超差不得分	4				
3	精度检验及误差分析		14				
4	安全文明生产及职业素养	违反一次酌情从总分扣2~5分					
5	时间扣分	每超时4分钟扣1分					
合计							

单元8　凸、凹模数控慢走丝线切割加工

1. 工作任务描述

该工作任务是应用慢走丝数控电火花线切割机床完成如图8-1所示的凹模零件和图8-2所示的凸模零件的线切割加工。在冲裁模具制造中，经常要用数控电火花线切割机床进行凸模零件的线切割加工。该工作任务为加工冲裁模具中的一个凸模和一个凹模零件，通过凸、凹模零件的线切割加工使学生掌握模具凸、凹模零件的加工操作方法及注意事项，熟练掌握慢走丝数控电火花线切割机床加工凸、凹模类零件的操作方法。

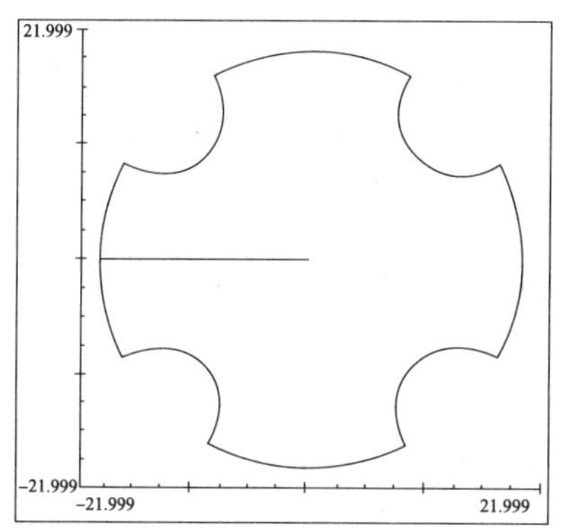

图8-1　凹模零件图

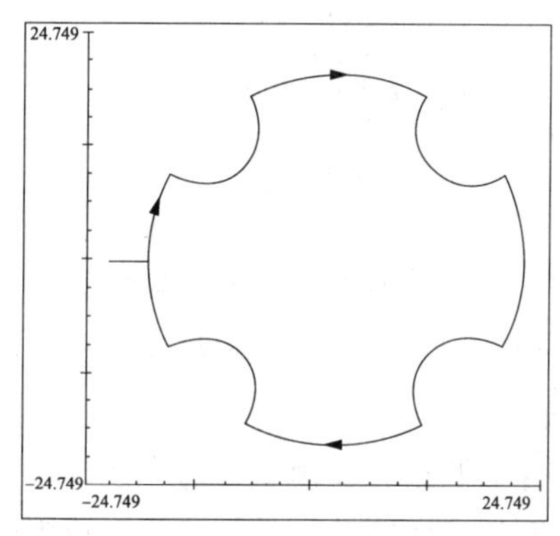

图8-2　凸模零件图

2. 学习目标

①能正确选用慢走丝线切割电极丝。

②能够正确进行穿丝孔的加工。

③会选择线切割加工时的电参数及非电参数。

④能独立完成慢走丝数控电火花线切割机床自动穿丝操作。

⑤能正确制定凸、凹模零件的加工工艺。

⑥会使用打表法对工件进行装夹及校正。

⑦能熟练操作慢走丝数控电火花线切割机床加工凸、凹模零件并掌握加工零件精度的控制方法。

⑧能进行紧丝操作及正确处理断丝情况。

⑨会处理线切割加工中出现的各种常见故障。

⑩能正确分析产品质量及影响产品质量的原因。

8.1 知识准备

慢走丝数控电火花线切割加工步骤如图 8-3 所示。

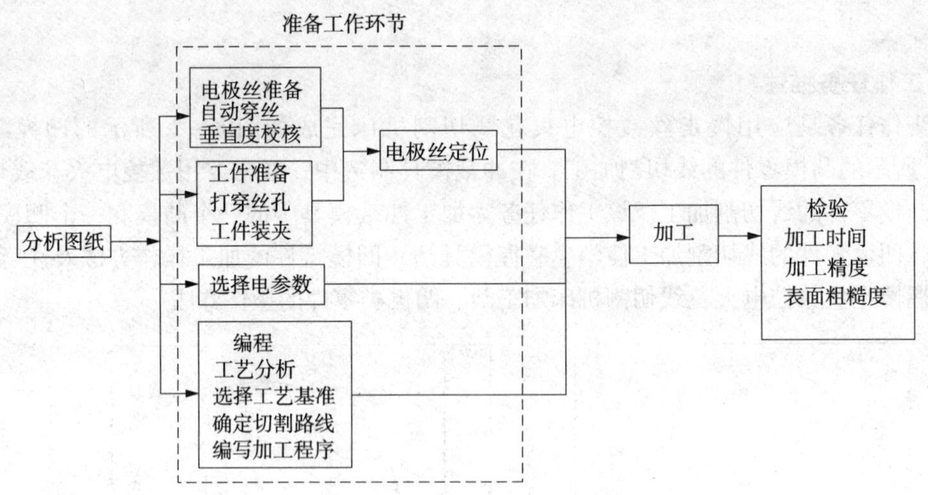

图 8-3 慢走丝数控电火花线切割加工的步骤

下面按照线切割加工的步骤讲解相关知识。

1. 分析图纸

主要分析零件的凹角和尖角是否符合线切割加工的工艺条件，零件的加工精度、表面粗糙度是否在线切割加工所能达到的经济精度范围内。

2. 准备工作环节

主要包括电极丝准备、工件准备、选择电参数和编程。

1）电极丝准备

（1）电极丝材料与直径的选择

电极丝的选择主要考虑如下几方面的因素：材料、强度、尺寸精度、长度、表面质量、防氧化。

电极丝应具有良好的导电性和抗电蚀性，抗拉强度高。常用的电极丝有钨丝、钼丝、黄铜丝等。钨丝抗拉强度高，直径在 0.03 ~ 0.1 mm，一般用于各种窄缝的精加工。钼丝抗拉强度高，直径在 0.08 ~ 0.2 mm，适于快走丝加工。

黄铜丝抗拉强度差、损耗大，直径在 0.1 ~ 0.3 mm，一般用于慢走丝电火花线切割加工，加工表面粗糙度和平直度较好，蚀屑附着少。此外，慢走丝线切割还可以使用铜丝、黄铜加铝、黄铜加锌、黄铜镀锌等。对于精密电火花线切割加工，应在不断丝的前提下尽可能提高电极丝的张力，也可采用钼丝或钨丝。

目前，国产电极丝的丝径规格有 0.10 mm、0.15 mm、0.20 mm、0.25 mm、0.30 mm、0.33 mm、0.35 mm 等，丝径误差一般在 ±2 gm 以内。国外生产的电极丝，丝径最小可达 0.03 mm，甚至 0.01 ~ 0.003 mm，用于完成清角和窄缝的精密微细电火花线切割加工等。

电极丝直径 d 应根据工件加工的切缝宽窄、工件厚度及拐角圆弧尺寸大小等方面选择。一般情况下，对于拐角圆弧半径 R 较小的模具零件要求电极丝直径$d \leqslant 2\ (R-\delta)$（放电间隙）。对于精度要求高的模具，可采用微细线切割加工，即选择直径细的电极丝。若线径过细，还应考虑到加工工件厚度的影响。表8－1列出了电极丝直径及合适的切割厚度。

表8－1　电极丝直径与合适的切割厚度　　mm

电极丝材料	电极丝直径	合适的切割厚度
钨丝	0.05	0～5
	0.07	0～8
	0.10	0～30
黄铜丝	0.10	0～15
	0.15	0～30
	0.20	0～80
	0.25	0～100

（2）自动穿丝

绝大部分的慢走丝数控电火花线切割机床都具备自动穿丝功能。

（3）电极丝垂直度校核

有以下情况之一时，需要校正电极丝垂直度。

①电火花线切割机床运行一段时间后。

②一般在加工 50～100 h 后，更换导轮或其轴承。

③改变引电块的位置或更换引电块。

④切割锥度工件后等。

校正时使用一个各平面相互平行或垂直的长方体，称为垂直度校正器，如图 8－4 所示。

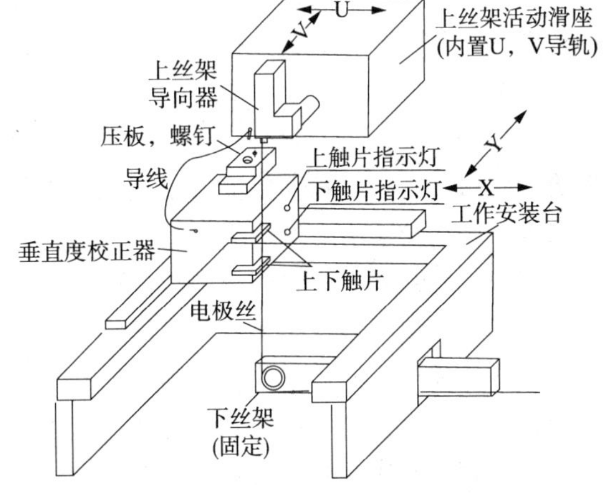

图8－4　垂直度校正器

垂直度校正器操作过程：

第一步：关闭机床高频电源，使电极丝处于静止状态。

第二步：分别将被加工工件表面、电极丝或导电块的表面及校正器底面擦净，把工件固定在工作台夹具体上。

第三步：将校正器吸附在工件上，电线插头插入校正器的插座，鳄鱼夹夹在电极丝或导电块上。

第四步：工作台沿着 X 轴（或 Y 轴）方向移动，使校正仪与电极丝轻轻接触，如果只有上或下灯亮，说明电极丝与被加工工件之间不垂直，应调整导轮位置，直至上、下灯同时亮，该方向即达到电极丝与被加工工件之间的垂直度要求。若要精确调整垂直度，可反复检测、调整，直至上、下灯同时亮。

2）工件准备

（1）穿丝孔直径与位置的确定

穿丝孔直径大小应适当，一般为2～8 mm。如果穿丝孔直径过小，既增加钻孔难度又不方便穿丝。若孔径太大，则会增加钳工工作量。

穿丝孔既是电极丝相对于零件运动的起点，也是线切割程序执行的起点（或称为程序“零点”），一般应选择在工件的基准点处。

对于凸模类零件，通常选在坯件内部外形附近预制穿丝孔，且切割时运动轨迹与坯件边缘距离应大于5 mm。

切割凹模（或孔腔）类零件时，穿丝孔的位置一般可选在待切割型孔（腔）的边角处，以缩短无用轨迹，并力求使之最短。

若切割圆形孔类零件，可将穿丝孔位置选在型孔中心，这样便于编程与操作加工。

穿丝孔应在零件淬硬之前加工好，且加工后应清除孔中铁屑、杂质。

（2）穿丝孔的加工

在实际生产加工中，为防止工件毛坯内部的残余应力变形及放电产生的热应力变形，不管是加工凹模类封闭形工件，还是凸模类工件，都应首先在合适位置加工好一定直径的穿丝孔进行封闭式切割，避免开放式切割。若工件已在快走丝电火花线切割机床上进行过粗切割，在慢走丝电火花线切割机床上进一步加工时，不打穿丝孔。

（3）工件装夹

安装工件时，必须保证工件的切割部位位于工作台的工作行程范围内，并有利于校正工件位置。工作台移动时，工件不得与丝架相碰。

（4）工件位置的校正方法

工件安装后，还必须进行校正，方能使工件的定位基准面分别与坐标工作台面及X、Y进给方向保持平行，从而保证切割出的表面与基准面之间的相对位置精度。常用拉表法在三个坐标方向上进行，如图8－5所示。

①利用磁力表座，将百分表或千分表固定在机床的丝架上或其他固定部位，使测量头与工件基面接触。

②往复移动工作台，按表中指示的数值相应调整工件位置，直至指针的偏转值在定位精度所允许的范围之内。

③注意多操作几遍，力求位置准确，将误差控制到最小。

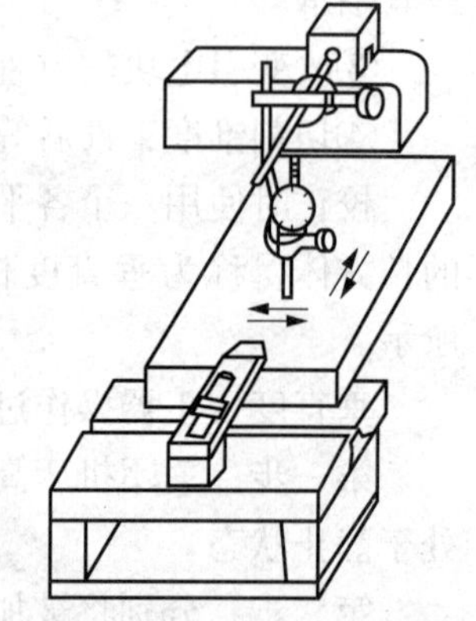

图8－5　拉表法

（5）电极丝定位

在线切割加工前，应确定电极丝相对工件基准面或基准孔的坐标位置。电极丝定位有如下3种方法。

①目测法：对加工要求较低的工件，在确定电极丝与工件有关基准线或基准面相互位置时，可直接利用目测或借助于2～8倍的放大镜来进行观察。

图8－6所示为观察基准面来确定电极丝位置。当电极与工件基准面初接触时，记下相应床鞍的坐标值。电极丝中心与基准面重合的坐标值，则是记录值减去电极丝半径值。

图8－7所示为观测基准线来确定电极位置。利用穿丝孔处划出的十字基准线，观测电极丝和十字基准线的相对位置，移动床鞍，使电极丝中心分别与纵、横方向基准线重合，此

时的坐标值就是电极丝的中心位置。

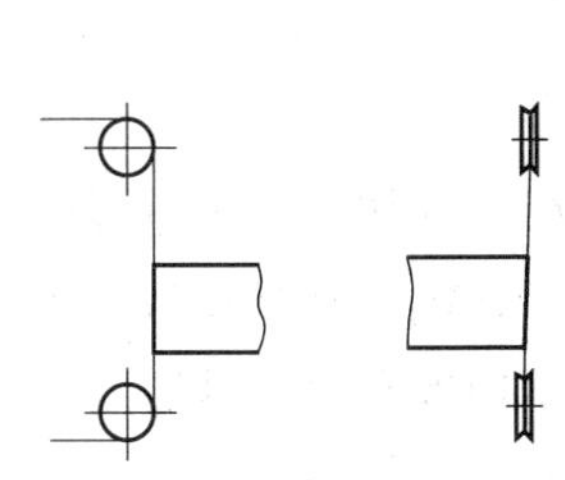

图8-6　观测基准面校正线电极位置

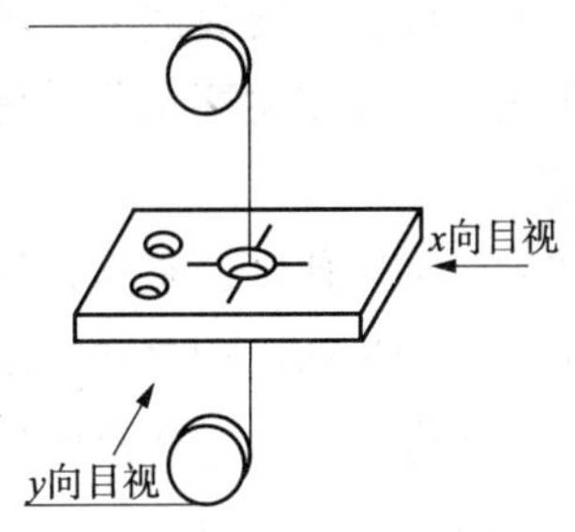

图8-7　观测基准线校正线电极位置

②火花法：火花法是利用电极丝与工件在一定间隙时发生火花放电来确定电极丝的坐标位置（见图8-8）。移动拖板使电极丝逼近工件的基准面，待开始出现火花时，记下拖板的相应坐标值来推算电极丝中心坐标值。此法简便、易行。但因电极丝运转易抖动而会出现误差；放电也会使工件的基准面受到损伤；此外，电极丝逐渐逼近基准面时，开始产生脉冲放电的距离，往往并非正常加工条件下电极丝与工件间的放电距离。

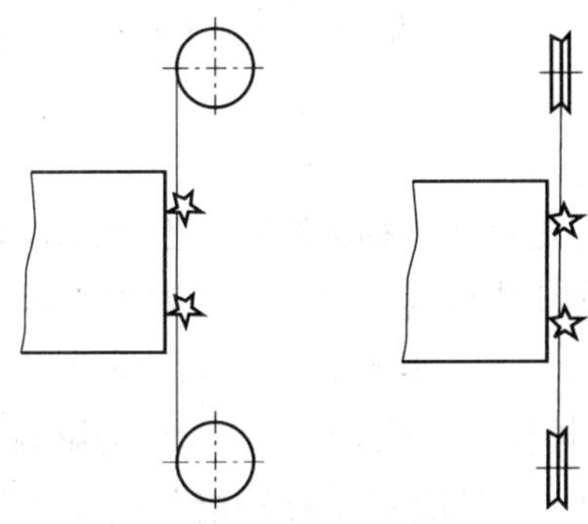
图8-8　火花法校正线电极位置

③自动找中心：自动找中心是为了让电极丝在工件的孔中心定位。具体方法为：移动横向床鞍，使电极丝与孔壁相接触，记下坐标值 x_1，反向移动床鞍至另一通点，记下相应坐标值 x_2，将拖板移至两者绝对值之和的一半处，即$(|x_1|+|x_2|)/2$的坐标位置。同理也可得到 y_1 和 y_2。则基准孔中心与电极丝中心相重合的坐标值为$[(|x_1|+|x_2|)/2, (|y_1|+|y_2|)/2]$，详见图8-9。

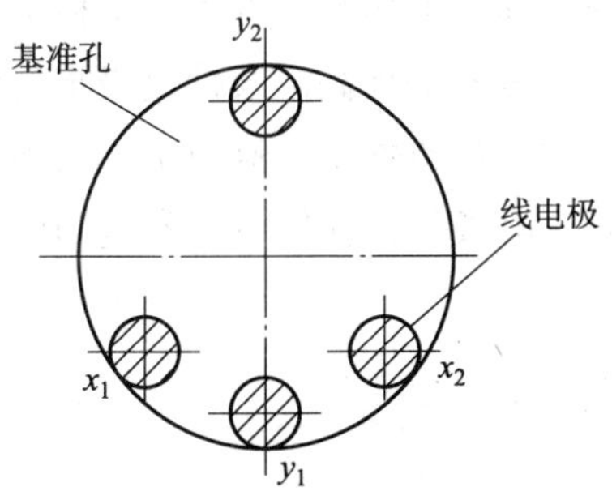

图8-9　找中心

3）选择电参数

进行线切割加工前，还要完成的一项重要工作是：选择电参数。

数控电火花线切割加工主要工艺指标有以下5个。

（1）切割速度 v_{wi}

切割速度亦称为加工速度，是指在保持一定表面粗糙度的切割加工过程中，单位时间内电极中心线在工件上切过的面积总和，单位为 mm^2/min。切割速度是反映加工效率的一项重要指标，数值上等于电极丝中心线沿图形加工轨迹的进给速度乘以工件厚度。通常快走丝线切割速度为40～80 mm^2/min，慢走丝线切割速度可达350 mm^2/min。

（2）切割加工精度

线切割加工后，工件的尺寸精度、形状精度（如直线度、平面度、圆度等）和位置精度（如平行度、垂直度、倾斜度等）称为切割精度。快走丝线切割精度可达0.01 mm，一般为±0.015～0.02 mm；慢走丝线切割精度可达±0.001 mm。

（3）表面粗糙度

线切割加工中的工件表面粗糙度通常用轮廓算术平均值偏差 *Ra* 值表示。快走丝电火花线切割的 *Ra* 值一般为1.25～2.25 μm，最低可达0.63～1.25 μm；慢走丝电火花线切割的 *Ra* 值可达0.3 μm。

（4）电极丝的损耗

数控电火花线切割加工中，电极丝的损耗影响其连续自动操作的进行。尤其是在快走丝电火花线切割中，因电极丝在加工中的反复使用，随着电极丝损耗的增加，切缝越来越窄，不仅会使加工面的尺寸误差增大，还会影响加工的表面质量。

（5）脉冲电源主要参数（电参数）对主要工艺指标的影响

①放电峰值电流 i_e 的影响：i_e 是决定单脉冲能量的主要因素之一。i_e 增大时，线切割加工速度提高，但表面粗糙度变差，电极丝损耗比加大甚至断丝。

②脉冲宽度 t_i 的影响：t_i 主要影响加工速度和表面粗糙度。加大 t_i 可提高加工速度，但表面粗糙度变差。

③脉冲间隔 t_o 的影响：t_o 直接影响平均电流。t_o 减小时平均电流增大，切割速度加快，但 t_o 过小，会引起电弧和断丝。

④空载电压 u_i 的影响：该值会引起放电峰值电流和电加工间隙的改变。u_i 提高，加工间隙增大，切缝宽，排屑变容易，提高了切割速度和加工稳定性，但易造成电极丝振动，使加工面形状精度和粗糙度变差。通常 u_i 的提高还会使电极损耗量加大。

⑤放电波形的影响：在相同的工艺条件下，高频分组脉冲常常能获得较好的加工效果。电流波形的前沿上升比较缓慢时，电极丝损耗较少。不过当脉冲很窄时，必须要有很陡的前沿才能进行有效的加工。

4）编程

（1）工艺分析

①凹角和尖角的尺寸分析。

电极丝具有一定的直径 d，加工时又有放电间隙 δ，使线电极中心的运动轨迹与加工面

相距 l，即 $l=d/2+\delta$，如图 8－10 所示。因此，加工凸模类零件时，电极丝中心轨迹应放大；加工凹模类零件时，电极丝中心轨迹应缩小，如图 8－11 所示。

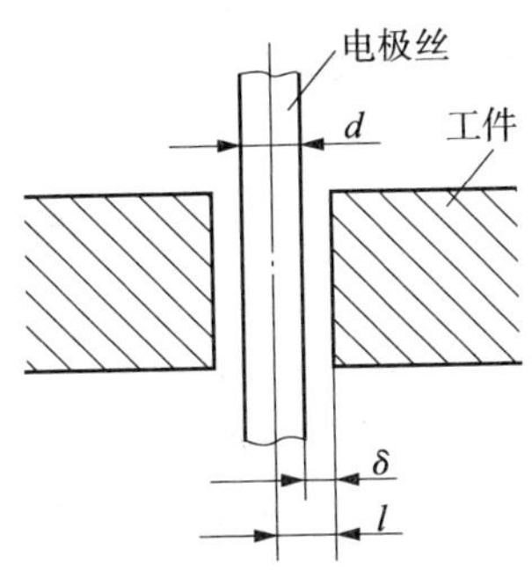

图 8－10　线电极与工件加工面的位置关系

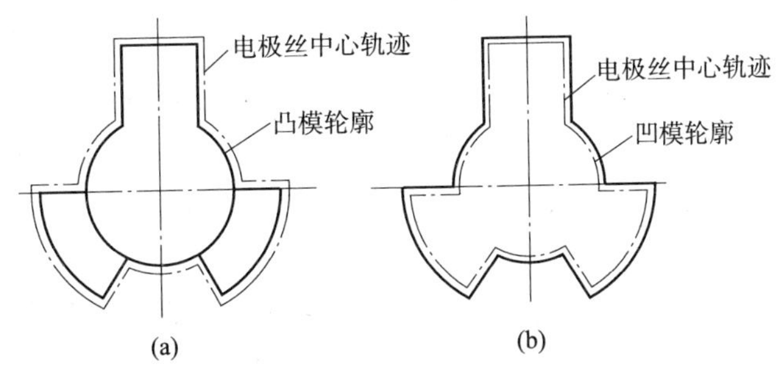

图 8－11　线电极中心轨迹的偏移

(a) 加工凸模类零件；(b) 加工凹模类零件

在线切割加工时，在工件的凹角处不能得到“清角”，而是圆角。对于形状复杂的精密冲模，在凸、凹模设计图样上应说明拐角处的过渡圆弧半径 R。同一副模具的凹、凸模中，R 值要符合下列条件，才能保证加工的实现和模具的正确配合。

对凹角，$R_1 \geqslant l = d/2 + \delta$

对尖角，$R_2 = R_1 - \Delta$

式中：R_1——凹角圆弧半径；

R_2——尖角圆弧半径；

Δ——凹、凸模的配合间隙。

②表面粗糙度及加工精度分析。

电火花线切割加工表面和机械加工表面不同，它是由无方向性的无数小坑和硬凸边所组成，特别有利于保存润滑油；而机械加工表面则存在着切削或磨削刀痕，具有方向性。两者相比，在相同的表面粗糙度和有润滑油的情况下，其表面润滑油性能和耐磨损性能均比机械加工表面好。所以，在确定加工表面粗糙度 Ra 值时要考虑到此项因素。

合理确定线切割加工表面粗糙度 Ra 值是很重要的。因为 Ra 值的大小对线切割速度 v_{wi} 影响很大，Ra 值降低一个档次将使线切割速度 v_{wi} 大幅度下降。所以，要检查零件图样上是否有过高的表面粗糙度要求。此外，线切割的加工所能达到的表面粗糙度 Ra 值是有限的，

譬如欲达到优于 Ra0.32 μm 的要求还较困难，因此，若不是特殊需要，零件上标注的 Ra 值尽可能不要太小，否则，对生产率的影响很大。

同样，也要分析零件图上的加工精度是否在数控线切割机床加工精度所能达到的范围内，根据加工精度要求的高低来合理确定线切割加工的有关工艺参数。

（2）选择工艺基准

为提高线切割生产效率和保证模具加工质量，应根据零件的外形特征和加工要求，选择合适的工艺基准，即校正基准和加工基准，且尽量使工艺基准与设计基准保持一致。常可采用以下两种方法：

①以零件外形同时作为校正基准与加工基准。对于一些外形为矩形的零件（如矩形冲头），通常可选择两个相互垂直且垂直于上、下平面的正交平面，既作为校正基准又作为加工基准。

②以零件外形作为校正基准，内孔作为加工基准。对于一些有孔（腔）的矩形、圆形或其他异形的零件，一般可选择与上、下两平面垂直的平面作为校正面（或校正线），以内孔（腔）作为加工基准。

大多数情况下，零件的外形基准面在线切割加工前的机械加工中已准备好，在淬硬后，若基准面变形很小，那么稍加打光即可；若变形较大，则应重新修磨基准面。在线切割之前还应进行消磁处理。

（3）确定切割路线

线切割编程中，切割起始点和切割路线的合理与否，将直接影响工件变形的大小，并影响加工精度。为了防止模具零件的变形与裂纹，提高加工质量，应慎重选择切割路线。

①线切割的起始点应选择在较平坦、易精加工或对工件性能影响较小的部位。

②尽量避免从工件端面直接开始切割，对于一些精度要求高的模具零件，电极丝不可从坯件外部切入，而应将切割起始点选在坯件预制的穿丝孔中。

③切割路线应与工件的外边缘（端面或侧面）保持一定的距离，要求不小于5 mm。

④尽可能将工件与其夹持部分的最后割离线段，安排在切割路线的末端。

⑤若在一块坯件上要切出两个以上零件时，应从不同的预制孔（穿丝孔）起始切割加工，而不宜一次连续切割出来。

⑥当切割高精度型孔（腔）类凹模零件时，可采用二次切割法，即第一次粗切割型孔，各边留余量0.1～0.5 mm，以补偿粗切割后由于内应力重新分布而产生的变形；第二次精切割，以减少变形，提高加工精度。

此外，对于一些形状复杂、壁厚、截面变化大的大型模具零件，宜采用多次切割法。通常，对所要求的尺寸单边留2～3 mm余量进行粗切割，待工件释放较多变形后，再单边留0.05～0.10 mm余量进行半精加工，最后精加工至要求尺寸。这是提高模具零件线切割加工精度行之有效的方法。

（4）编写加工程序

ONA AE 300编程指令汇总如表8－2所示。

表8－2　ONA AE 300 编程指令汇总

指令	含义	指令	含义
ABS	绝对坐标	MIDDLE	工件中点
ANGLE	设定角度增量	MORROR OFF	取消镜像功能
AWF	自动送丝	MORROR ON	镜像功能
CHAF <n>	设置倒角长度	NOUSE/	不使用可选模块
CHAF OFF	取消倒角	OFFSET	建立偏置
COMP <n>	设置补偿	ORIGIN RET	返回起点
COMP LEFT	左补偿	OUT	激活出口点
COMP OFF	取消补偿	P <n>	计数器模式下加工
COMP RIGHT	右补偿	PAUSE <n>	停顿
CONST ANGLE	恒角锥度	PAUSE IN	等待输入
CONST RAD	恒半径锥度	POWER	设置电源参数
CONTACT TOL	设置放电间隙	PRINT	日志
COOR	设置新的工件坐标系原点	PROGNAME	注明程序名称
CORNER CORR	设置角度调整	PROGRAM	调用外部程序
DIELECTRIC	设定介电常数值	REP	循环开始
EDGE	工件接触	ROT ORIGIN	设置旋转中心
END	程序结束	ROTATE	旋转
ENDREP	循环结束	ROUND <n>	设置导圆半径
FEED	设定进给速度	ROUND OFF	取消导圆
FINISH	设定精加工	RTS	由子程序跳转
GOSUB	调用子程序	SCALE	比例缩放
GOTO	跳转标记	SERVO	设置伺服参数
IF	跳转条件（用在 GOSUB 或 GOTO 之前）	SHARP ANGLE	尖角锥度
INCH	英寸	STOP	程序停止
INCR	增量	TAPER <n>	设置锥角
INICUT	初始模式	TAPER LEFT	左锥度
INNER CENTER	内角	TAPER OFF	取消锥度
INTC –	顺时针圆弧插补	TAPER RIGHT	右锥度
INTC +	逆时针圆弧插补	TECH	选择技术参数
INTL	直线插补	TOFF	设定停顿
INVERS	设置对立面	TRAV	移动

续表

指令	含义	指令	含义
LOAD COMP	加载一个电极丝半径补偿文件	USE/	使用可选模块
LOAD OFFSET	加载一个偏置文件	VECTOR	向量
LOAD TECH	加载一个技术文件	VERT	调整电极丝垂直度
LOAD TRAV	加载一个穿丝点文件	VOLT	设定紧丝参数
MEMO OFFSET	记录当前偏置点位置	WIRE CUT	切丝
MEMO TRAV	记录当前穿丝点位置	WIRE FEED	设定送丝速度
METR	米制	WIRE TEN	设定电极丝紧丝参数

ISO G代码与ONA AE 300编程代码类比如表8－3所示。

表8－3　ISO G代码与ONA AE 300编程代码类比

G代码	ONA AE 300编程代码	格式
G00	TRAV	X <n> Y <n> U <n> V <n> Z <n>
G00	TRAV	P <n>
G01	INTL	X <n>Y <n>U <n>V <n>F <n>D <n>T <n>E <n>C <n> X <n>Y <n>U <n>V <n>FEED <n>COMP <n>TAPER <n> ROUND <n>CHAF <n>
G02	INTC－	X <n>Y <n>I <n>J <n>U <n>V <n>K <n>L <n>F <n>D <n>T <n>E <n>C <n> X <n>Y <n>CX <n>CY <n>U <n>V <n>CU <n>CV <n> FEED <n>COMP <n>TAPER <n>ROUND <n>CHAF <n>
G03	INTC＋	X <n>Y <n>I <n>J <n>U <n>V <n>K <n>L <n>F <n>D <n>T <n>E <n>C <n> X <n>Y <n>CX <n>CY <n>U <n>V <n>CU <n>CV <n> FEED <n>COMP <n>TAPER <n>ROUND <n>CHAF <n>
G04	PAUSE	X <n> <n>
G40	COMP OFF	
G41	COMP LEFT	
G42	COMP RIGHT	
G70	INCH	
G71	METR	
G90	ABS	
G91	INCR	
G92	COOR	X <n>Y <n>U <n>V <n>H <n>Q <n> X <n>Y <n>U <n>V <n>THICK <n>PRGP <n>
M00	STOP	
M02	END	

8.2 实训操作过程

应用“六步法”来完成该项工作任务。

1. 资讯——我们要做什么？引导出问题，明确加工内容

应用慢走丝数控电火花线切割机床完成如图8－1和图8－2所示凹模和凸模的线切割加工（加工轮廓，两个穿丝孔本次不加工）。

所用设备为西班牙ONA AE300慢走丝数控电火花线切割机床。

2. 计划——考虑如何去完成

①加工前需进行上丝、穿丝、紧丝及电极丝垂直找正。

②电极丝补偿的确定：采用直径为0.15 mm的黄铜丝，加工单边间隙取0.01 mm，丝半径补偿量为0.1 mm。

③编程：采用机床自带的自动编程软件进行编程，其参考程序如下。

凹模主程序

```
PROGNAME  die
COOR  X0  Y0
COMP  RIGHT
PROGRAM  geo
INTL  X0
COMP  OFF
END
```

凸模主程序

```
PROGNAME  punch
COOR  X-25  Y0
COMP  LEFT
PROGRAM  geo
INTL  X-25
COMP  OFF
END
```

子程序（几何轮廓）

```
PROGNAME  geo
INTL  X-20
INCR
INTC-X2.3  Y9.311  CX20
INTC+X8.389  Y8.389  CX3.558  CY4.831
INTC-X18.622  CX9.311  CY-17.700
INTC+X8.389  Y-3.389  CX4.831  CY-3.558
INTC-Y-18.622  CX-17.700  CY-9.311
```

```
INTC + X - 8.389   Y - 8.389   CX3.558   CY - 4.831
INTC - X - 18.622   CX - 9.311   CY17.700
INTC + X - 8.389   Y8.389   CX - 4.831   CY3.558
INTC - X - 2.3   Y9.311   CX17.700   CY9.311
ABS
END
```

④领取和检查毛坯材料，检查工作所需的工、夹、量具及劳保用品。

⑤工作场地的准备工作：

检查车间工作场地的附属设施；检查选用机器设备并查看使用记录；检查机器设备是否运转良好。

3. 决策——确定加工方案

材料为25 mm厚的45#钢板，毛坯为100 mm×100 mm×30 mm的长方体，两大平面已经过磨削。

①机床选用：西班牙ONA AE300慢走丝数控电火花线切割机床。

②电极丝的选择：

使用的电极丝是黄铜丝，如图8－12所示，具有如下优点。

图8－12 黄铜丝

· 采用优质铜材。保证电极丝具有优良的导电性、抗断性，切割速度快，断线少。

· 精度高，真圆度、直线度优。保证自动穿丝成功率，适合高效率加工及精密加工。

· 光洁度高、铜粉少。电极丝光洁平整的表面可以减少断线、积铜和鼓形，适合精密加工。

· 性能稳定可靠。先进的热处理设备和技术保证了电极丝的强度及材料的均匀性，适合长期稳定的加工。

黄铜丝规格与性能如表8－4所示。

表8－4 黄铜丝规格与性能

质别	线径 /mm	线径公差 /mm	耐张力 /N	抗拉强度 /MPa	延伸率 /%	备注长度 /（m·kg^{-1}）
硬	0.10	+0 −0.002	7.8	≥980	≤3	13 120
	0.15		17.3			6 250
	0.20		31.4			3 062
	0.25		49.2			2 310
	0.30		70.7			1 600
	0.33		85.5			1 350

续表

质别	线径/mm	线径公差/mm	耐张力/N	抗拉强度/MPa	延伸率/%	备注长度/（m·kg^{-1}）
软	0.20	+0 -0.002	14.1	≤550	≥20	3 062
	0.25		22.1			2 310
	0.30		31.8			1 600

选用黄铜丝为电极丝，电极丝线径为0.15 mm，单边放电间隙取0.01 mm。

③夹具及工件装夹方式的选择：

采用桥式夹具，如图8－13所示。桥式支承是在双端夹具体下垫上两个支承铁架。其特点时通用性强、装夹方便，对大、中、小工件装夹都比较方便。

图8－13　桥式夹具

④切割路线及进、退刀线的设计：

凸凹模零件的切割路线及进、退刀线的设计如图8－14所示，采用顺时针切割。

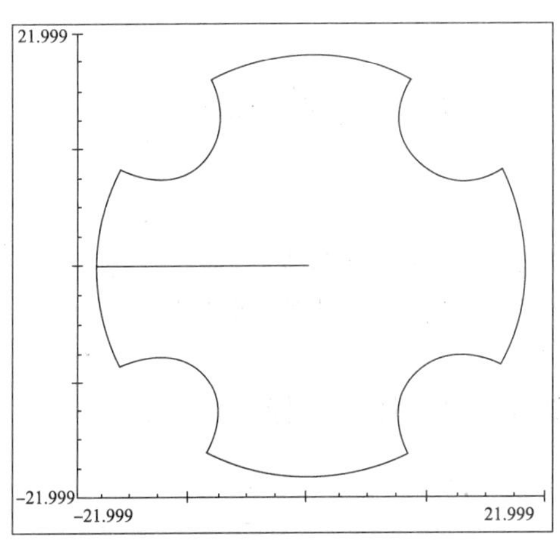

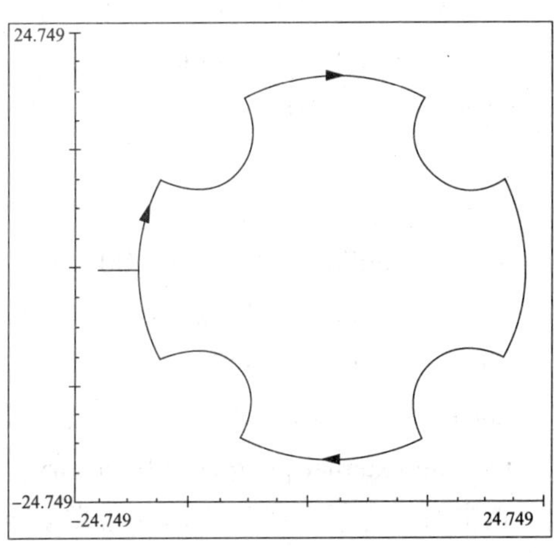

图8－14　切割起点及切割路线设置

⑤工件原点设定：工件原点设定如图8－14所示。

⑥量具：外径千分尺、R 规。

⑦电参数选择：高频脉冲宽度（ON）50 μs，高频脉冲停歇（OFF）200 μs。高频功率管数（IP）3，伺服速度（SV）2，停歇时间扩展（MA）10。

4. 实施——加工零件的具体实施操作步骤

按照以下 8 个步骤完成本工作任务：

①开机：启动机床电源进入系统。

②检查系统各部分是否正常，包括高频、水泵、丝筒等的运行情况。

③准备。

· 查看机械零点是否已找到（√X；√Y；√U；√Z）。

· 通过手动控制查看电极丝是否垂直（灯亮表示垂直）。

· 手动操作。

· 在 JOG 模式下移动 +X +Y +Z 方向，并且取下下头塑料喷嘴。

· 夹紧并用百分表调整好工件。

· 上紧下头塑料管嘴。

· 调整上、下塑料管嘴，保证水压为 10 Pa（找出 Z 的绝对坐标值）。

· 保存 Z 的坐标值（即偏置值）。

· 自动穿丝。

· 移动到 X、Y 轴的工作参考点（即工件坐标系的原点）。

· 保存 X、Y、U、V 轴的偏置值。

· 点右下方保存（Red Disk→即点击保存标签）。

④编程。

· Edit：编程主页面 F3→File→New→Write name（Geometry）（编辑几何）。

· 编辑所有的几何路线（插补）并点击保存（在屏幕右下方）。

· File→2.7 New。

· Write name（Main Program）

  - Load offset XXX. Tec

  - Load Tech XXX. Comp

  Offset number（0 - 99）　　（偏置代号通常为 0，取 ONA 标准）

  Travers X_ Y_

  Travers Z0

  Setting coordinates X0 Y0 U0 Z0　　（将设置工件坐标系零点）

  Technology Thickness_ Criterium_ （工件厚度、走刀规格次数）

  Comp（Left or Right）

  Comp number（1 - 20）　　（补偿代号通常为 0，取 ONA 标准）

  Execute external program（Geometry）

· 点击右下方保存（Red Disk 位置右下方）。

⑤执行程序。

· F1 进入执行主页面；3.2 F5 进入执行子页面 3.3 导入需要执行的程序（即主程序）。

· 检查补偿代号（是 0、1 还是实际值）。

· 检查 Detail（细节参数）页面。

· 关上 Z 轴上塑料挡板，合上工作箱。

· 转入自动执行程序模式。

· 按 Start 按钮。

⑥监控机床运行状态，如发现工作液循环系统堵塞应及时疏通，及时清理电蚀产物，但是在整个切割过程中，均不宜变动进给控制按钮。

⑦加工完毕，卸下工件并进行检测。

⑧清理机床并打扫车间卫生。

5. 检查——检验者验收工件

6. 评估——评价本次工作任务完成情况

完成工件的切割加工后，我们可从以下几方面评估整个加工过程，达到不断优化的目的。

①对工件尺寸精度进行评估，找出尺寸超差是机床因素还是测量因素，为工件后续加工时尺寸精度控制提出解决办法或合理化建议。

②对工件的加工表面质量进行评估，找出表面质量缺陷之原因，提出解决方法。

③回顾整个加工过程，是否有需要改进的操作。

8.3 安全操作注意事项

①切割时，注意控制喷嘴流量不要过大，以防飞溅。

②切割时要随时观察运行情况，排除事故隐患。

③工作过程中，如发生故障，应立即切断电源，请专门维修人员处理。

④下班前关闭所有电源开关，并清扫机床及实训车间，关闭照明灯及风扇方可离开。

学生工作任务

按照技术要求应用慢走丝数控电火花线切割机床完成如图 8-15 所示平面样板的加工，材料厚度为 2 mm，制定其线切割加工工艺、写出加工程序并进行加工。

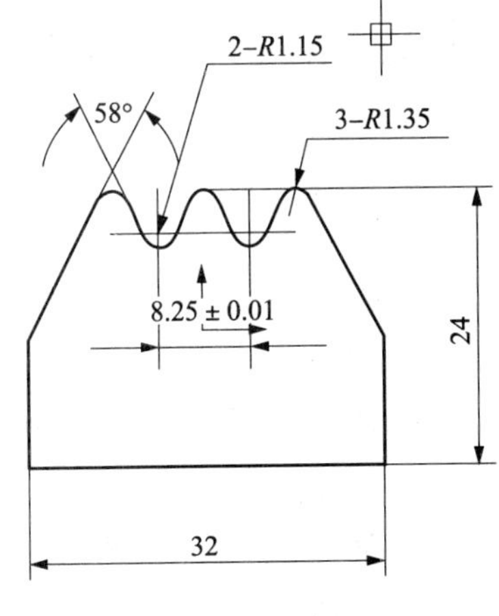

图 8-15 平面样板

单元9　文字、图案的线切割加工

1. 工作任务描述

该工作任务为应用快走丝数控电火花线切割机床完成如图9－1所示文字或图案类零件的加工。通过此类零件的加工使学生能正确使用CAXA线切割V2软件进行文字、图案类零件的编程操作。

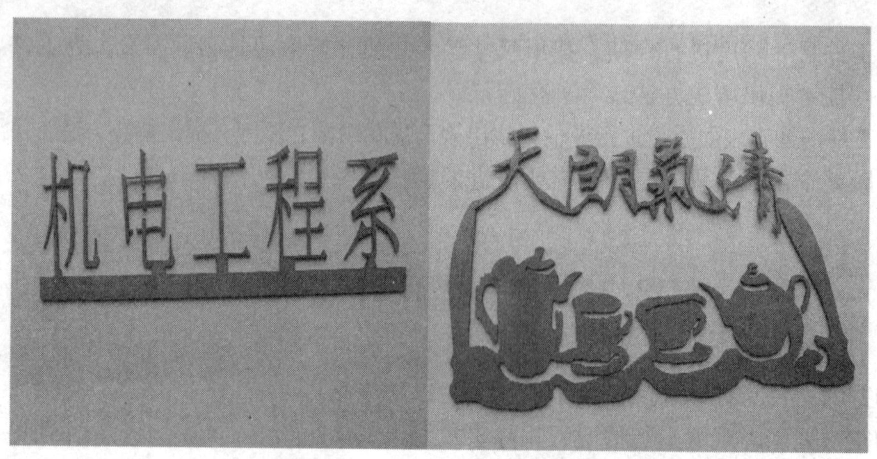

图9－1　文字、图案类零件

2. 学习目标

能使用CAXA数控线切割自动编程软件或其他软件进行文字、图案零件的线切割编程操作。

9.1　知识准备

1. CAXA－V2数控线切割自动编程软件方面的操作

（1）进入绘图界面

在装有CAXA－V2线切割软件的计算机桌面上点击图标，进入该软件的绘图界面。

（2）绘制零件图

在软件的绘图区域中绘制线切割加工零件图，如图9－2所示。

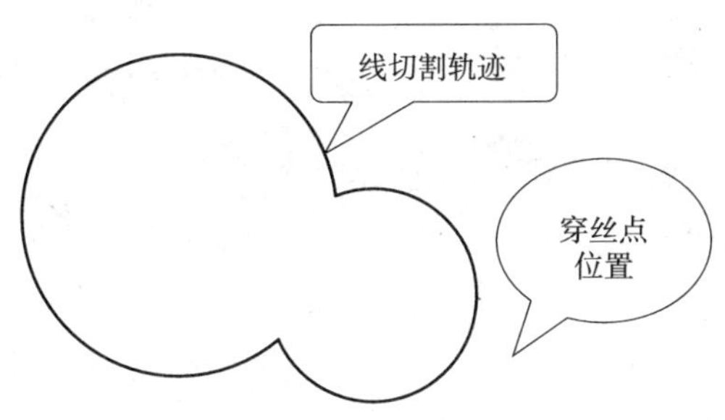

图 9－2　线切割加工零件

（3）生成加工轨迹

利用“轨迹生成”指令，生成线切割加工零件的加工轨迹，同时确定穿丝点位置和补偿量。

（4）添加后置处理

由于 CAXA－V2 线切割软件并未提供 DK7732 线切割机床的“后置处理和传输”，需要手工添加，具体操作过程如下：

①点击 CAXA－V2 线切割软件的“后置处理和传输”图标，绘图区会弹出一个对话框。

②选中“增加机床”图标，在弹出的对话框中用键盘输入“BKDC”后，按确定键返回，如图 9－3 所示。

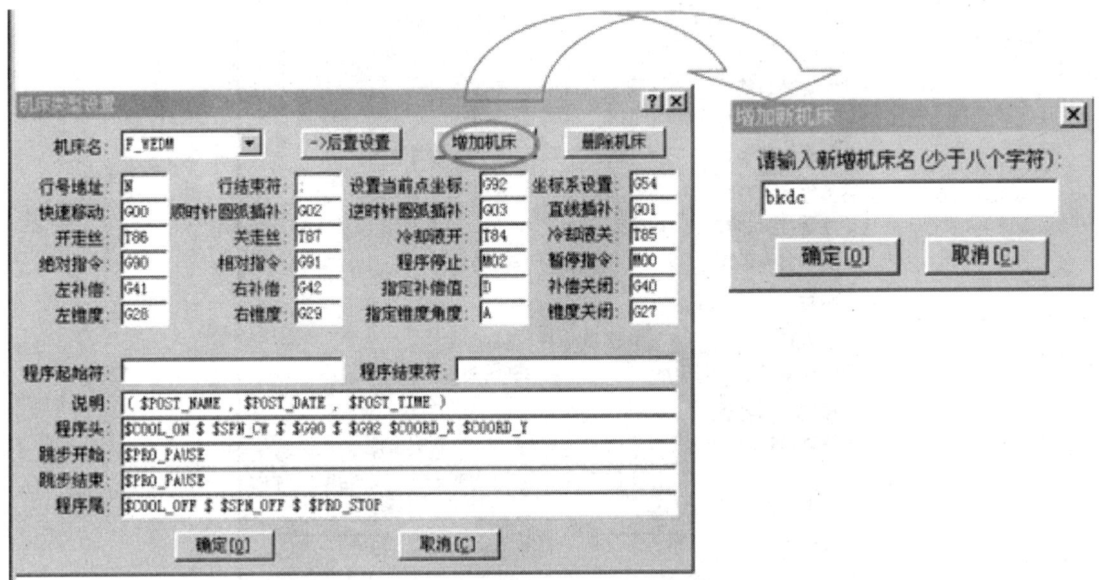

图 9－3　机床类型设置界面

③在“后置处理和传输”的对话框中，按 DK7732 线切割机床的“后置处理和传输”参数，手工输入相应的参数和指令，如图 9－4 所示。

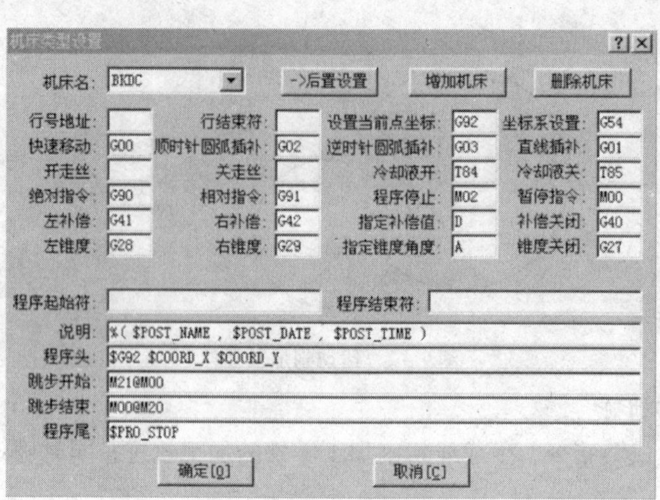

图 9－4 机床类型设置

④在“后置处理和传输”的对话框中点击“后置处理设置”后，相应地也会弹出一个对话框。该对话框中的参数要求也按 DK7732 线切割机床的“后置处理设置”参数来设置，如图 9－5 所示。

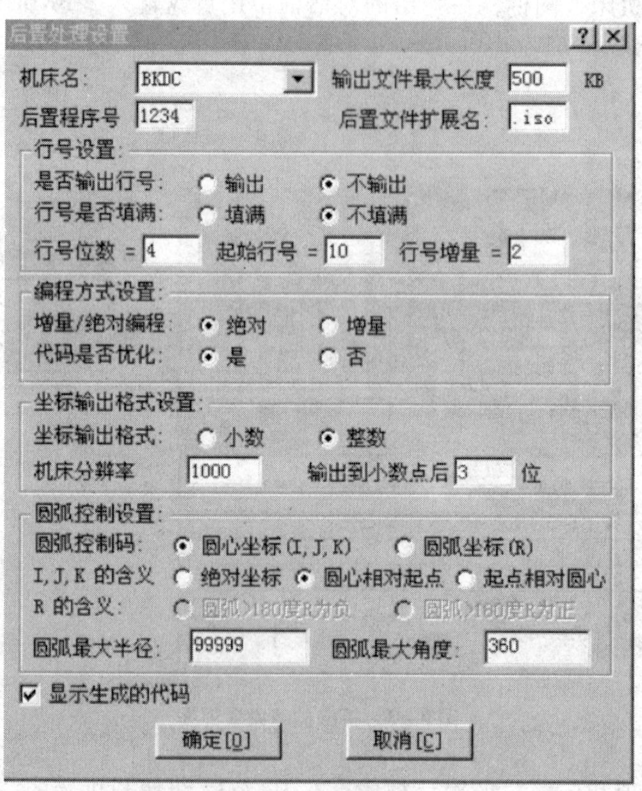

图 9－5 后置处理设置

（5）生成 G 代码

完成上述设置后，点击“代码生成”指令，选择“G 代码生成”后，再选中线切割加工零件的加工轨迹，该轨迹图线将由绿色变为红色，最后点击鼠标右键，弹出记事本对话框显示相应的 G 代码加工程序，如图 9－6 所示。

```
11 - 记事本
文件(F)  编辑(E)  搜索(S)  帮助(H)
%(11.ISO,06/08/04,22:35:14)
G92X13604Y-21923
G01 X6203 Y-18825
G03 X-18366 Y7009 I-17963 J7517
G03 X-29220 Y-19928 I-28903 J-4009
G03 X6203 Y-18825 I17460 J8620
G01 X13604 Y-21923
M02
```

图 9－6　CAXA－V2 生成的 G 代码程

（6）修改 G 代码

记事本对话框显示相应的 G 代码加工程序仍无法使用，需要修改其时间表示，如图 9－7 所示。

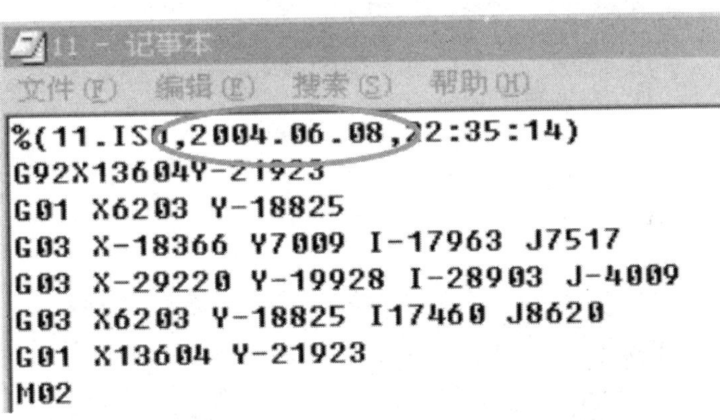

```
11 - 记事本
文件(F)  编辑(E)  搜索(S)  帮助(H)
%(11.ISO,2004.06.08,22:35:14)
G92X13604Y-21923
G01 X6203 Y-18825
G03 X-18366 Y7009 I-17963 J7517
G03 X-29220 Y-19928 I-28903 J-4009
G03 X6203 Y-18825 I17460 J8620
G01 X13604 Y-21923
M02
```

图 9－7　根据机床要求改写的 G 代码程

2. 苏州新火花机床厂生产的 DK7732 型数控电火花线切割机床使用CAXA－V2线切割软件进行文字加工时的编程步骤和方法

苏州新火花机床厂生产的型号为 DK7732 型数控电火花线切割机床，该机床采用 YH 线切割控制系统，国际标准 ISO 代码方式控制，DOS 系统。该机床采用 508K 的电子盘来存贮数据，电子盘上不得随意擦、写文件，更不能将数据保存到电子盘上，否则，可能会造成系统瘫痪，该系统只能通过 3.5 寸软盘来存贮数据。

由于编程软件问题，该机床在加工文字或图案等零件时，必须先在其他计算机上编好程序或画好图形后通过软盘来拷贝到机床上，操作不方便。为了能直接在该机床上能进行文字或图案类零件的编程。在该机床上加装一个硬盘，安装 WIN98 系统，安装 CAXA 线切割 V2

软件。

经过改造后在该机床上利用 CAXA 线切割 V2 软件进行文字切割编程步骤、方法如下，以“日”字为例进行说明。

（1）进入 WIN98 系统方法

①用光标点取屏幕左上角的“YH52”窗口切换标志（或按 ESC 键），如图9－8所示，系统将转入编程屏幕。

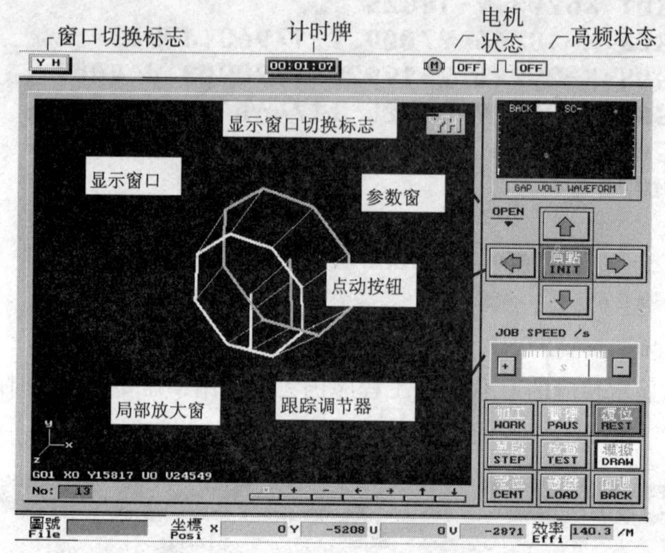

图 9－8　YH 控制屏幕

②单击下拉菜单中“文档”→“退出”，如图 9－9 所示。退出编程屏幕进入到 WIN98 界面。

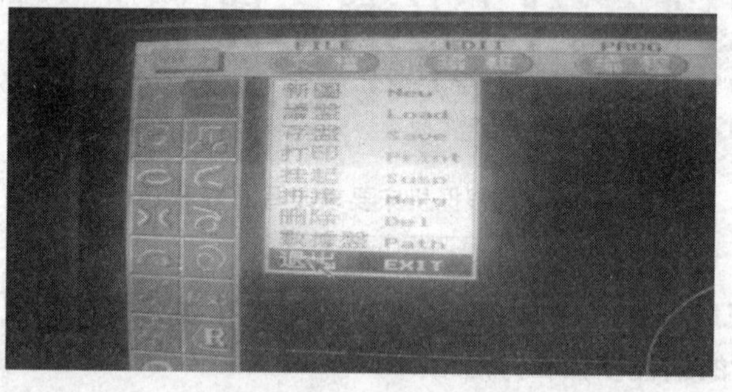

图 9－9　编程屏幕

（2）利用 CAXA 线切割 V2 版软件进行“日”字编程的操作步骤和方法

①用光标点击电脑桌面“CAXA 线切割”图标，如图 9－10 所示，进入到 CAXA 线切割 V2 软件的基本操作界面，如图 9－11 所示。

②在 CAXA 线切割 V2 软件基本操作界面，单击下拉菜单中“绘制”→“高级曲线”→“文字”，输入文字并设置文字参数且确定后，文字就显示在绘图功能区内，如图 9－12 所示。

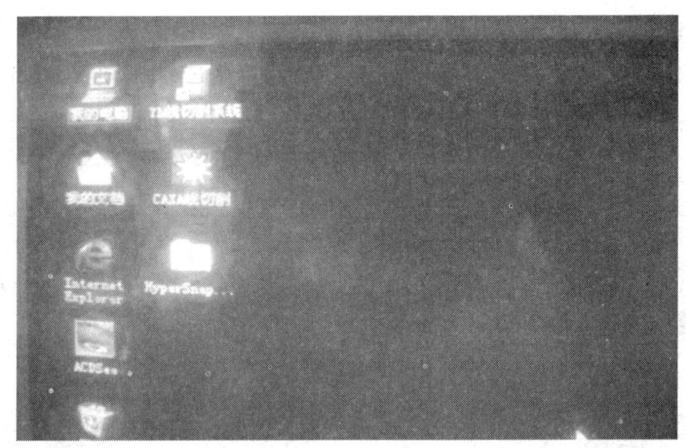

图9－10 桌面“CAXA线切割”图标

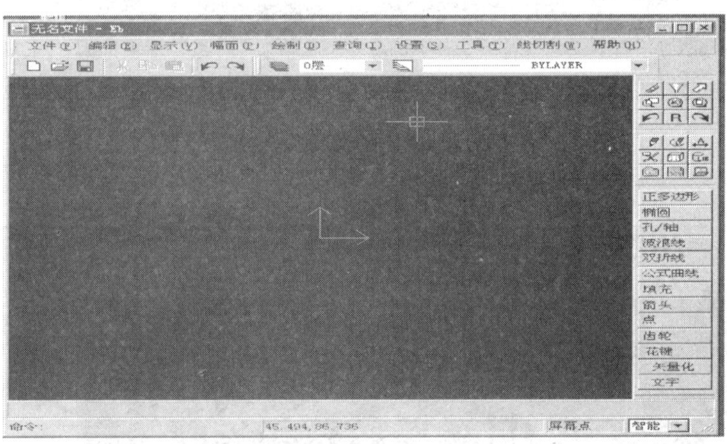

图9－11 CAXA基本操作界面

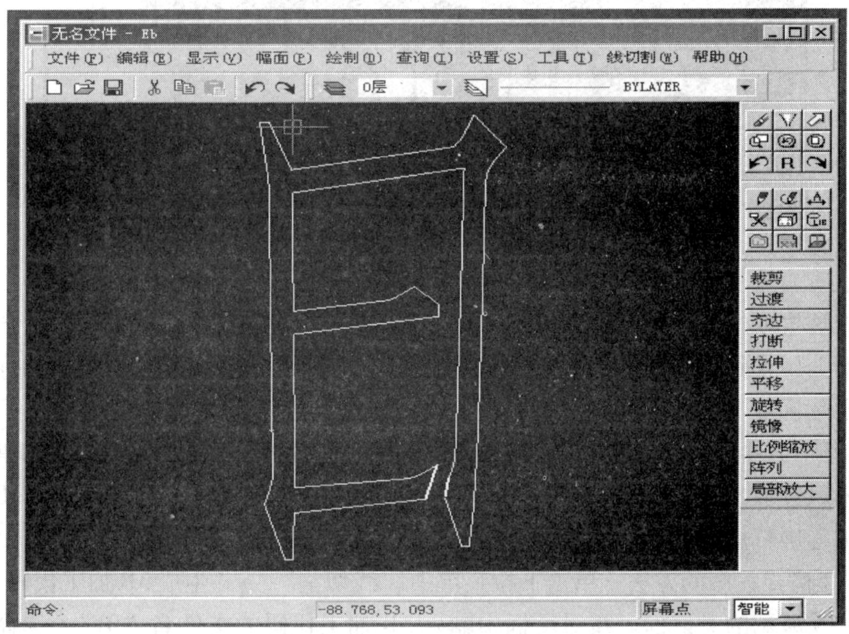

图9－12 输入文字界面

③生成加工轨迹：单击下拉菜单中“线切割”→“轨迹生成”，系统弹出如图9－13所示的对话框，设置好相关参数并确定后，系统自动计算生成加工轨迹，如图9－14所示。

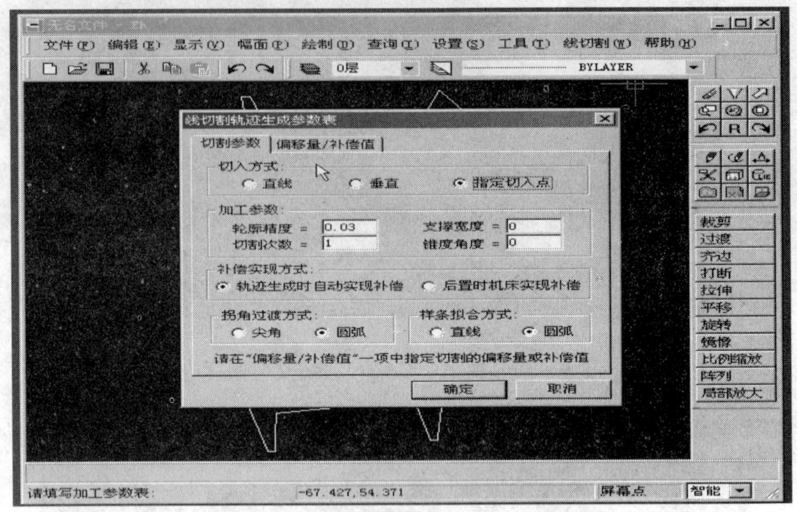

图9－13 线切割轨迹生成参数表

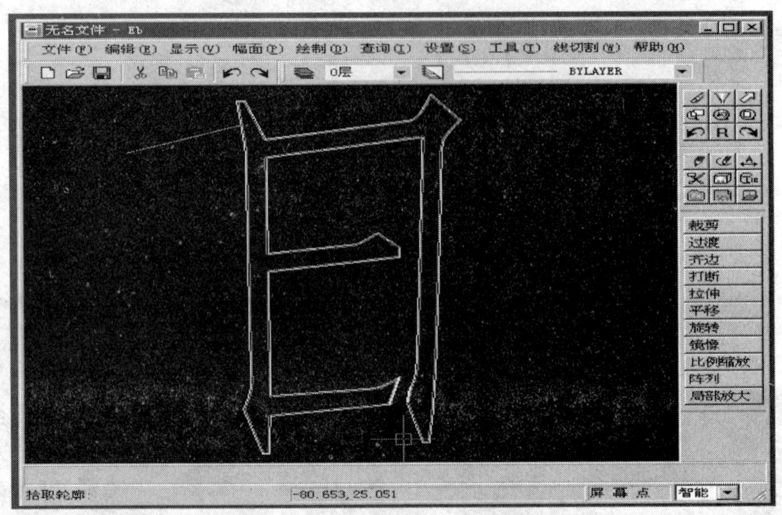

图9－14 自动生成加工轨迹

④后处理生成代码：由于该机床配置的YH线切割控制系统在读取程序时只能读取软盘的国际标准ISO代码程序文件，不能直接读取由CAXA线切割V2软件所生成的存在计算机硬盘里的国际标准ISO代码程序文件。但是在YH线切割控制系统的编程屏幕里可以读取3B格式的程序文件。因此，在这里先生成3B格式的程序文件，然后在YH线切割控制系统的编程屏幕里读取3B格式的程序文件，生成零件的加工轨迹图之后，再利用YH线切割控制系统的编程屏幕里的编程功能重新生成零件的加工程序。

生成3B格式程序的方法：单击下拉菜单中“线切割”→“生成3B加工代码”，系统弹出如图9－15所示的对话框。在对话框中输入3B加工代码的文件名“01”，选择保存路径

“D 盘”等，用鼠标选中图形按鼠标右键之后输出程序，如图 9－16 所示，单击下拉菜单中“文件”→“保存”→“退出”。

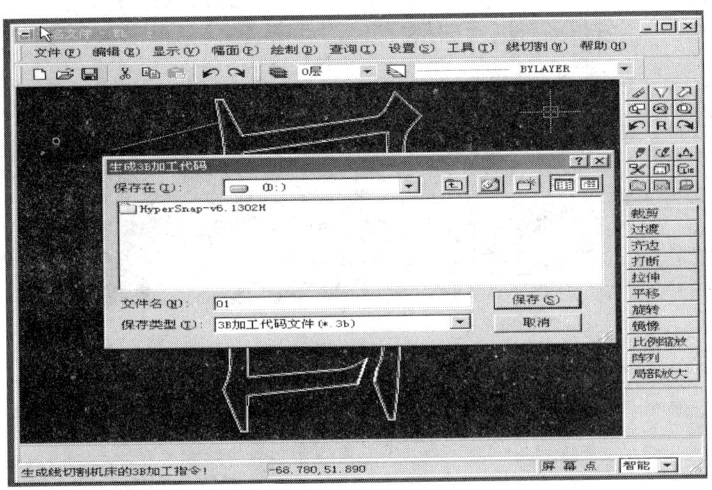

图 9－15　生成 3B 加工代码对话框

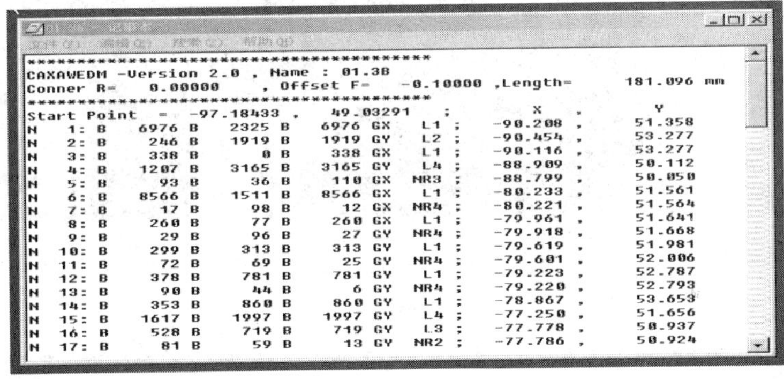

```
****************************************************
CAXAWEDM -Version 2.0 , Name : 01.3B
Conner R=    0.00000    , Offset F=   -0.10000 ,Length=      181.096 mm
****************************************************
Start Point  =  -97.18433 ,    49.03291   ;         X   ,       Y
N   1: B   6976 B   2325 B   6976 GX   L1 ;  -90.208 ,   51.358
N   2: B    246 B   1919 B   1919 GY   L2 ;  -90.454 ,   53.277
N   3: B    338 B      0 B    338 GX   L1 ;  -90.116 ,   53.277
N   4: B   1207 B   3165 B   3165 GY   L4 ;  -88.909 ,   50.112
N   5: B     93 B     36 B    110 GX  NR3 ;  -88.799 ,   50.050
N   6: B   8566 B   1511 B   8566 GX   L1 ;  -80.233 ,   51.561
N   7: B     17 B     98 B     12 GX  NR4 ;  -80.221 ,   51.564
N   8: B    260 B     77 B    260 GX   L1 ;  -79.961 ,   51.641
N   9: B     29 B     96 B     27 GY  NR4 ;  -79.918 ,   51.668
N  10: B    299 B    313 B    313 GY   L1 ;  -79.619 ,   51.981
N  11: B     72 B     69 B     25 GY  NR4 ;  -79.601 ,   52.006
N  12: B    378 B    781 B    781 GY   L1 ;  -79.223 ,   52.787
N  13: B     90 B     44 B      6 GY  NR4 ;  -79.220 ,   52.793
N  14: B    353 B    860 B    860 GY   L1 ;  -78.867 ,   53.653
N  15: B   1617 B   1997 B   1997 GY   L4 ;  -77.250 ,   51.656
N  16: B    528 B    719 B    719 GY   L3 ;  -77.778 ,   50.937
N  17: B     81 B     59 B     13 GY  NR2 ;  -77.786 ,   50.924
```

图 9－16　输出程序

（3）在 YH 线切割控制系统的编程屏幕里读取 3B 格式的程序文件的操作步骤和方法

单击下拉菜单中“文档”→“读盘”→“代码”，如图 9－17，系统弹出如图 9－18 所示的对话框，输入文件路径、文件名后确认。出现如图9－19所示话框，选择“图形闭合”后确认，在屏幕中就出现“日”字，如图9－20所示。再利用 YH 线切割控制系统的编程

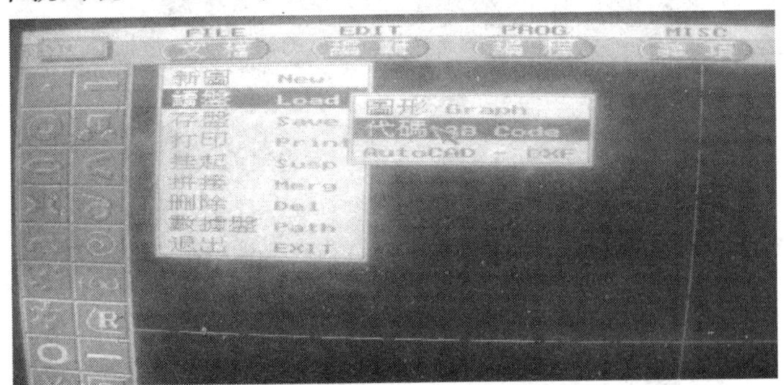

图 9－17　“代码”菜单

屏幕里的编程功能重新生成零件的加工程序。

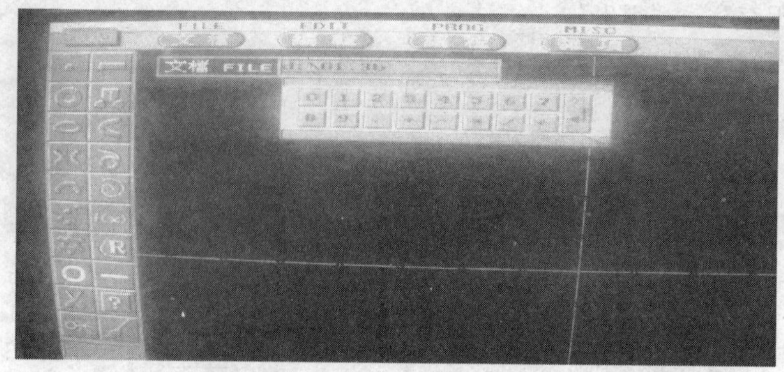

图9－18 代码对话框

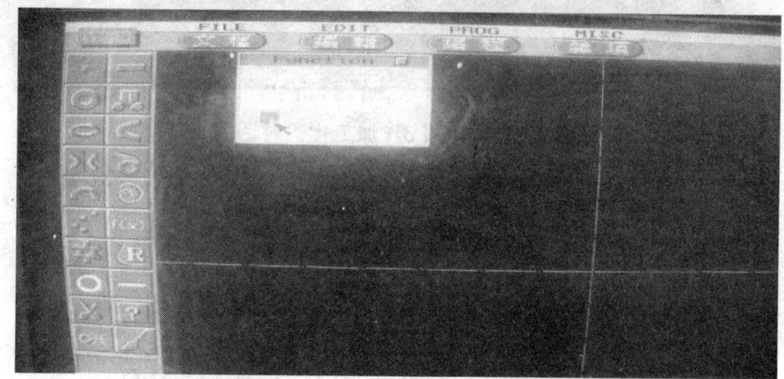

图9－19 “图形闭合”选项

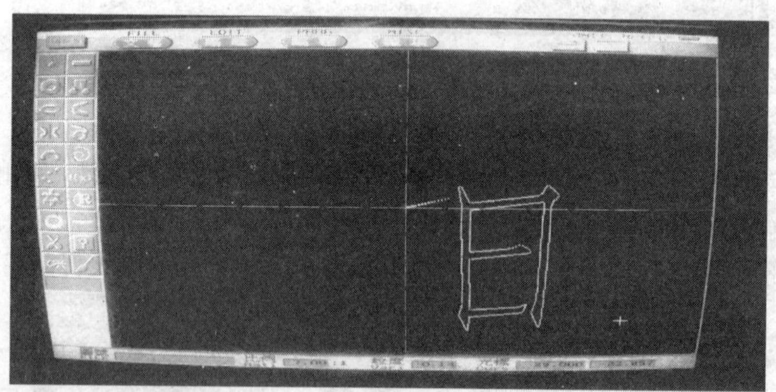

图9－20 “日”字出现

9.2 实训操作过程

应用“六步法”来完成该项工作任务，参照之前的工作过程来完成此工作任务。

9.3　安全操作注意事项

安全操作注意事项参照角度样板的线切割加工的即可。

学生工作任务

应用快走丝数控电火花线切割机床完成文字或图案的线切割加工，具体加工文字或图案自定。

第3篇

数控电火花成形加工必备的知识与技能及操作技能训练

单元 10　数控电火花成形机床的使用与维护

10.1　数控电火花加工概述及安全操作规程

10.1.1　数控电火花加工概述

1. 数控电火花加工机床的加工原理

电火花加工的原理是基于工具电极和工件（正、负电极）之间脉冲性火花放电的电腐蚀现象来蚀除多余的金属，以达到对零件的尺寸、形状及表面质量预定的加工要求。

电火花加工原理见图 10－1，工件 3 和电极 2 置于绝缘工作液 4（一般为煤油或火花油）中，并分别与直流电源的正、负极连接，脉冲电源 1 由限流电阻 R 和电容 C 构成，可以直接将直流电流转变成脉冲电流，当接上 100～250 V 的直流电源 E 后，通过限流电阻 R 使电容器 C 充电，于是电容器两端电压 U_c 由零按指数曲线升高，电极与工件间的电压也同时升高。当电压达到工件与电极间隙的击穿电压 U_{ic}时，间隙被击穿而产生火花放电，电容器储存的能量瞬时在电极和工件之间放出，形成脉冲放电，如图 10－2 所示由于放电的时间很短，且发生在放电区的小点上，所以能量高度集中，放电区的电流密度很大，温度很高（可高达 10 000℃以上），使金属材料发生熔化和气化。在电能、热能和流体动力的综合作用下，熔化或气化了的金属被抛入工作液中冷却而形成球状小颗粒，电极和工件的表面被腐蚀成一个小凹坑，如图 10－3（a）所示。间隙中介质的电阻是非线性的，当介质未击穿时电阻很大，击穿后它的电阻迅速减小到近似于零。因此，间隙被击穿后电容器上的能量瞬时放完，电压降低到接近于零，间隙中的介质立即恢复到绝缘状态，将间隙电流切断。此后，电容器再次充电，再重复上述过程。一次火花放电产生一个小凹坑，多次放电的结果，使工件和电极表面产生无数个小凹坑，如图 10－3（b）所示，电极不断下降，工件金属表面也不断被蚀除，电极的轮廓形状便被复制在工件上。制作出合适形状尺寸的电极，便可得到符合要求的加工工件。

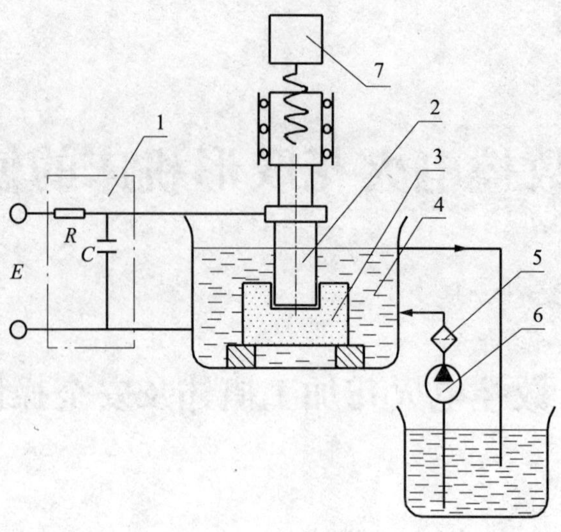

图10－1　电火花加工原理图

1—脉冲电源；2—电极；3—工件；4—工作液；
5—过滤器；6—工作液泵；7—自动进给调节装置

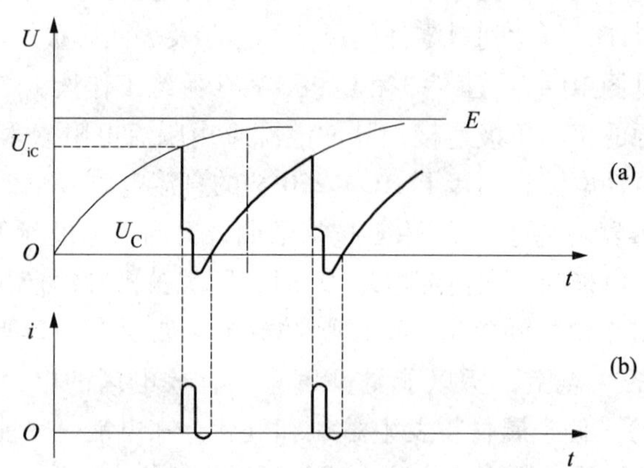

图10－2　*RC*线路脉冲波形图

（a）间隙电压波形；（b）间隙电流波形

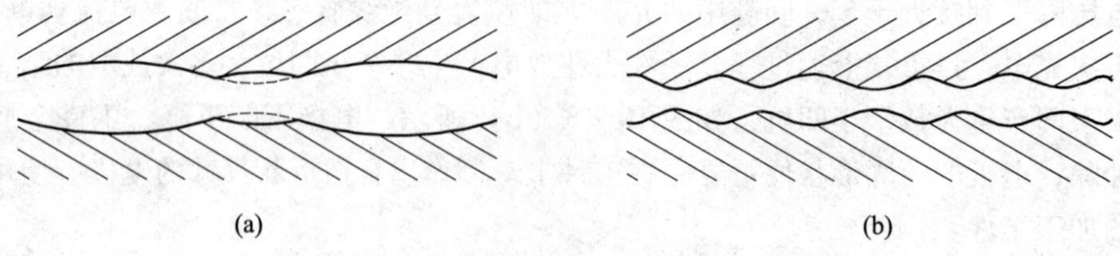

图10－3　电火花加工表面局部放大图

（a）一次放电；（b）多次放电

实践经验表明，要把有害的火花放电转化为有用的加工技术，必须创造条件，做到以下几点。

①使工具电极和工件被加工面之间经常保持一定的放电间隙，这一放电间隙随加工条件

而定，通常约为几微米至几百微米。如果间隙过大，极间电压不能击穿极间介质，因而不会产生火花放电；如果间隙过小，很容易形成短路接触，同样也不会产生火花放电。为此，在火花加工过程中必须具有工具电极的自动进给和调节装置。

②使火花放电为瞬时的脉冲性放电，并在放电延续一段时间后，停歇一段时间（放电延续时间一般为 $10^{-7} \sim 10^{-3}$ s）这样才能使放电所产生的热量来不及传导扩散到其余部分，把每一次的放电点分别局限在很小的范围内；否则，像持续电弧放电那样，使放电点表面大量发热、熔化、烧伤，只能用于电焊或切割，而无法用作尺寸加工，故电火花加工必须采用脉冲电源。

③使火花放电在有一定绝缘性能的液体介质中进行，例如煤油、皂化液或去离子水等。液体介质又称工作液，必须具有较高的绝缘强度（$10^3 \sim 10^7$ Ω · cm），以有利于产生脉冲性的火花放电。同时，液体介质还能把电火花加工过程中产生的金属小铁屑、炭黑等电蚀产物从放电间隙中悬浮排除出去，并且对工具电极和工件表面有较好的冷却作用。

2. 电火花成形加工的特点

①成型电极放电加工，无宏观切削力，能用于难切削材料的加工。

②电极相对工件做简单或复杂的运动，能加工特殊及复杂形状的零件。

③易于实现加工过程自动化。

④可以改进结构设计，改善结构的工艺性。

⑤加工一般浸在煤油或火花油中进行。

⑥一般只能用于加工金属等导电材料，只有在特定条件下才能加工半导体和非导电体材料。

⑦加工速度一般较慢，效率较低，且最小角度半径有限制。

⑧存在电极损耗。

3. 数控电火花加工设备的分类

①按控制方式分类可分为：普通数显电火花成形机床、单轴数控电火花成形机床和多轴数控电火花成形机床。

②按机床结构分类可分为：固定立柱式电火花成形机床、滑枕式电火花成形机床和龙门式电火花成形机床。

③按电极交换方式分类可分为：普通电火花成形机床和电火花加工中心。

4. 电火花成形加工工艺

1）电火花成形加工的工具电极及工作液

（1）工具电极

①对工具电极的要求：导电性能良好、电腐蚀困难、电极损耗小、具有足够的机械强度、加工稳定、效率高、材料来源丰富、价格便宜等。

②工具电极的种类：常用电极材料可分为铜和石墨，一般精密、小电极用铜来加工，而大的电极用石墨。

③工具电极的性能特点：

铜（紫铜）电极的特点：精加工时电极损耗比石墨小；采用微精加工时，加工表面能达到 $Ra \leqslant 0.1$ μm；用过的电极（指尺寸大的）经改制（如锻打）后还可以再次使用，材料利用率高。

石墨电极的特点：密度小，适于制作大型零件或模具加工用工具电极，整体质量小；机械加工性能好，易于成形及修整；电加工性能好，特别是在大脉宽粗加工时，电极损耗比紫铜小。石墨电极最大的弱点是加工时容易发生烧伤；其次，精加工时电极损耗比紫铜大。故在大脉宽、大电流、粗加工时使用石墨电极，而精密加工时大多采用紫铜电极。

（2）工作液

①对工作液的要求：要求低黏度，高闪火点、高沸点，绝缘性好，安全，对加工件不污染、不腐蚀，氧化安全性要好，寿命长，价格便宜。

②工作液的种类：常用电火花加工专用油（20世纪70—80年代），合成型、高速型和混合性电火花加工液（20世纪80—90年代开始），煤油。一般用煤油作为电火花加工时的工作液。

（3）工作液使用要点

①闪点尽量高的前提下，黏度要低。电极与工件之间不易产生金属或石墨颗粒对工件表面的二次放电，这样一方面能提高表面的粗糙度，又能相对防止电极积炭率。

②为提高放电的均匀性、稳定性，以及加工精度、加工速度，可采用工作液混粉（硅粉、铬粉等）的工艺方法。

③按照工作液的使用寿命定期更换。

④严格控制工作液高度。

⑤根据加工要求选择冲液、抽液方式，并合理设置工作液压力。

2）工件毛坯准备

电火花加工前应先对工件的外形尺寸进行机械加工，使其达到一定的要求。在此基础上，做好以下准备工作。

①加工预孔：一般情况下每边留0.3～1.5 mm的余量，并力求轮廓四周均匀。

②工件热处理：工件的淬火硬度一般要求为HRC58～62。

③磨光、除锈、去磁。

3）工件和电极的装夹与校正定位

（1）电极的装夹与校正

目的：使电极正确、牢固地装夹在机床主轴的电极夹具上，使电极轴线和机床主轴轴线一致，保证电极与工件的垂直度。

装夹方式：对于小电极，可利用电极夹具装夹；对于较大电极，可用主轴下端连接法兰上基面作基准直接装夹；对于石墨电极，可与连接板直接固定后再装夹。

电极校正：主要是检查其垂直度。对侧面有较长直壁面的电极，可采用精密角尺和百分表校正；对于侧面没有直壁面的电极，可按电极（或固定板）的上端面作辅助基准，用百分表检验电极上端面与工作台的平行度。

（2）工件的装夹与定位

一般情况下，工件可直接装夹在垫块或工作台上。在定位时，如果工件毛坯留有较大余量，可划线后用目测法大致调整好电极与工件的相互位置，接通脉冲电源弱规准加工出一个浅印。根据浅印进一步调整工件和电极的相互位置，使周边加工余量尽量一致。加工余量少，需借助量具（块规、百分表等）进行精确定位。

10.1.2　电火花成形机床的安全操作规程

电火花加工直接利用电能，且工具电极等裸露部分有 100～300 V 的高电压，高频脉冲电源工作时向周围发射一定强度的高频电磁波，人体离得过近，或受辐射时间过长，会影响人体健康，此外电火花加工用的工作液煤油在常温下也会蒸发，挥发出煤油蒸气，含有烷烃、芳烃、环烃和少量烯烃等有机成分，他们虽不是有毒气体，但长期大量吸入人体，也不利于健康。在煤油中长时间脉冲火花放电，煤油在瞬时局部高温下会分解出氢气、乙炔、乙烯、甲烷，还有少量一氧化碳（约 0.1%）和大量油雾烟气，遇明火很容易燃烧，引起火灾，吸入人体对呼吸器官和中枢神经也有不同程度的危害，所以人体防触电等技术和安全防火非常重要。

电火花加工中的主要技术安全规程如下。

①电火花机床应设置专用地线，使电源箱外壳、床身及其设备可靠接地，防止电气设备绝缘损坏而发生触电。

②操作人员必须站在耐压 20 kV 以上的绝缘板上进行工作，加工过程中不可碰触电极工具，操作人员不得较长时间离开电火花机床，重要机床每班操作人员不得少于两人。

③经常保持机床电气设备清洁，防止受潮，以免降低绝缘强度而影响机床的正常工作。若电机、电器、电线和绝缘损坏（击穿）或绝缘性能不好（漏电）时，其外壳便会带电，如果人体与带电外壳接触，而又站在没有绝缘的地面时，轻则“麻电”，重则有生命危险，为了防止这类触电事故，一方面操作人员应站立在铺有绝缘垫的地面上，另外，电气设备外壳常采用保护措施，一旦发生绝缘击穿漏电，外壳于地短路，使保险丝熔断或空气开关跳闸，保护人体不再触电，最好采用触电保护器。

④添加工作介质煤油时，不得混入类似汽油之类的易燃液体，防止火花引起火灾。油箱要有足够的循环油量，使油温限制在安全范围内。

⑤加工时，工作液面要高于工件一定距离（30～100 mm），如果液面过低，加工电流较大，很容易引起火灾。为此，操作人员应经常检查工作液面是否合适。还应注意，在电火花转成点弧放电时，电弧放电局部会因温度过高，工件表面向上积炭结焦，越长越高，主轴跟着向上回退，直至在空气中放火花而引起火灾。这种情况，液面保护装置也无法预防。为此，除非电火花机床上装有烟火自动检测和自动灭火装置，否则，操作人员不能较长时间离开。

⑥根据煤油的浑浊程度，要及时更换过滤介质，并保持油路畅通。

⑦电火花加工时间内，应有抽油雾、烟气的排风换气装置，保持室内空气良好而不被污染。

⑧机床周围严禁烟火，并应配备适用于油类的灭火器，最好配置自动灭火器。好的自动灭火器具有烟雾、火光、温度感应报警装置，并自动灭火，比较安全可靠。若发生火灾，应立即切断电源，并用四氯化碳或二氧化碳灭火器吹灭火苗，防止事故扩大化。

⑨电火花机床的电器设备应设置专人负责，其他人员不得擅自乱动。

⑩下班前应关断总电源，关好门窗。

10.2　数控电火花成形机床的日常维护与保养

①每次加工完毕后以及每天下班时，应将工作液槽的煤油放回储油箱，将工作台面擦拭干净。

②定期对需润滑的摩擦表面加注润滑油，防止灰尘和煤油等进入丝杆、螺母和导轨等摩擦表面。

③工作液过滤器在过滤阻力增大（压力降增大）或过滤效果变差时，应及时更换。

④避免脉冲电源中元器件受潮，在南方梅雨天气较长时间不用时，应定期人为开机加热。夏天高温季节要防止变压器、限流电阻、大功率晶体管过热，为此要加强通风冷却，并防止通风口过滤网被灰尘堵塞，应定期检查和清扫过滤网。

⑤有的油泵电动机或有些电机是立式安装工作的，电机端部冷却风扇的进风口朝上，很容易落入螺钉、螺帽或其他细小杂物，造成电机“卡壳”、“憋死”甚至损坏，因此要在此类立式安装电机的进风端盖上加装网孔更小的网罩以资保护。

单元 11　HCD400K 型数控电火花成形机床操作实训

以汉川机床有限责任公司生产的 HCD400K 数控电火花成形机床机床为例进行讲解。

11.1　HCD400K 型数控电火花成形机床控制面板介绍

11.1.1　数控脉冲电源柜面板

数控脉冲电源柜是完成机床操作、加工和控制的主要部分。该机床配备 MD20A－105 脉冲电源柜，是新一代的数控电火花成型机脉冲电源控制系统。该系统控制部分采用模块化结构设计，性能优良，加工稳定、可靠。该系统控制软件采用 VC＋＋语言开发，运行速度快，加工效率高。该系统采用 Windows 界面，完全汉化的加工提示、帮助。该系统可控制四轴、任意三轴联动，可实现直线、圆弧、螺旋线插补，适应各种复杂模具零件的加工。如图 11－1 所示。

图 11－1　HCD400K 型数控电火花成形机床

数控电源柜面板如图 11－2 所示。面板用于控制电源柜的各项功能的实现，它包括 3 个区域，下面为其各部分名称和功能。

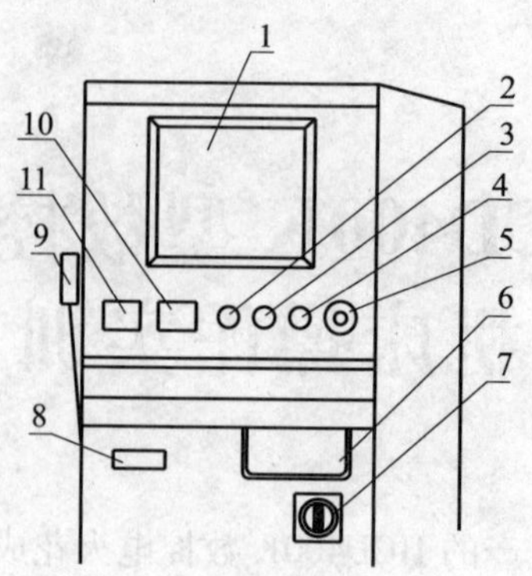

图 11－2　机床操作面板图

1—显示屏；2—旋转头；3—启动按钮；4—停止按钮；5—急停按钮；
6—鼠标盒；7—总开关；8—软驱口；9—手控盒；10—电压表；11—电流表

1. 电源指示、启停操作区

该部分包括电压表、电流表、调速旋钮、启动按钮、停止按钮、急停按钮。其中电压表和电流表用于分别显示脉冲电源的加工电压和加工电流。

“白色”按钮为启动按钮，按下后指示灯亮，控制柜接通电源开始启动。

“黑色”按钮为停止按钮，按下后电源柜切断电源，停止工作。

“红色蘑菇头”按钮为急停按钮，当发生意外紧急事故时，应按急停按钮关机。

“灰色”旋钮为旋转头附件调速旋钮，拉出时为旋转头开启状态，此时用它可以调节旋转头的旋转速度。

2. 屏幕显示区

15 in（1 in＝0. 025 4 m）的彩色显示器显示加工菜单及加工中的各种信息，显示器左上区指示 X、Y、Z、U 四轴坐标；显示器右上区显示当前系统时间、加工时间等；左中区为程序显示区，用于显示当前执行的程序及程序名；右中区为状态信息显示和控制区，用于显示电柜的当前状态信息，并通过对该区相应功能按钮的操作，可随时实现电柜工作状态的调整；显示器下边显示加工菜单，可使用键盘或鼠标控制系统软件进行文件操作、加工等。

3. 控制键盘、鼠标操作区

键盘用来把数值输入到系统中，操作与普通计算机相同；鼠标操作也与普通计算机相同。

11. 1. 2　手控盒操作面板

手控盒主要用于移动机床，共有 4 挡速度可以选择，并集中了加工操作过程中使用频率高的键。手控盒外形和面板图如图 11－3 所示。其功能和操作分别详述如下。（注意：当进入主画面后，必须等待 3 秒钟方可进行手控盒操作；手控盒上与面板上相同键名的按键，其功能和用法相同。）

①“速度设置”键：按此键可选择 4 种移动速度。“点动”，1 μm，单步移动；“低速”，不小于 3 mm/min；“中速”，不小于 120 mm/min；“高速”，不小于 600 mm/min。

②“油泵”键：上油时，按“油泵”键。停止时，同样操作。

③“停止”键：按此键，终止正在执行的加工指令。

④“暂停”键：按此键后，暂停正在执行的指令，恢复时，同样操作。

⑤“运行”键：按下此键后，输入指令和程序开始运行。

⑥“接触感知”键：按此键机床将在“忽略”接触感知状态下移动。

此键主要用于找正工件和电极。当使用手控盒移动机床时，电极和工件相接触后，主画面报警显示“接触感知”，先按“确认”键，进行解除，然后用忽略接触感知的方法，即一手按住“接触感知”键，一手按住方向键（与前面移动方向相反）使工件与电极脱开。如果经常用百分表找正电极，请将百分表的表头换成绝缘宝石头的，这样就听不到报警声，也免去了一手按住“接触感知”键，一手按住方向键这样的操作，同时还能避免其他部位相撞造成的损失。

注意：此时是人为的忽略接触感知的操作，必须注意输入方向并确认移动路线上无障碍物，否则有可能撞伤电极和工件或造成移动轴伺服过载故障，甚至撞坏机床。

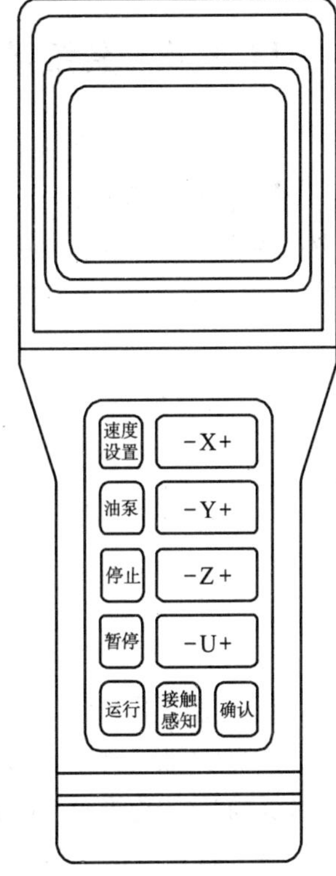

图 11－3　手控盒示意图

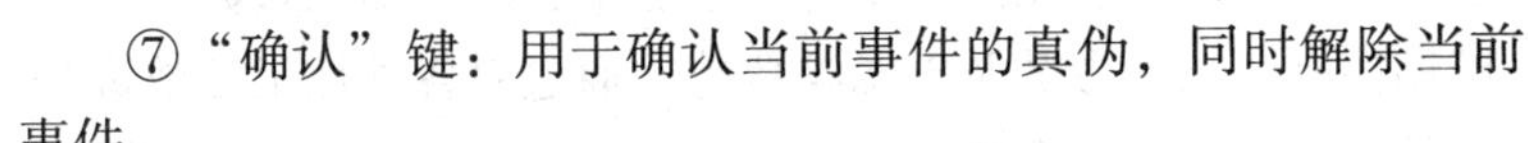

⑦“确认”键：用于确认当前事件的真伪，同时解除当前事件。

⑧“X＋”、“X－”、“Y＋”、“Y－”、“Z＋”、“Z－”、“U＋”、“U－”键为方向移动按钮，在按下此键时，使指定轴向指定的方向移动。如按“X－”键，X 轴向负方向移动，主画面左上部显示的当前坐标值随轴的移动而变化，移动超过机械行程，极限开关动作，主画面显示“接触限位”信息，蜂鸣器报警。机床向反方向慢速移开限位开关，此时需等待，当坐标不再改变时，才能进行其他操作。

⑨手控盒上方为 X、Y、Z、U 轴坐标显示窗口，与面板屏幕上共同显示当前的坐标值，使操作更为方便。另外还显示移动速度挡位，右边四个方块分别指示点动、低、中、高四挡移动速度，满四格为“高速”，三格为“中速”，二格为“低速”，一格为“点动”。

11.1.3　总电源开关和其他

总电源开关在电源柜的前面，键盘下方为红色，带黄色圈。顺时针为开，逆时针为关。

软盘驱动器位于电源柜的键盘左下方，是标准软驱。磁盘是存贮数据和程序的录制媒介，使用时注意：“指示灯亮时，严禁用户抽出磁盘!”否则损坏磁盘，破坏数据。

鼠标位于电源柜的键盘右下方，配合键盘共同完成电源柜的操作。

11.1.4　系统菜单的使用和操作说明

本节主要详细介绍系统的各种功能，以便进一步掌握其使用方法和相关操作。

1. 屏幕显示介绍

系统主窗口组成如图11－4所示。

汉川机床-电火花加工数控系统	
坐标显示窗口	加工状态窗口
程序显示窗口	系统参数窗口
命令按钮窗口	

图11－4　系统主画面组成

它包括以下5个区域：

①显示器左上区为X、Y、Z、U四轴的当前坐标值显示区，用以显示加工及移动的实时坐标轨迹以及绝对/相对、公制/英制的转换信息和最大加工深度。

②屏幕右上区为汉川机床有限责任公司徽标以及系统的当前时间和加工时间显示。

③屏幕右中部是加工状态设置调整显示区，用于加工过程中加工状态及加工参数的修改调整，其中包括：系统状态、模糊控制、摇动参数及电源参数等。通过对各种加工参数进行实时的调整，以保证最佳的加工效果，如图11－5所示。

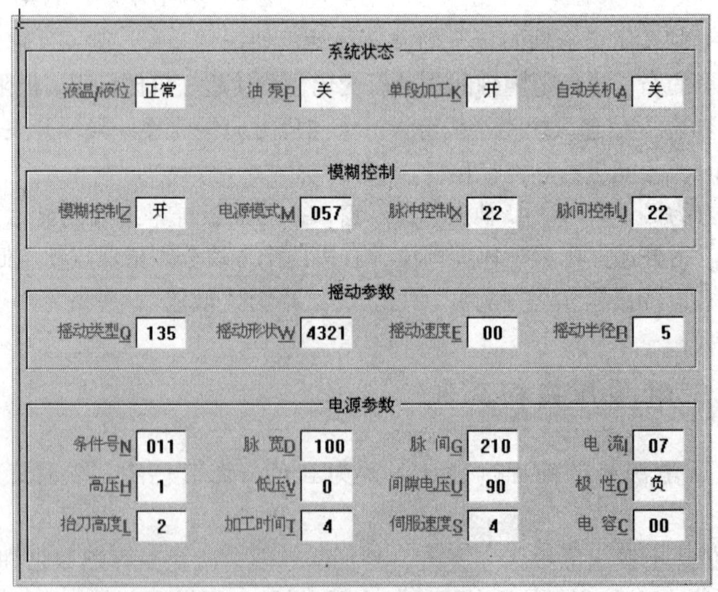

图11－5　加工状态设置调整显示区

④屏幕的左中部为当前加工程序显示区，用于显示当前正在加工的程序、程序段及程序名。

⑤屏幕的下部为功能操作区，此处的所有功能菜单均与键盘上的功能键 F1 ~ F12 一一对应，按下相应的功能键，即可完成各种功能，也可用鼠标点击功能项菜单对机床进行各种操作。

2. 单位说明

①在进行移动、加工等操作时，对话框中的默认单位是：微米（μm）。

②在平动加工中，选择平动半径时的默认单位是：微米（μm）。

③在程序编制中，输入的坐标数值的默认单位是：微米（μm）。当加小数点“.”表示时单位是：毫米（mm）如数值 5.，表示为 5 mm。

3. 快捷键说明

①主画面中，各功能键按钮后面的字母（有下划线），即为该功能键的快捷键字母，直接按下该字母键。即进入该功能。

②主画面中，各功能模块下的子功能键中，也有带下划线的字母，即为该子功能键的快捷键字母，同时按下“Alt”键 + 该字母键，即进入该功能。

③用鼠标点击各功能按钮，也可实现各功能的操作。

11.1.5　功能说明

该系统软件共分为 12 大功能模块，各功能模块均与键盘功能键一一对应，操作与之对应的按键或用鼠标操作，即可执行该功能键，同理，继续用鼠标操作对应的子功能键模块即可执行该子功能模块，依此类推，下面将对该功能模块一一进行介绍。

1. 开始

本功能在“F4 坐标移动、F5 定位、F6 加工”等功能调出后，方可使用，并需对以上功能下的子功能进行赋初值，具体操作详见下述章节。

注意：在操作“F1 开始”时，一定要确认各项设定值必须正确，以防造成不必要的损坏。

2. 暂停

本功能在“加工”过程中方可使用，按下“F2 暂停”键后，可以使用手控盒控制机床进行移动，用手控盒移动机床后，若要依照原定的加工程序轨迹继续进行加工，只需再次点击“F2 暂停”即可，此时系统将弹出如对话框。可以根据加工的实际需要，在对话框内选择不同的速度回暂停点继续加工，选择后，用鼠标点击“确认”按钮或按键盘上的“Enter”键，即可解除“暂停”状态，按原轨迹返回暂停点继续进行加工。如果不返回加工点，用鼠标点击“停止加工”按钮或按 ESC 即可退出对话框。

3. 停止

在“坐标移动、定位、加工”等过程中，用鼠标点击该功能或按下“F3 停止”键，系统将停止上述工作过程的执行，停止在当前位置处。如在“加工”功能执行前，选择了“自动回起始点”功能，系统则自动返回起始点后停止。

如果工作过程中，使用了“F3 停止”键，使用手控盒移动了机床，那么需要继续进行原来的加工，只需使用“辅助功能”下的“断点加工”子功能即可进行。如果未使用手控盒移动机床，则直接按“F1 开始”键，即可恢复加工。

4. 坐标移动

本功能包括“移动”、“半程移动”、“极限移动”和“坐标设定”四个子功能模块，其具体操作方法分述如下：

①“移动”功能如图11－6所示。在此对话框中，选择“移动”子功能，选择需要移动的坐标轴并输入相应的坐标轴的移动量，并根据需要确定是否选择“接触感知”功能。然后点击“确认”按钮或按下“F1开始”键或“Enter”键，即可将选定轴移动到相应的目标位置处。点击“退出”按钮或按下“ESC”键，即可退出该功能及其对话框。

注意：选择“接触感知”功能后，“移动”具有接触感知功能，否则将忽略接触感知，因此，在这种忽略接触感知功能下进行移动操作时，要特别小心，确认在移动过程中没有阻挡物，以防撞坏电极和工件，造成巨大的经济损失。

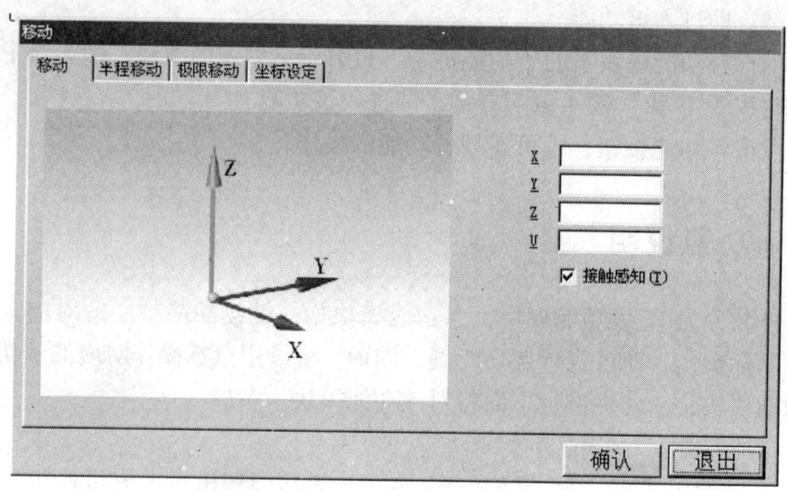

图11－6　移动

②“半程移动”子功能模块如图11－7所示。选择需要移动的坐标轴，并根据需要确定是否选择“接触感知”功能。然后点击“确认”按钮或“F1开始”键，即执行“半程移动”功能，机床移动到当前坐标值的一半处后停止。

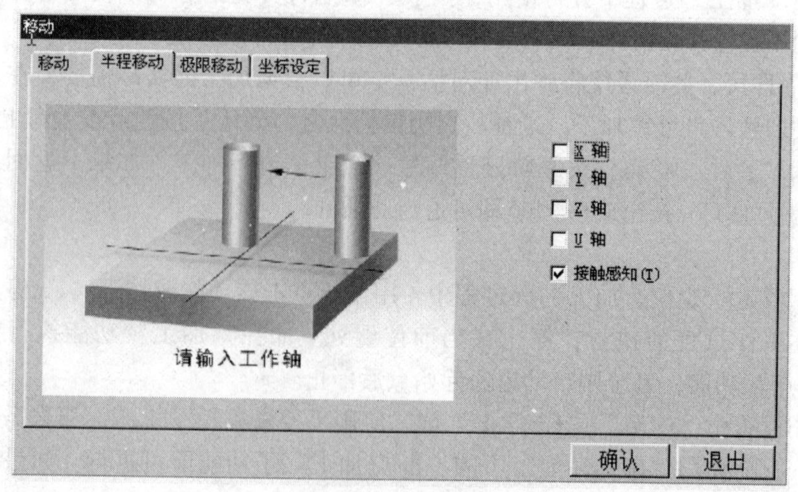

图11－7　半程移动

③“极限移动”子功能模块如图 11－8 所示。选择需要移动的坐标轴，并选择坐标轴的“＋”、“－”的方向，然后点击“确认”按钮或“F1 开始”键，即可按照设定的移动顺序进行“极限移动”，机床移动到极限位置处，并找到机床零点后停止。

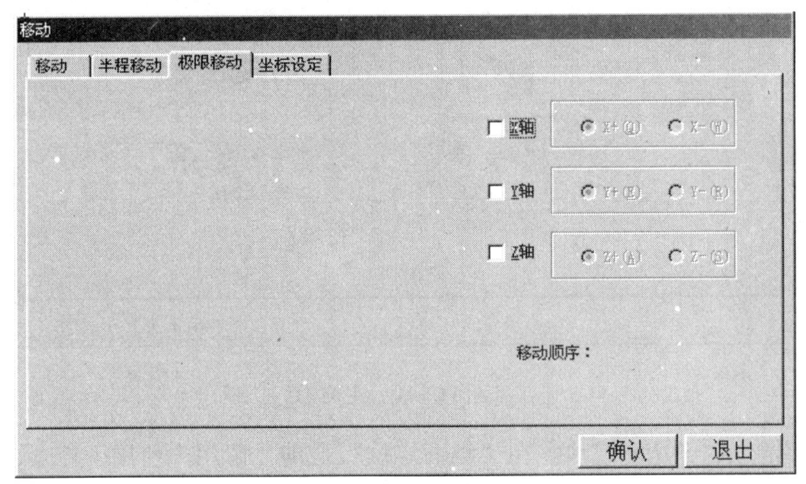

图 11－8　极限移动

④“坐标设定”子功能模块如图 11－9 所示。选择需要设定的坐标轴，并输入相应的坐标值，点击“确认”或“F1 开始”键，即可完成坐标设定工作，并显示在各自的坐标系上，各坐标轴距机械原点的距离也随之变化。在“坐标设定”子功能模块下，还可以进行“绝对”、“相对”、“公制”、“英制”的转换工作，并可以进行单轴或全部坐标的清零工作。

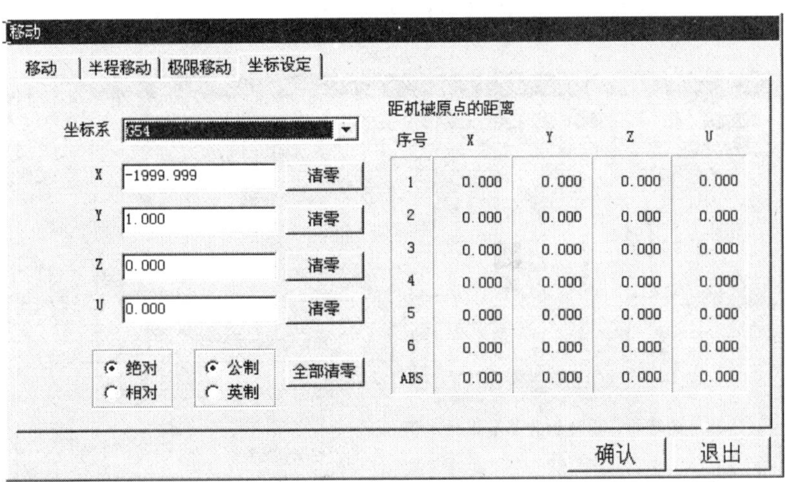

图 11－9　坐标设定

5. 定位

本功能包括“端面定位”、“角定位”、“柱中心定位”、“孔中心定位”、“自动三点定位”、“火花找正”等 6 个子功能模块。如图 11－10 所示，其使用操作方法分述如下。

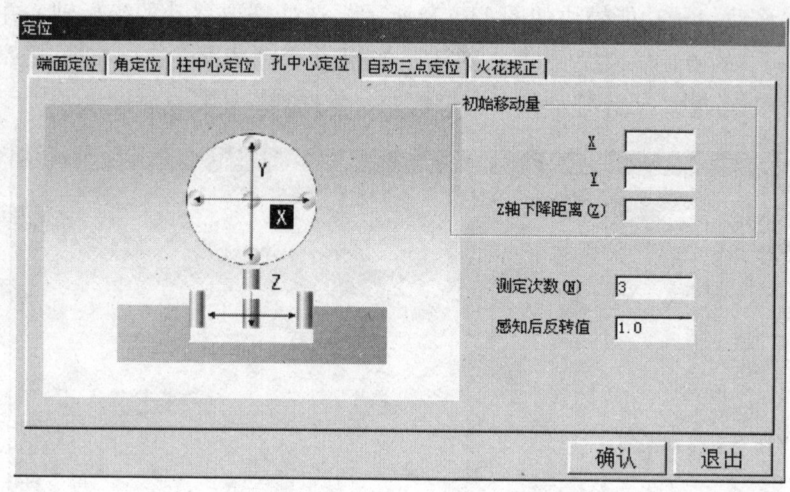

图11-10　定位

①“端面定位”子功能模块。在“端面定位”之前，请用户使用手控盒，将机床移动到电极和工件的相应位置处，然后根据定位需要输入相应的“快速接近距离”，并根据工件和电极之间的对应关系在“移动方向”对话框一栏中，选择对应的移动方向。并输入“感知后反转值”，同时可以根据“端面定位”的需要选择“绝对”及“坐标清零”。然后点击“确认”按钮或“F1开始”键，即可进行“端面定位”工作，以便寻找加工基准点。如电极和工件相距较近，“快速接近距离”一栏的数值，可以不输入。“绝对”一栏，打“√”为绝对，不打“√”为相对。“坐标清零”一栏可以根据自己的需要选择。

②“角定位”子功能对话框如图11-11所示。

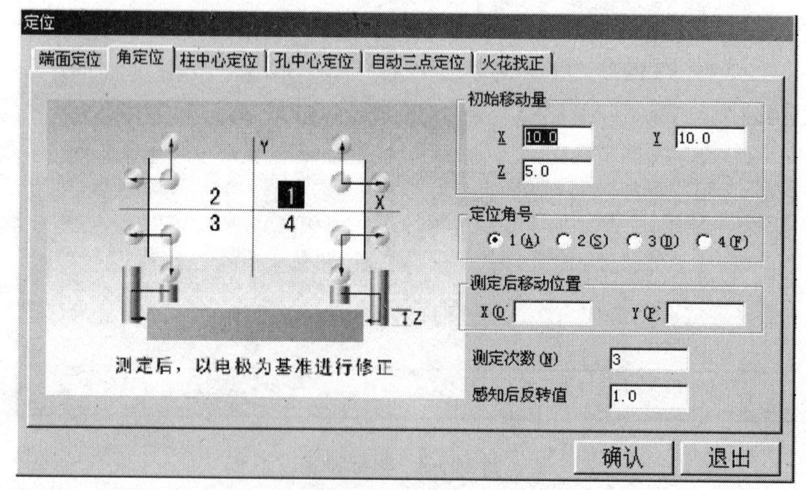

图11-11　角定位

在角定位之前，请先用手控盒将机床移动到电极和工件的相应位置处，然后根据定位需要选择“定位角号”，并输入以下变量：初始移动量；测定后移动位置；测定次数；感知后反转值。然后点击“确认”按钮或“F1开始”键，即可进行“角定位”。

其中“定位角号”的 1、2、3、4 分别对应第一至第四象限工件的各个角。“测定后移动位置”的输入值，决定角定位后电极停在的位置。如输入值为零，电极将停在工件上两邻边的交点处。

③“柱中心定位”子功能模块对话框如图 11－12 所示。

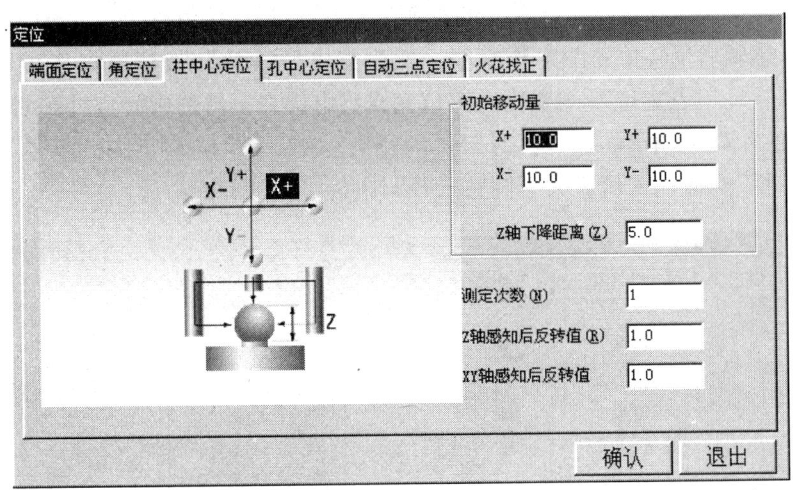

图 11－12　柱中心定位

在“柱中心定位”之前，请用手控盒将机床移动到电极和工件相应位置处，然后根据定位需要输入以下变量：初始移动量；Z 轴下降距离；测定次数；Z 轴感知后反转值；X、Y 轴感知后反转值。然后点击“确认”按钮，即可进行“柱中心定位”操作。定位完成后电极停在工件的中心处。

④“孔中心定位”子功能模块对话框如图 11－13 所示。

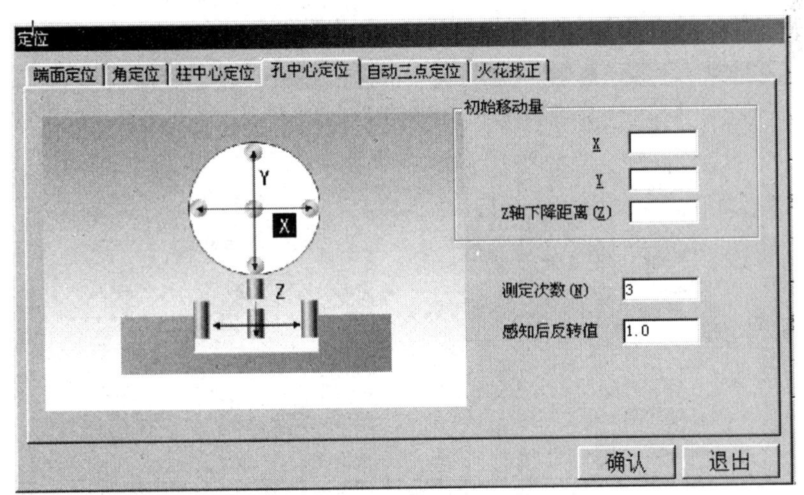

图 11－13　孔中心定位

在“孔中心定位”操作之前，请用手控盒将机床移动到电极和工件的相应位置，然后在如图所示的对话框中，根据定位需要输入以下变量：X 和 Y 轴的初始移动量；Z 轴下降距离；测定次数；Z 轴感知后反转值。然后点击“确认”按钮或操作“F1 开始”键，即开始执行“孔中心定位”，定位完成后电极停在工件的内孔中心处。

⑤“自动三点定位”子功能模块对话框如图11－14所示。在“自动三点定位”操作之前，先用手控盒将机床移动到电极和工件的相对位置，然后在对话框中根据定位需要，选择“定位类型”中的“内径”或“外径”；在“条件”对话框输入三点定位的条件，其中包括：原输入值，第一点接触角度，第二点接触角度，第三点接触角度。并输入以下变量：Z轴下降距离；感知后反转值；测定物直径。然后点击“确认”按钮或操作“F1开始”键，即开始执行“自动三点定位”的操作，定位完成后电极在工件的中心点处。

“原输入值”即为图中的“r”，对于“内径”，原输入值应小于内孔半径与电极半径的差；对于“外径”，原输入值应大于圆柱半径与电极半径的和。

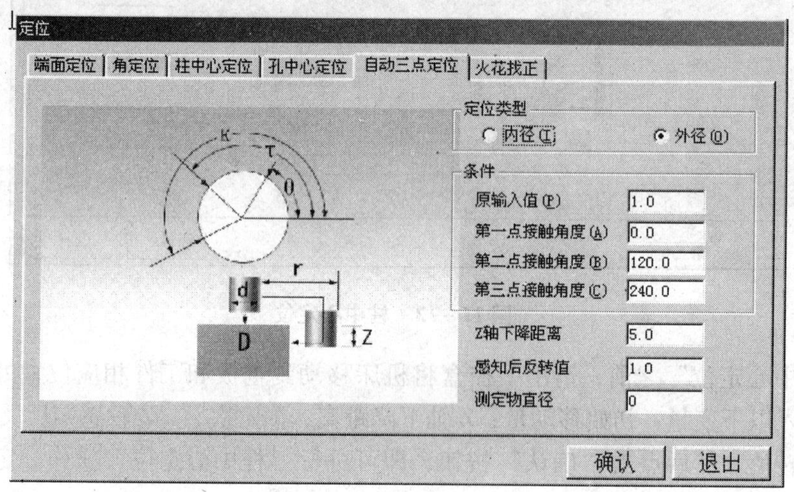

图11－14　自动三点定位

⑥“火花找正”子功能模块对话框如图11－15所示。

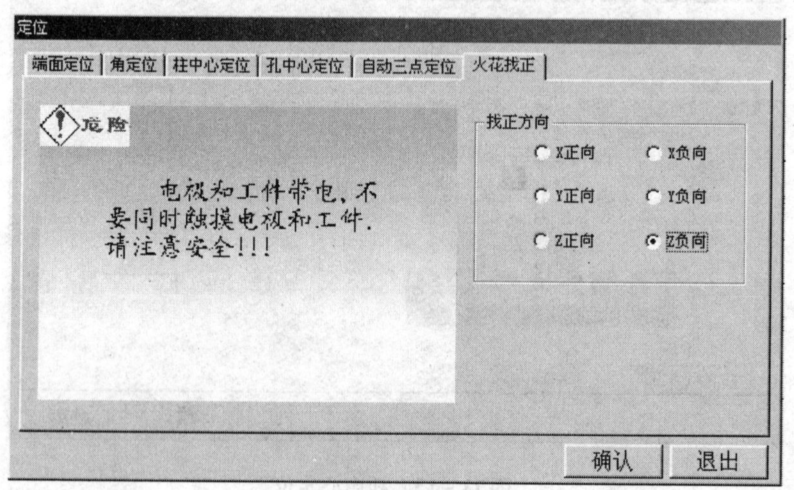

图11－15　火花找正

“火花找正”是一种带有小电流放电加工的定位方式。它有利于电极和工件的找正和定位，在实际加工中经常用到。其使用方法如下：在图11－15所示的对话框中，选择需要找正的方向，“Z 负向”、“Z 正向”、“X 负向”、“X 正向”、“Y 负向”、“Y 正向”6 个中的一个，然后点击“确认”按钮或操作“F1 开始”键，即开始执行“火花找正”的操作。当电极快要接近工件时，即有小火花放电，此时可根据火花是否均匀，来确定电极和工件是否平正。在进行电极和工件调平时，首先应确定电极卡头是否为绝缘卡头，以防卡头带电，造成不必要的触电事故！其次，可选择 IP 参数值来控制火花的大小，但是火花不能太大，以防其他意外事故的发生。

6. 加工

本功能包括“手动加工”和“程序加工”两个子功能模块，可以根据自己的需要进行选择。

①“手动加工”子功能模块如图 11 – 16 所示。

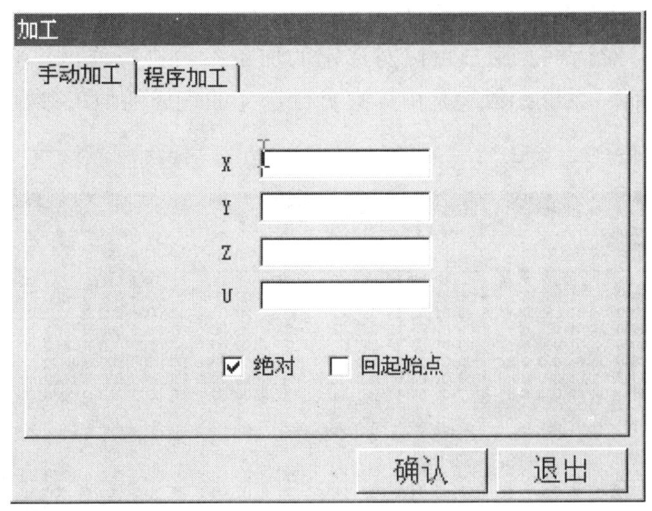

图 11 – 16 手动加工

在此对话框下，需要输入伺服加工轴的目标坐标值，并根据需要选择加工坐标“绝对”或“相对”方式，同时还可以选择加工结束后是否回加工起始点，决定加工轴的停止位置。

在图 11 – 16 中对话框中，当已按要求设定完毕，即可点击“确认”按钮，即一段简易加工程序就被调入程序状态栏中，在此可以确认程序的正确性和设定加工参数。如果各项加工参数均已选择好，则可以按“F1 开始”键开始加工。如果没有准备好，可重新进行以上操作。

注意：按“F1 开始”键，如果加工液面未达到设定值，将提示无油加工画面。在加工中严禁使用无油加工。

②“程序加工”子功能模块如图 11 – 17 所示。在此对话框下，单击“浏览”按钮，即弹出打开文件对话框，在此对话框中选择 NC 加工程序，然后单击打开按钮，所选定的加工程序，即可显示在相应的对话框中，点击“确认”按钮，所选定的加工程序，即可显示在图程序显示窗口中，便于浏览和最后确认所选程序的正确性。一切正确无误后，按“F1 开始”键，即可进行程序加工。如果加工液面未达到设定值，应等待液面到位。

7. 加工条件

加工条件分“用户参数”和“系统参数”两大类。其区别在于：“用户参数”下的参

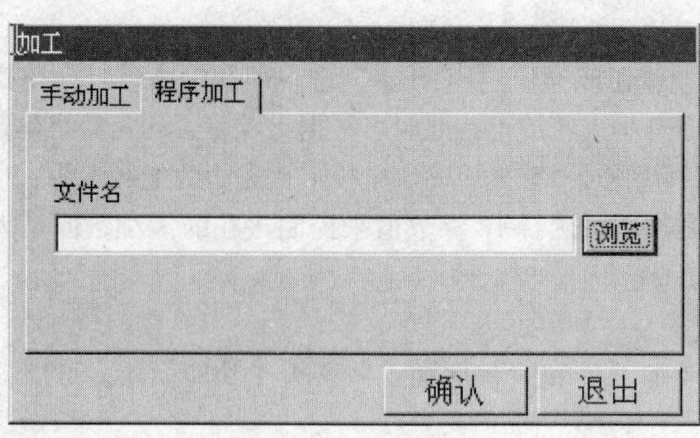

图 11－17　程序加工

数选择项目，用户可以根据加工经验进行修改，以满足用户可以随时调用自己成熟的加工参数。在“用户参数”对话框，用户可以对选定的加工参数进行修改、删除、保存等操作，如图 11－18 所示。而“系统参数”是由厂家自行定义的现成的加工参数库，用户不能进行修改，如图 11－19 所示。

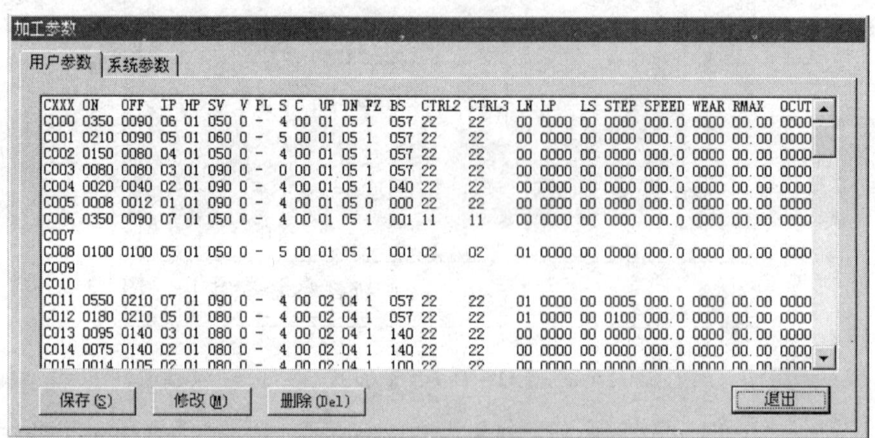

图 11－18　用户参数

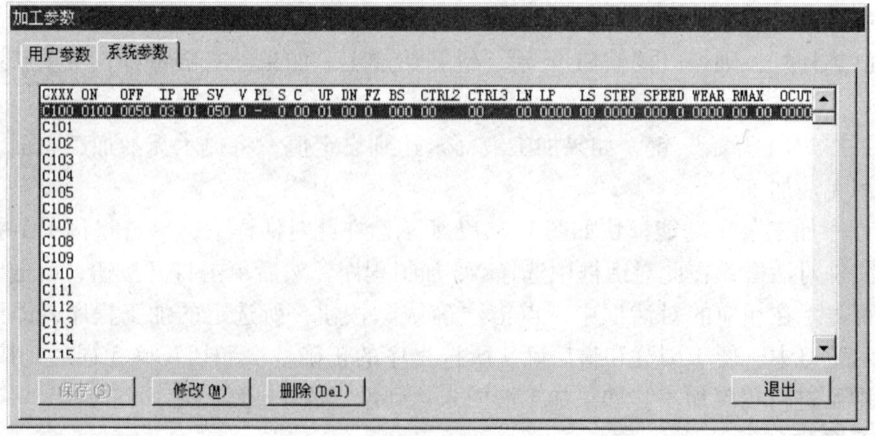

图 11－19　系统参数

8. 机床参数

“机床参数”是厂家为保障机床的各种精度及机床正常加工运行而设置的各种机床参数，它包括速度参数、机床行程、反向间隙补偿和螺距补偿等各种机床参数，如图 11－20 所示。原则上讲该项功能严禁用户操作使用，所以该项功能厂家进行加密保护。禁止用户使用该功能模块。

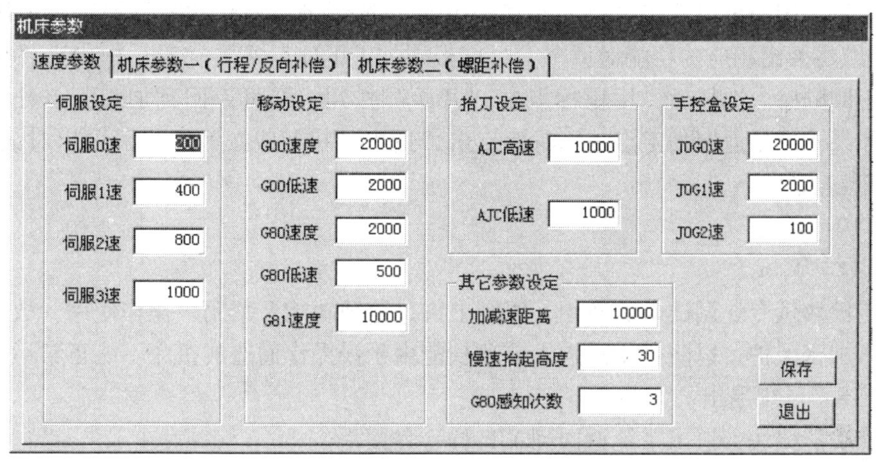

图 11－20　机床参数

9. 辅助功能

该功能模块包括“程序编辑器”、“当前程序编辑器”、“计算器”和“断点加工”等子功能模块。

“程序编辑器”用于用户对所需程序的编辑和修改，如图 11－21 所示。

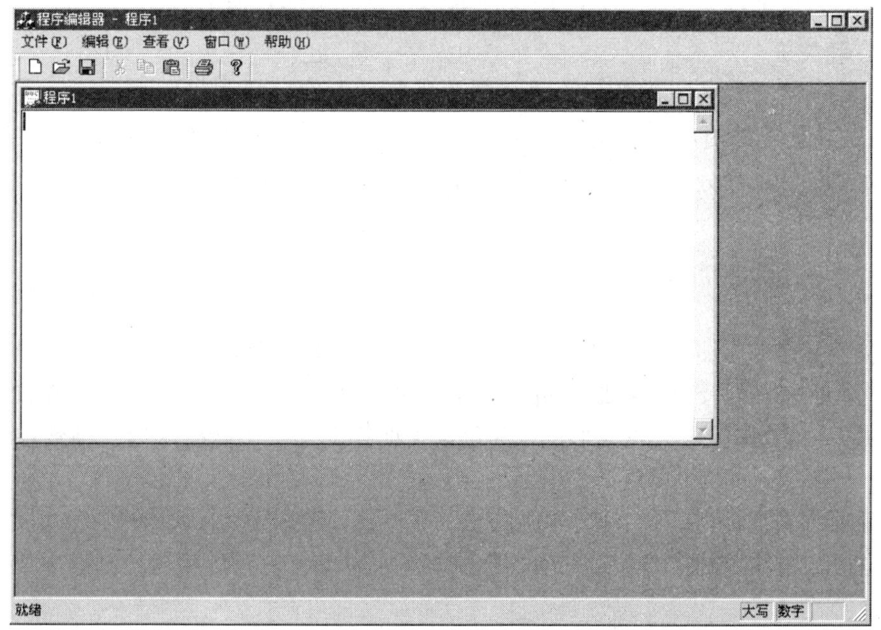

图 11－21　程序编辑器

"当前程序编辑器"主要用于对当前调用的程序进行修改和编辑，并可编辑和检查程序的错误。

"计算器"是直接调用 Windows 的计算器程序，使用方法与 Windows 的计算器相同。

"断点加工"是用来保护在加工过程中因出现意外情况，而造成的机床加工中断时，对各种加工信息恢复的一种有效的补救措施。例如，加工过程中系统意外断电、加工停止等，在这种情况下，用户可以使用"断点加工"功能来继续进行原来的零件加工。使用"断点加工"，系统将弹出相应的功能对话框。可以根据加工的实际需要在对话框内选择回断点时移动轴的不同顺序。选择后，用鼠标点击"开始"按钮，即可返回到加工断点处，继续进行加工，如果不准备返回加工点，用鼠标点击"退出"按钮或按 ESC 即可退出对话框。

10. 其他功能

（1）F10：帮助

（2）F11：调试

本功能模块供专业调试人员使用，原则上讲，该项功能严禁用户操作使用，故厂家对该项功能进行加密保护，以防止用户进入该项功能由于误操作而造成机床不能正常运行。

（3）F12：系统退出

点击该功能模块，退出系统返回到 Windows 界面下。

（4）油泵

用手按手控盒上的"油泵"键，或按键盘上快捷键"P"，或用鼠标点击系统状态下的"油泵"按钮，可直接开启或关闭油泵。同时状态栏的"开/关"状态随之变化。

（5）单段加工

用鼠标单击状态栏，系统状态下的"单段加工"按钮或按键盘快捷键"K"，即可控制机床进行单段加工，同时状态栏的单段加工"开/关"状态跟随变化。当选择单段加工后，程序每执行一行，即处于暂停状态，按下"暂停"键，可恢复加工。

（6）自动关机

用鼠标单击状态栏系统状态下的"自动关机"按钮即可控制机床在加工结束后，执行"自动关机"功能，同时状态栏的自动关机"开/关"状态跟随变化。选择"开/关"功能后，系统在加工结束两分钟后，将自动关掉计算机和电柜电源。

11.1.6 摇动加工

摇动加工又称劳伦加工或平动加工，指在单轴加工时，其他两轴进行特定轨迹合成动作的加工方式。在多轴数控电火花成形机床上才有此项功能，下面以汉川机床有限责任公司生产的 HCD400K 精密数控电火花成形机床为例来说明摇动加工，该机床为三轴数控的电火花成机床。

1. 摇动加工的作用

①对电极与精加工的偏差进行补偿，控制加工尺寸精度；可以精确控制加工尺寸精度到 2～5 μm 级。

②利于排屑，利于稳定加工。

③修光工件的表面，提高其粗糙度指标；可以修光侧面和底面的表面粗糙度 *Ra* 到

0.8 ~0.2 μm 级。

④可以加工出清棱、清角的侧壁和底边。

⑤变全面加工为局部面积加工，有利于排屑和稳定加工。

2. 摇动加工的基本要素

摇动加工有 3 个基本要素。

①以某加工轴为基准，其他两轴进行摇动，摇动幅度（半径）STEP。

②摇动轨迹：摇动轨迹有五种，包括圆、方、菱形、X 和十字形。

③伺服方式：伺服方式有三种：自由摇动，步进摇动和锁定摇动。

3. 摇动加工参数及选择方法

①摇动类型。摇动可分为自由摇动、步进摇动、锁定摇动三种类型。

②摇动形状。摇动形状有圆、方、菱形、X 形、十字形五种（见图 11 –22 所示）。

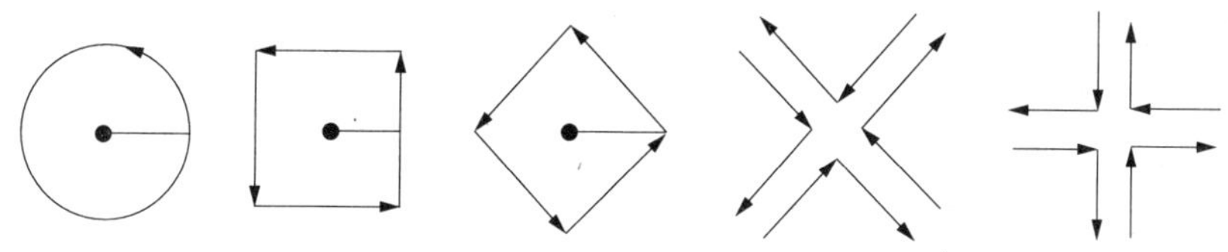

图 11 –22　摇动形状

③摇动平面。摇动平面有 XY 面、YZ 面和 ZX 面三种。

④象限摇动。可根据自己的需要选择相应象限的摇动形状。

⑤摇动速度。在“摇动参数”状态下点击“摇动速度”，系统弹出“摇动速度”值对话框。其中：第一位数值表示摇动方向，“0”表示先两圈逆时针，后一圈顺时针；“1”表示逆时针方向摇动；“2”表示顺时针数值方向摇动。第二位数值表示摇动速度的快慢，“0”为最快，“9”为最慢。

⑥摇动半径。本系统“摇动半径”值的范围为 5 ~9 999，单位为微米（μm）。锁定摇动的最小值为 20，输入完成后，按“确认”按钮。

4. 摇动加工的指令

摇动加工的指令格式如下：

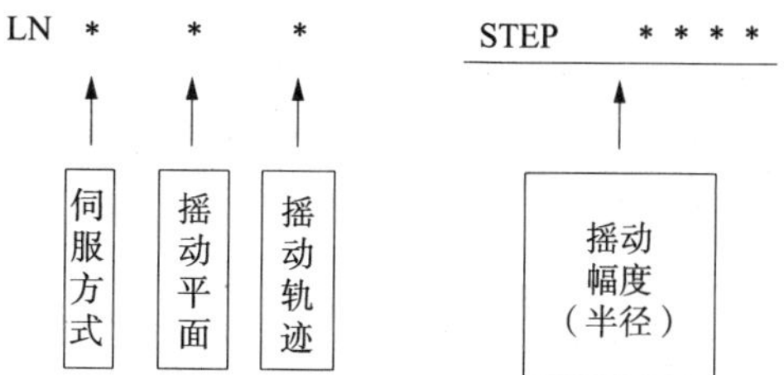

5. 摇动类型一览表

以短路时回退类型，选择“不动”为例。

其中第一位数表示平动类型，第二位数表示平动平面和回退类型的组合，第三位数表示平动轨迹。具体情况如表 11 –1 所示。

表 11－1　摇动类型一览表

类型	平面 \ 轨迹	OFF	圆形	方形	菱形	X形	十字形
自由平动	XY平面	000	001	002	003	004	005
	YZ平面	030	031	032	033	034	035
	ZX平面	060	061	062	063	064	065
步进平动	XY平面	100	101	102	103	104	105
	YZ平面	130	131	132	133	134	135
	ZX平面	160	161	162	163	164	165
锁定平动	XY平面	200	201	202	203	204	205
	YZ平面	230	231	232	233	234	235
	ZX平面	260	261	262	263	264	265

11.2　加工条件

1. 加工参数

加工参数的选择对工件加工质量影响很大。不同的数控电火花成形机床加工参数大同小异。在选择加工参数时，要综合考虑加工工件的表面粗糙度、尺寸精度、生产率等各种因素，以满足工件的加工要求。

本脉冲电源的加工参数如表 11－2 所示。

表 11－2　加工参数表

序号	参数	功能	范围
1	ON	脉冲宽度	1～2 047
2	OFF	脉冲间隙	6～2 047
3	IP	峰值电流	0～99
4	H	高压控制	0～7
5	SV	间隙电压	20～200
6	UP	上升距离	0～9
7	DN	放电时间	0～9
8	POL	放电极性	+、－
9	S	伺服速度	0～9
10	VL	低压电压	0～1
11	C	电容	0～15
12		C代码	0～999

2. 参数设定与修改

在机床的主画面中的“电源参数”对话框中，可以设置有关加工条件的各项参数。直接用鼠标点击需要设定参数的按钮或操作其对应的快捷键，即弹出相应参数的设置对话框，在其设置对话框中，根据需要输入相应的参数值后，按“确认”键，即完成该项参数的设置和修改，输入的参数值即显示在“电源参数”栏中。

3. 加工参数简介及选择方法

数控电火花成形加工的加工参数有：脉冲宽度（ON）、脉冲间隙（OFF）、峰值电流（IP）、高压控制（H）、低压电压（VL）、间隙电压（SV）、放电极性（POL）、抬刀高度（UP）、加工时间（DN）、伺服速度（S）、电容（C）、条件号（C 代码）等。这些参数在电火花成形加工中有各自的功能。

加工参数的选择以及对加工的影响：

（1）脉冲宽度（ON）

脉冲宽度的选择范围为：1～2 047 μs（微秒）。脉冲宽度对加工的影响：脉冲宽度增加效率提高，电极损耗降低，粗糙度降低。

（2）脉冲间隙（OFF）

脉冲间隙的选择范围为：6～2 047 μs（微秒）。脉冲间隙对加工的影响：脉冲间隙增加，效率降低，电极损耗增大，对粗糙度影响不明显。

ON 和 OFF 的选择：一般脉冲宽度为脉冲间隙的两倍；机床低损耗加工，ON≥120 μs。OFF 的选择，在加工稳定的情况下，越小越好；在加工中要注意 ON 与 OFF 匹配，如加工不稳定或拉弧应增加 OFF 或减小 ON。

（3）峰值电流（IP）

峰值电流的选择范围为：0～99。IP 越高，加工速度越快。其选择原则是：IP 大于 15 的粗加工排屑好，IP4～IP7 是电极损耗较低的加工参数，IP1～IP3 为精加工使用。一般选择时考虑 1 cm^2 电流不大于 10 A。

（4）高压控制（H）

高压控制位数从 0～7 共 8 位，其作用是：快速形成放电通道，有利于加工稳定。它设定高压辅助回路的峰值电流，H 每增加 1，峰值电流约增加 0.2 A，最高 H＝7，约增至 1.2 A。

（5）低压电压（VL）

低压电压的变换范围为：0 和 1 挡，分别选择 0 和 1 时，对应空载电压依次为 90 V 和 120 V（有的机床多设有 60 V 的挡位）。在无损耗加工（Cu－－St 加工）一般取 VL＝90 V，电极采用紫铜；若选用 120 V，加工效率高，但电极损耗大，电极采用石墨。

（6）间隙电压（SV）

间隙电压的调节范围：20～200 V。SV 值小放电快，SV 值大放电慢，当加工出现不稳定或拉弧时，可通过增大 SV 值来调节。其选择原则是：一般粗糙工取 SV＝40 V～60 V；一般精加工取 SV＝80～100 V；精加工取 SV＝120 V 左右。

（7）放电极性（POL）

放电极性可为正极性或负极性，当工件接正极，电极接负极时称为正极性；反之，工件接负极，电极接正极时称为负极性。

放电极性影响电极损耗、放电稳定、效率，一般超精加工，最后一组参数采用正极性，可以获得较高粗糙度。

（8）抬刀高度（UP）

抬刀高度表示加工时的抬刀上升距离。使用抬刀有利于排屑，使加工稳定。其调整范围为0～9。

（9）加工时间（DN）

加工时间也可理解为放电时间，其设定值为0～9。DN表示放电时间，放电时间值＝设定值×0.5 s。

UP、DN的选择：一般粗加工：UP：DN＝2：5

精加工：UP：DN＝2：4或3：4

（10）伺服速度（S）

伺服速度的作用是间隙检测，自动调节。其选择范围为：0～9，可根据加工面积的大小选择。当加工面积较大时，需降低速度，S取小值。反之取大值。

（11）电容（C）

电容选择范围为0～15，可根据加工条件选择。一般C0～C6用于小孔窄槽等的精细加工；对于超硬合金加工，铜钨合金或石墨打钢的有消耗加工，粗加工时用C7～C9，精加工时用C3～C6，以增加脉冲的冲击力，使加工稳定。

无损耗加工（小于1%的电极损耗），需设定C＝0。

（12）条件号（C代码）

条件号有0～999个，其中000～099为用户定义，100～999为系统定义。

通常加工时，需要调整的参数是：UP、DN、SV等。

11.3 HCD400K型数控电火花成形机床基本操作

1. 机床开机操作

①接通机床总电源开关，如图11－2所示的总开关“7”。

②旋开急停开关，如图11－2所示的急停开关“5”。

③按下启动按钮，如图11－2所示的启动按钮“3”

④稍等片刻，自动进入电火花控制系统。

2. 机床关机操作

①使用手控盒把工作台、机头移至中间位置。

②按“F12”退出电火花控制系统，返回到Windows98界面。

③关闭电脑。

④关闭机床总电源。

注意：关掉脉冲电源控制柜电源后，至少等30秒才能再打开它。

3. 工作台移动

该机床只能使用手控盒来移动工作台。

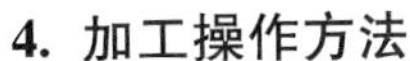

4. 加工操作方法

以加工一个简单的圆孔型腔为例进行说明。工件、电极已经装夹找正好后，按以下步骤操作机床进行加工：

①移动工件、电极，确定好加工位置。

②调整好油面高度位置，保证油面高度高过工件 50 mm 以上，调整冲油管的冲油压力及冲油位置。

③按“F5”定位，采用端面定位对电极进行定位，把工件上表面设定为坐标系的 Z 轴的零点。

④设置好加工参数。

⑤按“F6”加工，采用手动加工功能，输入加工深度值，加工坐标采用绝对方式。

⑥按“F1”开始，油泵开始上油，当油面高度达到设定位置开始放电进行加工。

⑦加工达到设定深度后，自动停止加工，加工完毕。

单元12　D7140P型电火花成形机床操作实训

以苏州三光科技苏州普光机电有限公司生产的D7140P型电火花成形机床机床为例进行讲解。

12.1　D7140P型电火花成形机床控制面板介绍

12.1.1　脉冲电源柜控制面板

D7140P型电火花成形机床如图12－1所示。

脉冲电源柜是完成机床操作、加工和控制的主要部分，D7140P型电火花成形机床的脉冲电源柜控制面板如图12－2所示。

图12－1　D7140P型电火花成形机床

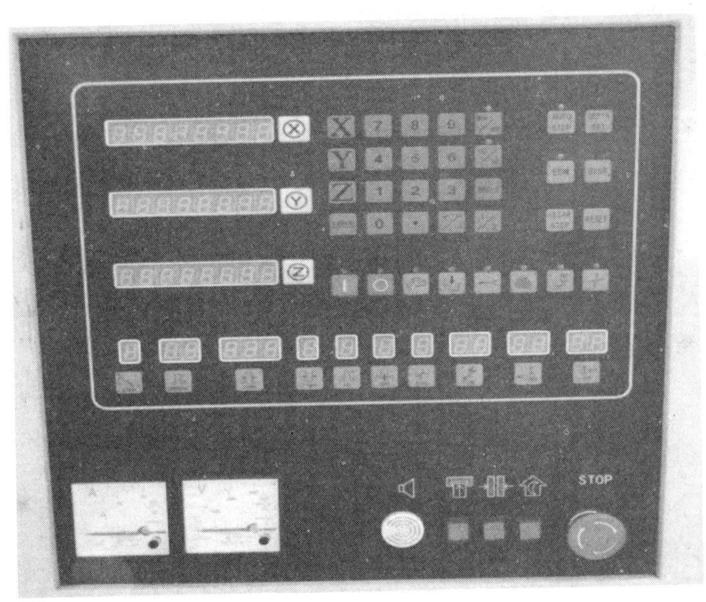

图 12－2　D7140P 型电火花成形机床电源柜控制面板

控制面板各部分名称及功能如下：

1. 光学尺（DRO）

（1）轴位设定键[DISP]

首先按[DISP]，屏幕显示 X、Y、Z 三轴位置画面，若要设定各轴位置，操作方式如下：

按[X]（或[Y]、[Z]）→输入设定值，如 50→按[ENTER]。

（2）轴位 INC 值归零键[ⓧ]、[ⓨ]、[ⓩ]

按[ⓧ]→则 X 轴归零。

按[ⓨ]→则 Y 轴归零。

按[ⓩ]→则 Z 轴归零。

（3）中心点位置显示键[½]

使用方法：当在寻找工件中心点时，首先按下中心测位开关，然后移动工作台，使电极轻触工件的一端，并按归零键；再移动工作台使电极轻触工件的另一端，此时便按下中心点位置显示键，Z 轴之数值会变为为原来的 1/2，此时再移动工作台，当 Z 轴显示为零时即为所得之中心点。

按[X]→[½]→数值为原来的 1/2。

按[Y]→[½]→数值为原来的 1/2。

按[Z]→[½]→数值为原来的 1/2。

（4）绝对值归零键[ABS-0]

按[X]→[ABS-0]。

按[Y]→[ABS-0]。

按[Z]→[ABS-0]。

（5）绝对位置及增量位置显示切换键ABS/INC

按ABS/INC→灯亮→此时显示值为绝对值。

按ABS/INC→灯灭→此时显示值为增量值。

（6）公制及英制单位切换键INCH/MM

按INCH/MM→灯亮→此时显示值为英制单位。

按INCH/MM→灯灭→此时显示值为公制单位。

2. 放电加工参数设置

首先EDM按键，屏幕显示 EDM 专用画面。

（1）STEP步序选择键

本机共有 10 个步序（0～9），每一个步序都可以储存一组加工参数，储存记忆参数的记忆时间长达六个月以上。

（2）CURRENT加工电流设定键

使用者只要输入需要的加工电流值，其余所有的加工参数即自动输入，（此参数是厂家根据多年经验积累得来的，适合各类模具使用）。

使用者也可以自行设定加工参数，以达到更理想的加工效果。

加工电流的大小与工件加工的面积成正比，面积越大电流越大，反之则越小。例如：面积为 100 cm^2 时，电流设定值约为 5 A。

操作步骤：按CURRENT→05→ENTER

电流量的大小与加工速度的快慢以及被加工工件表面粗糙度的关系如表 12－1 所示。

表 12－1　电流量大小与加工速度和被加工工件表面粗糙度关系

电流	大	小
加工速度	快	慢
表面粗糙度	差	好

（3）T-ON放电脉冲频率设定键（范围为 1～9，000～999）

放电脉冲频率关系到被加工工件加工的表面粗糙度和电极消耗程度，T－ON 频率大，电极消耗较小，相对的表面粗糙度较差。反之 T－ON 频率小时，电极消耗较大，表面粗糙度较好。

操作步骤：按STEP→此时STEP上方的数字会闪动，输入所要输入或修改的步序数字。（此时在工作参数画面会显示该步序的所有参数，Z 轴显示屏幕上会显示该步序所设定的加工深度值）

当执行自动修细功能时，步序（深度）设定的优先顺序如下：

STEP0→STEP1→STEP2→STEP3→STEP4→STEP5→STEP6→STEP7→STEP8→STEP9

以六段自动加工为例，如图 12－3 所示，设定总深度为 6 mm，STEP0～STEP5。

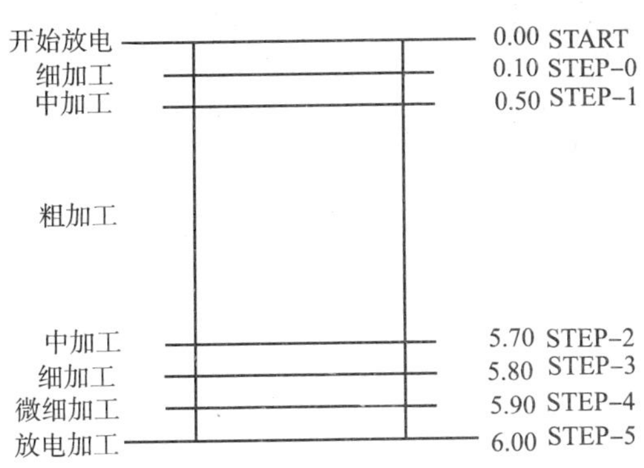

图 12-3　六段自动加工步序设置

步序记忆清除：按 STEP → CLEAR STEP →清除所有的步序里的加工参数，重新输入加工参数及深度值。

以上例子，是设定六段自动加工参数的步序，需再加上以下步骤：

按 STEP →6→0→OK，才能在 STEP0～STEP5 之间自动循环加工，否则第七段（STEP6）以后的加工参数将会继续执行。T-ON 与电极损耗程度及表面粗糙度的关系如表 12-2。

表 12-2　T-ON 与电极损耗程度及表面粗糙度的关系

（T-ON）频率	1～3	7～9
电极损耗	大	小
表面粗糙度	好	差

操作方式：

①段数输入法：按 T-ON →5→ ENTER （一般设定为 5）

②直接频率输入法：按 T-ON → DISP ，此时 T-ON 显示为三位数的频率值（单位为 μs），再将所需要的频率值输入（0～999）即可，如下：

T-ON →250→ ENTER （此值表示放电频率为 250 μs）

（4） T-OFF 加工效率设定键（范围为 1～9）

加工效率越高速度越快，但常容易造成积碳现象，尤其是细小孔且电流很小时。因此一般以排渣的难易程度作考虑，模具的形状有利于排渣则适当调高效率。加工效率与加工速度、电极损耗、积碳的关系见表 12-3。设置数值及频率关系见表 12-4。

表 12-3　加工效率与加工速度、电极损耗、积碳的关系

T-OFF	7～9	1～3
加工速度	快	慢
电极损耗	小	大
积碳	容易	不易

表 12-4　设置数值及频率关系

数字	1	2	3	4	5	6	7	8	9
频率/%	10	20	30	40	50	60	70	80	90

一般设定在5：按 T-OFF →5→ ENTER

（5） HV 高压重叠设定键（范围为0~3）

数值越大电流相对提高，加工容易，加工的稳定性高，但是电极的损耗相对就增加。

一般设定在2：按 HV →2→ ENTER

（6） GAP 电极间隙设定键（范围为1~9）

极间间隙越小则加工速度越快，但是排渣就越不容易，相对的会使加工速度变慢，反而不能加快速度，而且增加积碳情况产生的机会。

因此一般正常放电设定于5。

操作方式：按 GAP →5→ ENTER

（7） AUTO Z轴自动校模键

按此键，Z轴会自动往下，碰到工件时，会发出声音，Z轴便自动停止，可由手控盒上的伺服旋钮控制快慢。

（8） TIME 加工时间设定键（范围为00~99）

所谓加工时间就是电极对被加工工件放电的加工时间，加工时间越久，减少排渣时机头上下的时间，加工速率越快，但是容易造成排渣不良，因此必须配合模具加工的难易程度来设定适当的排渣时间，所以假如配合得好的话，可以加快加工速度。通常依据模具的深浅及排渣的难易程度而定，模具浅或排渣易则增加其数值。

操作方式：按 TIME →设定值→ ENTER

注：数字为“00”时，表示不排渣，持续加工，数字单位为0.5秒，所以如果数字表示为6时，表示加工时间为6×0.5=3秒。

（9） UP-1 、 UP-2 两段排渣设定键

本机型特别设计来提供任何工作特种的功能，因为假如工作状况是大电极盲孔加工时，如果电极突然快速往上排渣，可能会造成真空吸力而造成模具移位、电极损坏、伺服马达毁坏。所以本机型特别设计慢速上升一段距离，让加工也进入加工位置后，再快速上升，等到上升距离到达后，再快速下降到第一段排渣距离时，又变成慢速下降，让工作液挤出工作位置，再进行加工。

① UP-1 排渣第一段设定键（慢下，慢上），范围为00~99。

通常此段距离设定为0.2 mm，

操作方式：按 UP-1 →20→ ENTER

注：数字单位为0.01 mm。

②排渣第二段设定键（快下，快上），范围为 00 ~ 99。

依据模具的深浅及排渣的难易而定，（模具深，排渣不易则增加数值）

操作方式：→设定值→ENTER

注：数字单位为 0.5 mm

如设定值为 20 时，即 20 × 0.5 = 10 mm

3. 其他主功能键 DEPTH SET、AUTO STEP、EDM、DISP、CLEAR STEP、RESET

① DEPTH SET 加工深度设定键：

功能为输入所需的加工深度。

例如：Z 轴深度设定为 0.6 mm 时，

操作方式：按 DEPTH SET →0.6→ ENTER →0.6 mm

② AUTO STEP 自动加工设定键：

功能为选择循序自动加工或只作单段加工。

操作方式为，按一次灯亮，表示会由目前步序（STEP）自动往上步序循序作自动修细加工。再按一次灯灭，则会只执行目前步序的加工工作，当深度到达所设定的加工深度时，就自动停止加工，不再继续往下一个步序加工。

③ EDM Z 轴加工专用画面切换键：

按一下 EDM 时，EDM 灯亮时，所显示画面为 Z 轴加工专用画面，

此时 X 轴的显示值为目标深度值；Y 轴的显示值为加工深度值；Z 轴的显示值为现在进行值。

④ DISP 当要三轴显示画面时，只要按一次 DISP 即可。

⑤ CLEAR STEP 记忆清除按键，必须配合 STEP 使用，请参照 STEP 设定说明。

⑥ RESET 系统重置按键，如果有操作不当或发生死机时，请按一次此键即可。

4. 操作功能键

① 按一次即开始放电加工，同时工作液泵及防火功能同时会动作。

② 按一次机床马上停止加工。

③ 按一次工作液泵马上运转，再按一次即停止运转（放电时会自动运转）。

④ 按一次灯亮，则一旦工作液面高度未达到所设定之高度时，机床马上停止放电。

⑤ 间歇同步喷油装置 ON 时，当排渣开始时，才有工作液从间歇喷油管喷出，当电极在加工时并无工作液喷出，此装置可以帮助加工残渣的排除。

⑥ 防火装置 ON 时，当一有火灾发生时，机床一感应到火光，马上停止切断放电加工电源。

⑦ 垂直上升装置在 OFF 状态时，加工深度到达时，机头并不上升，只停留在原位置不动，当垂直上升装置 ON 时，加工深度到达时，会有声音发出，而且机头会上升至顶点

才停止。

⑧ 当此装置在 ON 状态下时，机头移动至工件表面时，会有蜂鸣器声音发出，而且不再下降，方便靠边或设定工作零点用，当在放电加工时，按此键会同时将放电加工停止。当此键在 OFF 状态下时，机头快速移至工件表面时，机头并不停止而且没有蜂鸣器的声音发出，请注意电极和工件之间的距离，以免一不小心按到下降键，而使细小电极损坏。

5. 其他开关等介绍。

介绍如图 12－4 所示。

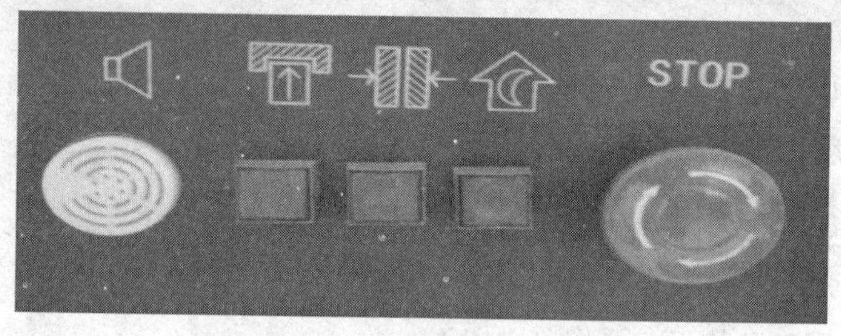

图 12－4 其他开关等介绍

① 紧急停止按键开关：当碰到紧急事件时，可用力将该按键按下以停止供电。

② 反向加工开关：按下此键可进行反向加工。

③ Z 轴锁定开关：会将 Z 轴锁定不动，以便加装摇动机头装置或特殊加工用。

④ 蜂鸣器。

6. 机床总电源开关及冲油、抽油开关

①机床总电源开关：在机床脉冲电源柜左侧下部，如图 12－5 所示。按下绿色按键为开启电源，按下红色按键为关闭机床电源。

图 12－5 机床总电源开关

②冲油、抽油开关，在工作液槽左侧上部，如图 12－6 所示。

图 12－6 冲油、抽油开关

11.1.2　手控盒控制面板

手控盒方便使用于短暂间歇的操作控制，手控盒控制面板如图 12－7 所示。

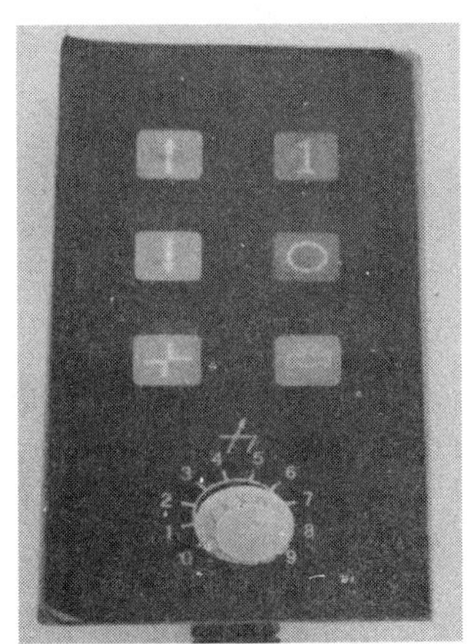

图 12－7　手控盒控制面板

①主轴上升键：按此键，主轴上升。

②主轴下降键：按此键，主轴下降。

③中心测位键：按此键，机头缓慢下降时，当电极接触到工件时，蜂鸣器会发出声音。

④放电开始键：按此键，放电开始。

⑤加工停止键：按此键，放电停止。

⑥工作液泵启动键：按此键，工作液泵运转，开始供应工作液。

⑦伺服旋钮：此旋钮用于调节伺服马达速度，调向顺时针方向，伺服速度增加，调向逆时针方向，伺服速度降低。

12.2　D7140P 型电火花成形机床基本操作

1. 机床开机操作

①接通机床总电源开关（按下绿色按键），如图 12－5 所示。

②旋开急停开关，如图 12－4 所示。

③稍等片刻，开机完成。

2. 机床关机操作

①把工作台、机头移至中间位置。

②按下急停按钮。

③关闭机床总电源。

注意：关掉机床电源后，至少等 30 s 才能再打开它。

3. 工作台移动及主轴移动

工作台通过转动手柄进行移动操作，主轴通过操作手控盒进行上下移动。

4. 加工操作方法

以加工一个简单的圆孔型腔为例进行说明。工件采用磁性工作台装夹，电极采用钻夹头进行装夹如图 12－8 所示，并且都已找正好。然后按以下步骤操作机床进行加工。

①移动工件、电极，确定好加工位置。

②设定工作零点，我们把工件上表面设定为坐标系 Z 轴的零点。

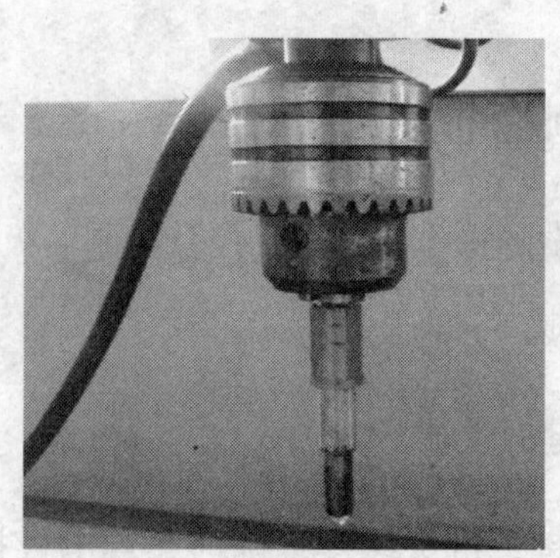

图12－8　电极装夹方法

操作方法如下：

- 按下测位键[测位键图标]，灯亮；
- 然后按手控盒的主轴下降键[下降键图标]，机头缓慢下降时，当电极接触到工件时，蜂鸣器会发出声音；
- 再按一次测位键[测位键图标]，灯灭，消除响声，按[Z键图标]把Z轴坐标归零；
- 按手控盒的主轴上升键[上升键图标]，把主轴抬高2～3 mm。设定工作零点操作完成

③按一下EDM键，EDM灯亮时，所显示画面为Z轴加工专用画面。

此时X轴的显示值为目标深度值；Y轴的显示值为加工深度值；Z轴的显示值为现在进行值。

④按DEPTH SET键设定加工深度，如加工深度（Z轴深度）设定为0.6 mm时，

操作方式：按DEPTH SET→0.6→ENTER→0.6 mm

⑤按CURRENT键设定加工电流为5。

⑥调整工作液管喷嘴位置，采用冲油方式加工，打开冲油开关。

⑦按[工作液键图标]键启动工作液。

⑧按[放电键图标]键开始放电加工。

⑨加工完毕，自动停止加工，并发出声音提示操作者已加工结束。

12.3　平动头基本操作

电火花粗加工时的火花间隙比中加工的要大，而中加工的火花间隙比精加工的又要大一些。当用一个电极进行粗加工，将工件的大部分余量蚀除掉后，其底面和侧壁四周的表面粗糙度很差，为了将其修光，就得改变规准逐挡进行修整。由于后挡规准的放电间隙比前挡小，对工件底面可通过主轴进给进行修光，而四周侧壁就无法修光了。平动头就是为解决修光侧壁和提高其尺寸精度而设计的。

平动头是一个使装在其上的电极能产生向外机械补偿动作的工艺附件。在采用单电极加工型腔时，可以补偿上一个加工规准和下一个加工规准之间的放电间隙差。平动头如图 12－9。

图 12－9 精密型数控式平动头

1. 平动头的动作原理

平动头的动作原理是：利用偏心机构将伺服电动机的旋转运动通过平动轨迹保持机构，转化成电极上每一个质点都能围绕其原始位置在水平面内作平面小圆周运动，许多小圆的外包络线就形成加工表面。其运动半径即平动量，通过调节可由零逐步扩大，以补偿粗、中、精加工的火花放电间隙之差，从而达到修光型腔的目的。其中每个质点运动轨迹的半径就称为平动量。

2. 平动头在电火花加工中的作用

①机械式平动头能够补偿加工中电极的损耗，可使用单个电极完成粗加工到精加工转换的过程。

②机械式平动头有扩孔作用，当工件要求偏小时，设定所需平动量加工，满足工件加工要求。

③机械式平动头对工件光洁度有明显效果，特别是工件型腔侧边尤为明显。

④机械式平动头可对螺纹孔放电加工

⑤数控平动头能够作多种循迹及侧向加工，包含圆形循迹、方形循迹、正方形侧向、圆周任意角度等分连续、任意角度对称、任意角度侧向。极大地提升了 ZNC 电火花的作用。

⑥精密数控平动头与火花机相连，可改变平动量和侧壁修整量控制放电侧边间隙。并在平动结束时能够自动停止加工。

3. D7140P 型电火花成形机床配套的平动头

D7140P 型电火花成形机床配套的平动头是苏州科汇电加工机床有限公司生产的 EDM－E－50 型精密平动头，如图 12－10 所示。

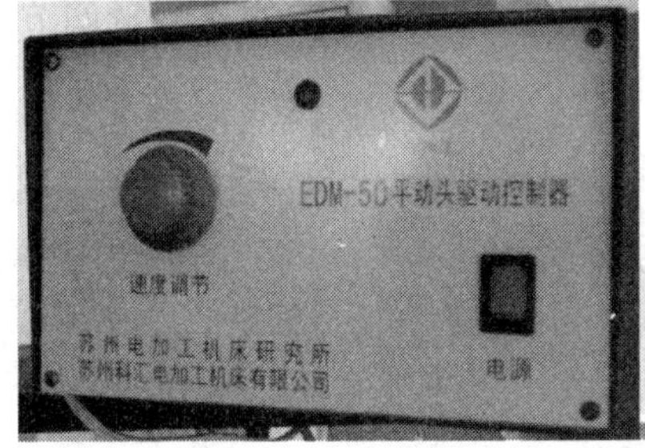

图 12－10 EDM－E－50 型精密平动头

（1）规格

①外形尺寸	260 mm×150 mm×160 mm
②最大平动量	±1.5 mm
③最大电极重量	50 kg
④回零精度	±0.010 mm
⑤平动对称精度	±0.010 mm
⑥平动调节当量	0.005 mm（单边）
⑦驱动电源输入电压	AC 220 V
⑧调速范围	10～200 n/min
⑨平动头自重	15 kg

（2）平动头的调试

平动头安装好后，即可通电调试。

①将平动量调节旋钮逆时针转动半圈，将驱动电源调速旋钮设置在之间位置，然后接通电源，平动头上的百分表即开始摆动。

②将平动量调节旋钮缓慢地顺时针转动，此时百分表的摆动量逐步减小，当摆动量逐步减小到±0.010 mm范围以内时，平动头即已回零点。

注意：当平动头回零到接近零点时应缓慢转动旋钮。如旋钮转过零点，百分表摆动量将反而逐渐增大，此时应逆时针转动旋钮使其回零。

③将百分表刻度盘零点与指针对准，然后逐渐加大平动量至±0.25、±0.5、±1.0、±1.5，观察百分表指针摆动的对称情况是否在允差范围内。如果在允差范围内且旋钮手感、电机噪音等无异常情况时，平动头调试完毕，可投入使用。

（3）平动头的使用

平动头为机电一体化之紧密机床附件，日常使用应注意以下几点。

①平动头内有电机等电器元件和滚动直线轴承等精密机械零件，所以平动头严禁浸入电火花工作液中。

②平动量旋钮只允许在±0.010～±1.5 mm调节，回零过头或平动量超过 ±1.5 mm时，都有可能造成平动头精度降低、卡死、装置损坏。

③平动头的正常摆动频率为20～60次/分，过高的频率会使工作精度降低，零件磨损加快，使用寿命缩短。

④平动头为精密机床附件，在装夹电极时应避免撞击或承受过大的扭矩，以保证其精度稳定性，延长其使用寿命。

⑤阻尼调节螺钉在出厂时已调整好，日常使用时不需调整，只有在平动量调节旋钮出现跟转时才需适当加大阻尼。

单元 13　数控电火花成形加工前的准备

13.1　工件毛坯准备

电火花加工前应先对工件的外形尺寸进行机械加工，使其达到一定的要求。在此基础上，做好以下准备工作。

①加工预孔：一般情况下每边留 0.3 ~ 1.5 mm 的余量，并力求轮廓四周均匀。

②工件热处理：工件的淬火硬度一般要求为 HRC58 ~ 62。

③磨光、除锈、去磁。

13.2　工件和电极的装夹与校正定位

1. 电极的装夹与校正

①目的：使电极正确、牢固地装夹在机床主轴的电极夹具上，使电极轴线和机床主轴轴线一致，保证电极与工件的垂直度。

②装夹方式：对于小电极，可利用电极夹具装夹；对于较大电极，可用主轴下端连接法兰上基面作基准直接装夹；对于石墨电极，可与连接板直接固定后再装夹。

③电极校正：主要是检查其垂直度。对侧面有较长直壁面的电极，可采用精密角尺和百分表校正；对于侧面没有直壁面的电极，可按电极（或固定板）的上端面作辅助基准，用百分表检验电极上端面与工作台的平行度。

2. 工件的装夹与定位

一般情况下，工件可直接装夹在垫块或工作台上。在定位时，如果工件毛坯留有较大余量，可划线后用目测法大致调整好电极与工件的相互位置，接通脉冲电源弱规准加工出一个浅印。根据浅印进一步调整工件和电极的相互位置，使周边加工余量尽量一致。加工余量少，需借助量具（块规、百分表等）进行精确定位。

单元14　断入工件丝锥、钻头的电火花加工

1. 工作任务描述

该工作任务是应用数控电火花成形机床去除折断在工件中丝锥、钻头，如图14－1所示。在钻削小孔和用小丝锥攻螺纹时，由于刀具硬而脆，抗弯、抗扭强度低，往往容易折断在孔中，为了避免工件报废，可采用电火花加工方法去除折断在工件中的钻头或丝锥。通过该工作任务的学习，对数控电火花成形机床的相关知识有一个初步的了解，初步掌握数控电火花成形机床加工零件的基本步骤和操作方法。

图14－1　断入工件的丝锥

2. 学习目标

①了解数控电火花成形机床的加工原理及电火花机床的结构。

②掌握电火花加工安全操作规程。

③能正确进行数控电火花机床的开机、关机操作。

④熟练操作数控电火花成形机床操作面板。

⑤能操作数控线电火花成形机床加工简单零件。

⑥能独立对机床进行维护保养。

14.1　知识准备

1. 极性效应和覆盖效应

①极性效应：电火花（线切割）加工时，即使正极和负极是同一种材料，正负两极的蚀除量也是不同的，这种现象称为极性效应。一般短脉冲加工时正极的蚀除量较大，反之长脉冲加工时，则负极的蚀除量较大。

②面积效应：指电火花加工时，随加工面积大小变化而加工速度、电极损耗比和加工稳定性等指标随之变化的现象，一般加工面积过大或过小时，工艺指标通常降低，这是由“电流密度”过小或过大引起的。

③深度效应：随着加工深度增加而加工速度和稳定性降低的现象称深度效应，这主要是电蚀产物积聚、排屑不良所引起的。

2. 数控电火花成形加工的加工步骤及要求

数控电火花成形加工的加工步骤及要求以型腔加工工艺为例加以说明。

①工艺分析：对零件图进行分析，了解工件的结构特点、材料，明确加工要求。

②选择加工方法：根据加工对象、精度及表面粗糙度等要求和机床功能选择采用单电极加工、多电极加工、单电极平动加工、分解电极加工、二次电极法加工或是单电极轨迹加工。

③选择与放电脉冲有关的参数：根据加工的表面粗糙度及精度要求确定选择与放电脉冲有关的参数。

④选择电极材料：常用电极材料可分为石墨和铜，一般精密、小电极用铜来加工，而大的电极用石墨。

⑤设计电极：按图样要求，并根据加工方法和与放电有关的参数等设计电极纵横截面尺寸及公差。

⑥制造电极：根据电极材料、制造精度、尺寸大小、加工批量、生产周期等选择电极制造方法。

⑦加工前的准备：对工件进行电火花加工前钻孔、攻螺纹加工、磨平面、去磁、去锈等。

⑧热处理安排：对需要进行淬火热处理的工件，根据精度要求安排热处理工序。

⑨编制、输入加工程序：一般常用国际标准 ISO 代码。

⑩装夹与定位：

- 根据工件尺寸和外形选择或制造的定位基准。
- 准备电极装夹夹具。
- 装夹和校正电极。
- 调整电极。
- 工件的定位和夹紧。

⑪开机加工：选择加工极性，调整机床，保持适当液面高度，调节加工参数，保持适当电流，调节进给速度、充油压力等。随时检查工件稳定情况，正确操作。

⑫加工结束：检查零件是否符合加工要求，进行清理。

14.2　实训操作过程

应用“六步法”来完成该项工作任务。

1. 资讯——我们要做什么？引导出问题，明确加工内容

在用小丝锥攻螺纹时，由于刀具硬而脆，抗弯、抗扭强度低，往往容易折断在孔中，为了避免工件报废，可采用电火花加工方法去除折断在工件中的丝锥。该工作任务是应用数控电火花成形机床去除折断在工件中的丝锥，而且不能影响螺纹的使用。

所用设备为苏州三光科技苏州普光机电有限公司生产的 D7140P 型电火花成形机床或汉川机床有限责任公司生产的 HCD400K 数控电火花成形机床。

2. 计划——考虑如何去完成

①先根据断丝锥或钻头的大小来设计电极大小。

②对所设计的电极进行加工。

③确定加工深度。

④装夹校正电极和工件。

⑤选择好加工电参数。

⑥操作机床进行加工。

3. 决策——确定加工方案

（1）电极材料和电极设计

电极材料选用紫铜。电极直径应根据钻头或丝锥的尺寸来决定。对钻头，工具电极的直径 d'应大于钻芯直径 d_0，小于钻头外径 d，一般 d_0 约为（1/5）d，故可取电极直径 $d' =$（2/5～4/5）d，以取（3/5）d 为最佳。对丝锥，电极的直径 d'应大于丝锥的钻芯直径 d_0，小于攻螺纹前的预孔直径 d_1，通常，电极的直径 $d' = \frac{d_0 + d_1}{2}$为最佳值。

加工前，可以根据丝锥规格和钻头的直径按表 14－1 来选择电极的直径。确定好电极直径后进行电极加工。

表 14－1　根据丝锥和钻头直径选取工具电极直径

工具电极直径/mm	1～1.5	1.5～2	2～3	3～4	3.5～4.5	4～6	6～8
丝锥规格	M2	M3	M4	M5	M6	M8	M10
钻头直径/mm	2	3	4	5	6	8	10

（2）工件和电极的装夹找正

电极直接装夹在机床主轴头的电极夹头中，用直角尺在 X、Y 两个方向调整，使电极与机床工作台面垂直，然后将工件安装在电火花机床的工作台面上，使折断的钻头或丝锥的中心与机床工作台面保持垂直，在移动工作台，使电极中心与断入工件中的钻头或丝锥的中心一致。

（3）加工参数选择

开动机床前要选择好加工参数。由于对加工精度和表面粗糙度的要求不高，因此，应选用加工速度快、电极损耗小的粗标准。但加工电流受电极加工面积的限制，电流过大容易造成拉弧；另一方面，为了达到电极损耗的目的，要注意峰值电流和脉冲宽度之间的匹配关系，电流过大，会增加电极的损耗。所以，脉冲宽度可以适当取大些，停歇时间要和脉冲宽度匹配合理。

使用汉川机床有限责任公司生产的 HCD400K 数控电火花成形机床可参考表 14－2 进行选择。

表 14－2　低损耗粗加工参数参考标准

脉冲宽度（ON）	脉冲间隙（OFF）	峰值电流（IP）	高压控制（H）	低压电压（VL）	间隙电压（SV）
200	50	10～15	4	0	40～60
放电极性（POL）	抬刀高度（UP）	加工时间（DN）	伺服速度（S）	电容（C）	条件号（C 代码）
负	2	5	0	0	

使用苏州三光科技苏州普光机电有限公司生产的 D7140P 型电火花成形机床时把加工电流设定键设置为 5。

（4）加工深度

由断入工件的钻头或丝锥的深度及工具电极的损耗来决定。

加工时，如果所攻螺纹孔是通孔，可采用下冲油；如果是盲孔，则可采用侧冲油或不冲油，必要时可采用铜管做工具电极，使工作液从铜管中导入加工区，即采用上部冲油进行加工。

4. 实施——加工零件的具体实施操作步骤

按照以下 9 个步骤完成本工作任务。

①开机：启动机床电源进入系统。

②检查系统各部分是否正常。

③装夹并校正电极。

④装夹并校正工件。

⑤移动电极到起始加工位置，关好工作液槽门，调整好工作液管喷油位置，调节好加工参数。

⑥开机加工。

⑦监控机床运行状态，随时检查工件稳定情况，正确操作。

⑧加工完毕，卸下工件并进行检测。

⑨清理机床并打扫车间卫生。

5. 检查——检验者验收工件

6. 评估——评价本次工作任务完成情况

完成工件的加工后，我们回顾整个加工过程，是否有需要改进的操作，达到不断优化的目的。

14.3　安全操作注意事项

①加工过程中不可碰触电极，一般操作人员不得较长时间离开电火花机床，重要机床每班操作人员不得少于两人。

②经常保持机床电气设备清洁，防止受潮，以免降低绝缘强度而影响机床的正常工作。

③加添工作介质煤油时，不得混入类似汽油之类的易燃物，防止火花引起火灾。

④使用煤油作为工作液，在加工时，工作液面要高于工件一定距离50 mm以上，如果液面过低，加工电流较大，很容易引起火灾。

⑤电火花加工时间内，应有抽烟雾、烟气的排风换气装置，保持室内空气良好而不被污染。

⑥机床周围严禁烟火，并应配备适用于油类的灭火器，最好配置自动灭火器。

⑦下班前关闭所有电源开关，关好门窗。并清扫实习车间，关闭照明灯及风扇方可离开。

学生工作任务

应用数控电火花成形机床去除折断在工件中丝锥，如图14－1所示。

单元 15　简单孔型模具型腔的电火花加工

1. 工作任务描述

该工作任务是应用数控电火花成形机床加工一简单孔型型腔，如图 15－1。主要难点在于孔的尺寸精度，表面粗糙度要求高。通过孔型型腔的电火花加工，掌握电极的尺寸设计、摇动加工及参数设置及平动头的使用，熟练掌握电火花成形机床的操作技能。

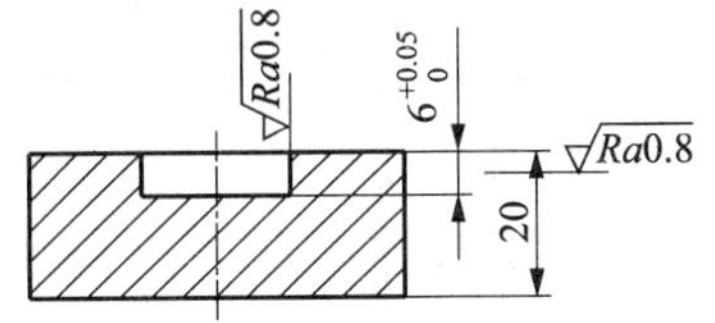

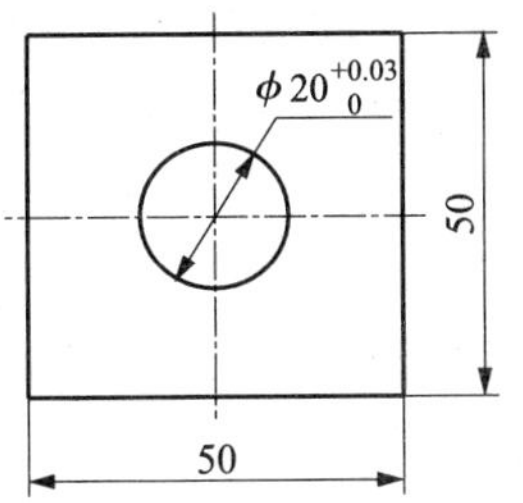

图 15－1　简单孔型型腔

2. 学习目标

①能正确选用电极材料。

②能根据所加工零件形状及精度要求进行电极的设计及制作。

③能正确制定零件的加工工艺。

④能正确设置摇动加工参数及正确使用平动头。

⑤能熟练操作机床完成零件的加工并保证精度。

⑥能处理电火花加工中出现的各种常见故障。

⑦能正确分析产品质量及影响产品质量的原因。

15.1　知识准备

1. 电极的设计与制作

（1）电极材料的选用

本项目选用的电极材料为紫铜。

（2）电极的设计与加工条件的选择

电极的设计考虑电极的装夹校正，本项目采用圆柱形电极，电极毛坯尺寸为 $\phi22\times30$ 的紫铜棒。该电极分两部分，一部分为直接加工部分长度为 10 mm，电极直接加工部分长度要考虑最大电极损耗长度和零件型腔的深度。另一部分为装夹部分长度为 20 mm。电极的加工利用车床进行车削加工。

电极截面尺寸的确定，电极截面尺寸根据孔型型腔尺寸及公差、放电间隙的大小而定，还与加工方法和与放电脉冲设定有关的参数有关。不同部位形状不同尺寸的计算也有所不同。本项目电极的截面尺寸设计为 $\phi19.2_{-0.02}^{\ 0}$。

2. 加工参数选择

开动机床前要选择好加工参数。本项目采用粗加工、精加工两步进行。为了达到电极低损耗的目的，要注意峰值电流和脉冲宽度之间的匹配关系，电流过大，会增加电极的损耗。所以，脉冲宽度可以适当取大些，并采用负极性加工；停歇时间要和脉冲宽度匹配合理。

15.2　实训操作过程

应用“六步法”来完成该项工作任务。

1. 资讯——我们要做什么？引导出问题，明确加工内容

该工作任务是应用数控电火花成形机床加工如图 15 - 1 所示简单孔型模具型腔的电火花加工，要保证孔的尺寸精度及表面粗糙度。所用设备为苏州三光科技苏州普光机电有限公司生产的 D7140P 型电火花成形机床或汉川机床有限责任公司生产的 HCD400K 数控电火花成形机床。工件材料为 50 mm × 50 mm × 20 mm 的 45#。

2. 计划——考虑如何去完成

①根据所加工零件的精度尺寸要求来设计电极。

②进行电极加工。

③装夹校正电极和工件。

④进行电极定位。

⑤预留精加工余量：0. 3 mm。

3. 决策——确定加工方案

（1）电极设计与制作

电极材料采用紫铜，毛坯尺寸为 $\phi22\times30$，该电极分两部分，一部分为直接加工部分长度为 10 mm，电极的截面尺寸为 $\phi19.2_{-0.02}^{0}$。为一部分为装夹部分长度为 20 mm。电极的加工利用车床进行车削加工。

（2）夹具及工件装夹方式的选择

采用压板装夹工件，用拉表法找正工件。

（3）摇动参数的选择

使用汉川机床有限责任公司生产的 HCD400K 数控电火花成形机床时：

粗加工不采用摇动加工，精加工采用摇动参数，以保证加工精度。

（4）平动头平动量及频率选择

使用苏州三光科技苏州普光机电有限公司生产的 D7140P 型电火花成形机床时：

根据实际情况选择。

（5）加工电参数选择

使用汉川机床有限责任公司生产的 HCD400K 数控电火花成形机床可参考表 15 - 1 和表 15 - 2 进行选择。

①粗加工的电参数设置（参考），如表 15 - 1 所示。

表 15 – 1　粗加工的电参数设置

脉冲宽度（ON）	脉冲间隙（OFF）	峰值电流（IP）	高压控制（H）	低压电压（VL）	间隙电压（SV）
240	100	7	2	0	60
放电极性（POL）	抬刀高度（UP）	加工时间（DN）	伺服速度（S）	电容（C）	条件号（C 代码）
负	2	5	0	0	

②精加工的电参数设置（参考），如表 15 – 2 所示。

表 15 – 2　精加工的电参数设置

脉冲宽度（ON）	脉冲间隙（OFF）	峰值电流（IP）	高压控制（H）	低压电压（VL）	间隙电压（SV）
20	10	2	4	0	100
放电极性（POL）	抬刀高度（UP）	加工时间（DN）	伺服速度（S）	电容（C）	条件号（C 代码）
负	2	4	2	0	

③精加工摇动参数设置（参考）：

摇动类型：锁定摇动

摇动形状：圆

摇动平面：XY 面

象限摇动：无

摇动速度：02

摇动半径：单位为 μm，根据实测确定。

使用苏州三光科技苏州普光机电有限公司生产的 D7140P 型电火花成形机床时的加工电参数选择：

①粗加工时把加工电流设定键 设置为 5。

②精加工时把加工电流设定键 设置为 1。

③平动头平动量及频率选择：

根据实际情况选择。

4. 实施——加工零件的具体实施操作步骤

按照以下 10 个步骤完成本工作任务。

①开机：启动机床电源进入系统。

②检查系统各部分是否正常。

③装夹并校正电极。

④装夹并校正工件。

⑤移动电极到起始加工位置，关好工作液槽门，调整好工作液管喷油位置，调节好加工

参数。

⑥开机进行粗加工：保持适当液面高度，调节好粗加工参数。

⑦进行精加工，调节好精加工参数。

⑧监控机床运行状态，随时检查工件稳定情况，正确操作。

⑨加工完毕，卸下工件并进行检测。

⑩清理机床并打扫车间卫生。

5. 检查——检验者验收工件

6. 评估——评价本次工作任务完成情况

完成工件的加工后，对工件精度进行评估，找出出现问题是由于机床因素还是测量因素，回顾整个加工过程，是否有需要改进的操作，达到不断优化的目的。

15.3 安全操作注意事项

①工件正式加工前，要确认工件、电极已经固定好，确认导线的绝缘皮有没有破裂，检查电极、工件、夹具之间有没有干扰。

②机床周围严禁烟火，并应配备适用于油类的灭火器，最好配置自动灭火器。

③用没有做工作液时，在加工中，要检查液位高度，要确保液位高于工件50 mm以上，检查加工参数是否合适，放电是否正常。

④加工过程中不可碰触电极工具，一般操作人员不得较长时间离开电火花机床，重要机床每班操作人员不得少于两人。

⑤经常保持机床电气设备清洁，防止受潮，以免降低绝缘强度而影响机床的正常工作。

⑥加添工作介质煤油时，不得混入类似汽油之类的易燃物，防止火花引起火灾。

⑦电火花加工时间内，应有抽烟雾、烟气的排风换气装置，保持室内空气良好而不被污染。

⑧下班前关闭所有电源开关，关好门窗。并清扫实习车间，关闭照明灯及风扇方可离开。

学生工作任务

应用数控电火花成形机床完成如图15－2所示孔型模具型腔的电火花加工。

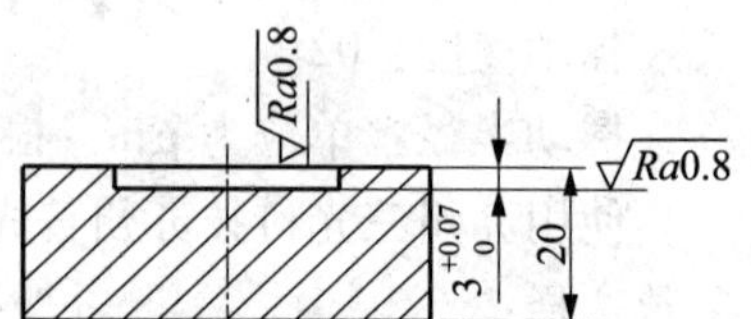

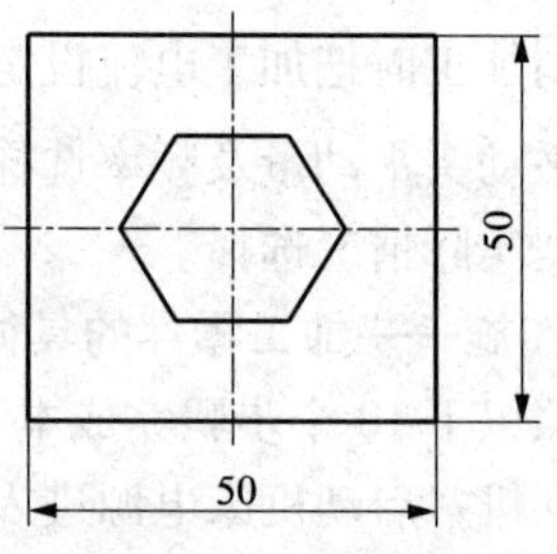

图15－2　孔型模具型腔图

附录 A　电火花加工的分类

类别	工艺方法	用　途	特　点	备　注
1	电火花穿孔成形加工（又称为电火花成形加工或电火花加工）	（1）型腔加工：加工各类型腔模及各种复杂的型腔零件； （2）穿孔加工：加工各种冲模、挤压模、粉末冶金模、各种异形孔及微孔等	（1）工具和工件主要有一个相对的伺服进给运动； （2）工具为成形电极，与被加工表面有相同的截面或形状	约占电火花机床总数的30%，典型机床有 D7125、D7140 等电火花穿孔成形机床
2	电火花线切割加工	（1）切割各种冲模和具有直纹面的零件； （2）下料、截割和窄缝加工； （3）直接加工出零件	（1）工具电极为沿着其轴线方向移动着的线状电极； （2）工具与工件在两水平方向同时有相对伺服进给运动	约占电火花机床总数的60%，典型机床有 DK7725、DK7740 等数控电火花线切割机床
3	电火花内孔、外圆成形磨削	（1）加工高精度、表面粗糙度值小的小孔，如拉丝模、挤压模、微型轴承内环、钻套等； （2）加工外圆、小模数滚刀	（1）工具与工件有相对的旋转运动； （2）工具与工件间有径向和轴向的进给运动	约占电火花机床总数的3%，典型机床有 D6310 电火花小孔内圆磨床
4	电火花同步共轭回转加工	以同步回转，展成回转、倍角速度回转等不同方式，加工各种复杂形面的零件，如高精度的异形齿轮，精密螺纹环规、高精度、高对称、表面粗糙度值小的内、外回转体表面等	（1）成形工具与工件均做旋转运动，但两者角速度相等或成整数倍，接近的放电点可有切向相对运动速度； （2）工具相对工件可作纵、横向进给运动	约占电火花机床总数的1%以下，典型的有 JN－2、JN－8 等内外螺纹加工机床

续表

类别	工艺方法	用　途	特　点	备　注
5	电火花高速小孔加工	（1）加工速度可高达60 mm/min，深径比可达1：100以上； （2）线切割预穿丝孔； （3）深径比很大的小孔，如喷嘴等	（1）采用 $\phi0.3$ ~ 3 mm 空心管状电极，管内冲入高压水基工作液； （2）细管电极旋转	约占电火花机床总数的2%，典型机床有D7003A型电火花高速小孔加工机床
6	电火花铣削加工	（1）适合用简单电极加工复杂形状； （2）由于加工效率不高，一般用于加工较小零件	工具电极相对工件做平面或空间运动，类似常规铣削	各种多轴数控电火花加工机床有此功能
7	电火花表面强化、刻字	（1）模具刃口，以及刀具、量具刃口表面强化和镀覆； （2）电火花刻字、打印记	（1）工具在工件表面上振动； （2）工具相对工件移动	约占电火花机床总数的2% ~3%，典型机床有D9105电火花强化机等

附录 B　电火花线切割加工工人国家职业资格标准

电火花加工工人技术等级标准（含电火花线切割加工工）

下面是原机械工业部 1986 年发布的“工人技术等级标准”。由于电火花加工技术以及电火花线切割加工技术在近年来的迅猛发展，该标准已不太适合当前的发展形势。在此仅供读者参考。

一、电火花加工工

初级电火花加工工

应知：

（1）自用电火花机床的名称、型号、结构、一般传动关系、润滑与工作液系统及其使用规则和维护保养方法。

（2）自用机床附件（交流稳压电源、纸带穿孔机）的使用和维护保养方法。

（3）常用工具、夹具、量具的名称、规格、用途和维护方法。

（4）常用工件材料的种类、牌号和性能。

（5）常用电极材料的种类、名称、规格、性能和用途。

（6）常用工作液、润滑剂、液压油的种类、规格和作用。

（7）机械制图基本知识。

（8）公差配合、形状位置公差和表面粗粗度的基本知识。

（9）常用数学计算知识。

（10）热处理基本知识。

（11）电工基本知识。

（12）电火花加工的一般理论知识（电火花加工的机理和极性效应）。

（13）安全技术规程。

应会：

（1）正确操作自用电火花加工机床及其附件，并能进行维护保养。

（2）正确使用常用的工具、夹具、量具，并能进行维护保养。

（3）正确配制工作液。

（4）按图样和工艺检查简单形状的电极，并能正确安装。

（5）在通用和专用夹具上正确安装一般工件。

（6）使用一般仪器观察加工状态。

（7）根据加工对象，合理选择加工参数。

（8）及时发现机床的常见故障。

（9）看懂一般的零件图，绘制简单的零件草图。

（10）编制简单的单件线切割加工程序。

（11）简单零件的测量。

（12）加工形状简单的零件。

（13）钳工的基本操作。

（14）正确执行安全技术规程。

（15）做到岗位责任制和文明生产的各项要求。

工作实例：

（1）电火花成形机床加工单槽孔模具，表面粗粗度 $Ra5$ μm、公差等级 IT8。

（2）电火花线切割机床加工简单凸模，表面粗粗度 $Ra2.5$ μm、公差等级 IT7。（包括编制程序）

（3）能独立拆装电火花线切割机床的导轮，并能校正电极丝的垂直度。

（4）相应复杂程序工件的加工。

中级电火花加工工

应知：

（1）常用电火花加工机床的性能、结构和调整方法。

（2）常用电火花加工机床的控制原理及方框图。

（3）工业电子学的基础知识（包括电工原理、数字电子电路等）。

（4）电火花加工机床中常用的电器、电子元件的型号、性能、用途和作用原理。

（5）模具加工的一般知识及其要求。

（6）常用电火花加工机床的精度检验方法。

（7）加工精度、加工效率、电极损耗与可选择的加工参数之间的相互关系。

（8）产生不合格产品的原因及其预防方法。

（9）液压传动的一般知识。

（10）编制工艺规程的基本知识。

（11）生产技术管理知识。

应会：

（1）看懂常用电火花加工机床的说明书、原理图和总逻辑图。

（2）常用电火花加工机床主要结构的调整。

（3）合理使用常用的复杂工具、夹具、量具。

（4）看懂较复杂的模具装配图，绘制一般零件图。

（5）查阅电火花加工的有关技术书籍和手册。

（6）排除常用电火花加工机床的一般故障。

（7）设计、计算简单电极。

（8）借助于自动编程机编制电火花线切割加工程序。

（9）能用示波器观察、分析加工状态，选择最佳工作参数使之达到稳定加工。

（10）加工各种较复杂的工件和模具。

工作实例：

(1) 电火花成形机床加工四孔级进模，表面粗糙度 *Ra*2.5 μm、公差等级 IT7。

(2) 电火花线切割机床加工凹凸模，表面粗糙度 *Ra*2.5 μm、配合间隙 0.02 mm。

(3) 排除电火花成形机床主轴头电控失灵故障。

(4) 排除电火花线切割机床步进电动机失步故障。

(5) 相应复杂程度工件的加工。

高级电火花加工工

应知：

(1) 多种电火花加工机床的结构、工作原理、测试方法、精度检验方法和故障排除方法。

(2) 多种精密量具的结构、原理和各部分的作用。

(3) 各种复杂、精密工件的装夹、加工和测量方法。

(4) 新产品中高难度工件确保质量的加工方法。

(5) 其他机床加工的基本知识。

(6) 国内外先进电加工机床。

(7) 本专业的基本理论知识（包括自适应控制与新颖电源的基本原理等）。

(8) 电子计算机在电火花加工领域中应用的基本知识。

应会：

(1) 看懂多种电火花加工机床的原理图和装配图。

(2) 根据机床说明书，对各种电火花机床进行调整、试车和维修。

(3) 改进工具、夹具，并绘制结构草图。

(4) 编制加工工艺规程。

(5) 加工精密、复杂的工件和模具。

(6) 应用电加工技术独立解决生产中的疑难问题。

(7) 应用推广新技术、新工艺、新设备、新材料，并对一般电火花加工设备进行改造。

工作实例：

(1) 电火花成形机床加工多型腔塑料模（上下合模），表面粗糙度 *Ra*1.25 μm。

(2) 电火花线切割机床加工多孔级进模（15～20 孔），表面粗糙度 *Ra*1.25 μm、公差等级 IT7。

(3) 电火花线切割机床加工超过坐标尺寸的较复杂工件，表面粗糙度 *Ra*1.25 μm、公差等级 IT7。

(4) 脉冲电源波形失常的故障排除。

(5) 看懂带有微型计算机的电火花加工机床原理图。

(6) 相应复杂程序工件的加工。

二、电火花线切割加工工

初级电火花线切割加工工

应知：

(1) 电火花线切割机床的名称、型号、性能、结构及一般传动关系。

（2）电火花线切割机床的工作液及润滑系统。
（3）电火花线切割机床的使用规则及维护保养方法。
（4）自用机床附件的使用规则和维护保养方法。
（5）常用工、夹、量具的名称、规格和用途。
（6）常用工件材料的种类和牌号。
（7）常用电极丝材料的种类、名称、规格、性能和用途。
（8）工作液的作用和规格型号。
（9）机械制图的基本知识。
（10）公差配合、形位公差和表面粗糙度的基本知识。
（11）常用数学计算知识。
（12）热处理的基本知识。
（13）电工的基本知识。
（14）电火花线切割加工原理和主要名词术语。
（15）电火花线切割机床附件的使用及维护保养。

应会：

（1）电火花线切割机床附件的使用及维护保养。
（2）工具、夹具、量具的正确使用及维护保养方法。
（3）工作液的配制及使用方法。
（4）在通用和专用夹具上正确安装一般工件的方法。
（5）使用一般仪器观察加工状态的方法。
（6）变频进给的合理调整方法。
（7）根据加工对象合理选择电参数。
（8）电火花线切割机床常见故障现象的判别。
（9）一般零件图的看法及简单零件线切割草图的绘制方法。
（10）编制简单零件线切割加工程序的方法。
（11）正确执行安全技术规程。
（12）装拆电火花线切割机床导轮及校正电极丝垂直度的方法。

工作实例：

（1）在电火花线切割机床上加工简单凸模和凹模。
（2）编程前的准备及工件找正。
（3）正确使用线切割工艺孔。
（4）切割薄片工件。

中级电火花线切割加工工

应知：

（1）各种常用电火花线切割机床的性能、结构和调整方法。
（2）电火花线切割机床的控制原理及框图。
（3）工业电子学基础知识。
（4）电火花线切割机床常用的电器。
（5）模具电火花线切割加工步骤及要求。

(6) 电火花线切割机床的精度检验方法。
(7) 线切割脉冲电源参数对切割速度、表面粗糙度和电极丝损耗的影响。
(8) 电火花线切割加工产生废品的原因及预防方法。

应会:

(1) 排除电火花线切割机床常见故障的方法。
(2) 线切割自动编程。
(3) 一般脉冲电源的电路图及常见故障排除方法。
(4) 用示波器观察和分析加工状态的方法。
(5) 电火花线切割加工的某些工艺技术。
(6) 确定突然停电点坐标的方法。
(7) 根据切割出图形的误差特点来推测机床的机械误差或故障。
(8) 排除电火花线切割机床步进电机失步等故障。

工作实例:

(1) 用坐标加工凸轮。
(2) 在电火花线切割机床上加工多孔级进模。
(3) 加工压制波浪形圆弹簧片的模具。
(4) 在电火花线切割机床上加工穿丝孔。

高级电火花线切割加工工

应知:

(1) 国内外典型电火花线切割机床的特点。
(2) 电火花线切割加工的基本理论知识。
(3) 电子计算机在电火花线切割加工领域中应用的基本知识（包括 CAD/CAM)。
(4) 国外电火花线切割机床控制系统的特点。
(5) TP801 - A 单板微机线切割控制器。

应会:

(1) 减少和防止线切割加工中工件的变形和开裂的方法。
(2) 分析丝杆螺母间隙对线切割加工几何精度的影响。
(3) 提高线切割加工齿轮模具精度的途径。
(4) 电火花线切割加工表面层质量分析。

工作实例:

(1) 在电火花线切割机床上加工超坐标尺寸的工件。
(2) 用电火花线切割机床磨削小孔。
(3) 同时一次切出凸模和凹模。

参 考 文 献

［1］单岩，夏天．数控线切割加工［M］．北京：机械工业出版社，2004.

［2］单岩，夏天．数控电火花加工［M］．北京：机械工业出版社，2004.

［3］张学仁．数控电火花线切割加工技术［M］．哈尔滨：哈尔滨工业大学出版社，2004.

［4］赵万生．电火花加工技术工人培训自学教材［M］．哈尔滨：哈尔滨工业大学出版社，2000.

［5］董丽华，王东胜，佟锐．数控电火花加工实用技术［M］．北京：电子工业出版社，2005.

［6］熊熙．数控加工实训教程［M］．北京：化学工业出版社，2003.

［7］汉川机床有限责任公司．数控电火花线切割机床使用说明书［M］．2001.

［8］汉川机床有限责任公司．精密数控电火花成形机床使用说明书［M］．2003.

［9］苏州新火花机床厂．YH 系统线切割机床操作说明书［M］．2006.

［10］苏州普光机电有限公司．KING SPARK EDM P-SERIES 操作说明书［M］．2009.